ABITUR 2014

Prüfungsaufgaben
mit Lösungen

W0306921

Biologie

Leistungskurs
Gymnasium • Gesamtschule
Hessen

2008–2013

STARK

ISBN 978-3-8490-0547-4

© 2013 by Stark Verlagsgesellschaft mbH & Co. KG
8. ergänzte Auflage
www.stark-verlag.de

Das Werk und alle seine Bestandteile sind urheberrechtlich geschützt. Jede vollständige oder teilweise Vervielfältigung, Verbreitung und Veröffentlichung bedarf der ausdrücklichen Genehmigung des Verlages.

Inhalt

Vorwort
Stichwortverzeichnis

Hinweise und Tipps zum Landesabitur

1 Rahmenbedingungen des Landesabiturs I
1.1 Ablauf der schriftlichen Prüfungen I
1.2 Struktur und Anforderungen der Prüfungsaufgaben I
1.3 Prüfungsinhalte IV
1.4 Bewertung VIII

2 Herangehen an Abituraufgaben IX
2.1 Auswahl und Bearbeitung der Prüfungsaufgaben IX
2.2 Arbeiten mit Materialien XI

3 Hinweise zur Benutzung dieses Buches XII

Übungsaufgaben zur schriftlichen Abiturprüfung im Leistungskurs

Übungsaufgabe 1: Thalassämie – eine Sauerstoffmangelkrankheit (Genetik) 1
Übungsaufgabe 2: Die ökologische Nische der Gattung *Chromatium* in Seen und Tümpeln (Ökologie) 11
Übungsaufgabe 3: Wirkung tierischer Gifte und Erste Hilfe (Neurobiologie / Verhalten) 19
Übungsaufgabe 4: Fortpflanzungs- und Sozialverhalten bei Löwen (Verhalten) 28
Übungsaufgabe 5: Zur Ökologie der Ostsee (Ökologie) 34

Original-Abituraufgaben

Leistungskurs 2008

Aufgabe A: Knochenerkrankungen (Genetik) 2008-1
Aufgabe B: *Welwitschia mirabilis*, eine der eigenartigsten Wüstenpflanzen der Welt (Ökologie / Stoffwechselphysiologie) 2008-9
Aufgabe C: „Schamhafte“ Mimose und Narkose (Verhaltensbiologie) 2008-18

Leistungskurs 2009

Aufgabe A: Cystische Fibrose (Genetik) 2009-1
Aufgabe B1: Das Große Heilige Meer (Ökologie/Stoffwechselphysiologie) 2009-8
Aufgabe B2: Leben ohne Licht (Ökologie/Stoffwechselphysiologie) 2009-19
Aufgabe C: TTX: Gaumenkitzel für Gourmets (Verhaltensbiologie) 2009-26

Leistungskurs 2010

Aufgabe A1: Glucokinase – Defekte und MODY2 (Genetik) 2010-1
Aufgabe A2: Regulation der Phagenvermehrung (Genetik) 2010-9
Aufgabe B: Purpurbakterien – Lebewesen mit spezieller Anpassung (Ökologie/Stoffwechselphysiologie) 2010-17
Aufgabe C: Wirkungsweise körpereigener Cannabinoide (Verhaltensbiologie) 2010-26

Leistungskurs 2011

Aufgabe A1: Kleinwuchs (Genetik) 2011-1
Aufgabe A2: Xeroderma pigmentosum (XP) ... wenn die Sonne Schmerzen macht (Genetik) 2011-8
Aufgabe B: Ökosystemmanagement am Beispiel von Gewässern (Ökologie/Stoffwechselphysiologie) 2011-15
Aufgabe C: Koffein – die alltägliche Droge (Verhaltensbiologie) 2011-26

Leistungskurs 2012

Aufgabe A1: Laktose-Intoleranz beim Menschen (Genetik) 2012-1
Aufgabe A2: Epigenetik – Vererbung ist mehr als die Weitergabe von Genen (Genetik) 2012-8
Aufgabe B: Der tropische Regenwald (Ökologie/Stoffwechselphysiologie) 2012-16
Aufgabe C: Im Trüben leben: Das Seitenlinienorgan und elektrische Organe (Verhaltensbiologie) 2012-25

Leistungskurs 2013

Aufgabe A: Progerie – Zu jung, um alt zu sein (Genetik) 2013-1
Aufgabe B1: Nutzung tropischer Regenwälder (Ökologie 2013-10
Aufgabe B2: Zellatmung bei „warmen Pflanzen“ (Stoffwechselphysiologie) 2013-20
Aufgabe C: Autoaggression (Verhaltensbiologie, Neurobiologie) 2013-29

Autoren:

Jürgen Apel und Egbert Weisheit

Vorwort

Liebe Schülerinnen und Schüler,

Sie haben in Hessen Biologie als Leistungskurs gewählt und bereiten sich auf das **Landesabitur 2014** vor.

- Mit diesem Band helfen wir Ihnen, sich erfolgreich auf diese Prüfung vorzubereiten. In den **Hinweisen und Tipps** zum Landesabitur stellen wir Ihnen die allgemeinen Rahmenbedingungen der Abiturprüfung im Leistungskurs und Informationen zu Inhalten und Struktur der Aufgaben sowie zur Bewertung vor.
- Im Weiteren geben wir Ihnen Hilfen zur Auswahl und Bearbeitung der Prüfungsaufgaben. Dabei spielen die Arbeit mit Materialien und der Umgang mit den **Operatoren** eine besondere Rolle.
- Sie finden im vorliegenden Buch eine **umfangreiche Auswahl an Übungsaufgaben** zu den prüfungsrelevanten Lehrplanthemen im Leistungskurs. Struktur und Schwierigkeitsgrad der Aufgabenstellungen basieren auf den Anforderungsniveaus der schriftlichen Prüfung im Leistungskurs.
- Weiterhin enthält dieses Buch die offiziellen, vom hessischen Kultusministerium gestellten **Abitur-Prüfungsaufgaben des Landesabiturs 2008 bis 2013** für den **Leistungskurs**.
- Zu jeder Aufgabe sind von unseren Autoren vorgeschlagene und vollständig ausformulierte **Lösungen** hinzugefügt.
- Die mit grauen Rauten gekennzeichneten Bearbeitungshinweise geben Ihnen **detaillierte Tipps zu den erwarteten Lösungsansätzen**. Versuchen Sie aber zunächst, die einzelnen Aufgaben selbstständig zu lösen.

Sollten nach Erscheinen dieses Bandes noch wichtige Änderungen in der Abitur-Prüfung 2014 vom Kultusministerium Hessen bekannt gegeben werden, finden Sie aktuelle Informationen dazu im Internet unter:
www.stark-verlag.de/info.asp?zentrale-pruefung-aktuell

Die Autoren wünschen Ihnen für die Prüfungsvorbereitung und für das Abitur viel Erfolg!

Stichwortverzeichnis

Abbau 2010-25
Absorptionsspektrum 2010-19
Acetylcholin 2011-30 f.
– ~esterase 2011-30 f.
Acetylierung 2012-8 ff.
Adenosin 2011-32 ff.
Adenylatcyclase 2011-31 f.
Adrenalin 20
aerob 15, 43
Aggressionstheorien 2013-29
Aktionspotenzial 2008-18 ff.; 2009-26, 31; 2011-30 f.; 2012-29 ff.
– Frequenz 2013-35
aktives Zentrum 2010-7
Alpha-Helix 2008-2
Aminoacyl-Transferase 2008-5
Aminosäuresequenz 2008-1; 2011-4
Anämie 2
anaerob 15
anaerober Stoffwechsel 2009-20
Angstreaktion 2010-28 f.
Anpassungen 2010-17; 2012-16
ATP-Synthase 2013-23
Auslöser 2009-29
Autoaggression 2013-29
Autosomen 2008-6; 2012-4 f.

Bakteriofotosynthese 2010-24
Bakteriophagen 2010-9 ff.
Beutefangverhalten 2009-26
Beuteortung 2012-26
Biomanipulation 2011-24
Biomasse 2013-12
Biomassezuwachs 2013-17
Biotop 2013-10, 15
Biozönose 2013-10, 15
Black Smoker 2009-19
Blattquerschnitt 2008-11; 2012-16
Bodenprofile 2013-13
Brandrodungswanderfeldbau 2013-13
Bruttoprimärproduktion 2013-12, 17
BSB 17; 2011-22

Ca^{2+}-Ionenkanäle 2012-31
cAMP siehe zyklisches Adenosinmonophosphat
CAM-Pflanzen 2008-9, 12 ff.
Cannabinoide 2010-26
Chemosynthese 15; 2009-24
Chemotherapie 5
Chlorid-Ionenkanal 2009-1
Chromatin 2012-8 ff.
Chromatium 11
Chromosom 2011-6 f.
codogener DNA-Strang 2010-2, 5 f.
Cystische Fibrose 2009-1

Deletion 2009-6
Denitrifikation 44
Destruenten 15, 44; 2010-25
Diabetes 2010-1 ff.
Diagnoseverfahren 1
Dichteanomalie 2009-17
DNA
– -Polymerasen 2011-12 ff.
– *-Processing* 2008-5
– Reparatur 2011-13 f.
Doping 2011-33

Ehlers-Danlos-Syndrom 2008-3 ff.
Eiweißzersetzung 14
elektrisches Organ 2012-28 f.
Elektrocyte 2012-28 f.
Elektronentransportkette 2010-22
Embryonalentwicklung 2011-5 f.

Endocannabinoidsystem 2010-26 ff.
Endosymbiose 2009-24 f.
Endoxidation 2013-20, 22, 24
Endproduktrepression 2010-13
Enhancer 2012-7
Enzym 2010-8
– ~aktivität 2010-3, 7
Epigenetik 2012-8 ff.
Epilimnion 16; 2009-13; 2011-20 ff.
Epiphyt 2012-17 ff.
Erbgang 2008-5 f., 2009-6 f.; 2010-5
Erbkoordination 2009-30
Ether 2008-20, 23
Eukaryonten 2012-4
eutroph 16, 45; 2009-8
Exon 1, 2, 6; 2009-1; 2011-4; 2012-3; 2013-3

Farnesyltransferase 2013-4
Farnesyltransferase-Inhibitor 2013-5, 9
Faulschlamm 14; 2010-25
Feedback-Loop 2012-8 ff.
Fotosynthese 15, 18, 45; 2009-22 f.; 2010-17 ff.
– Summengleichung 2008-15; 2009-22
Fotosystem I, II 2009-23; 2010-22
Fressfeind 20
Frustrations-Aggressions-Theorie 2013-33

GABA 2010-27 ff.
Gelelektrophorese 2009-3
Genbegriff 2008-4
Gene-Silencing 2012-8
genetischer
– Code 6
– Schalter 2010-9 ff.
Genexpression 2008-1, 5; 2012-6 f.
Genmutation 6
Genotyp 1, 6; 2012-5
Genpool 30
Genregulation 2010-9 ff.
geografische Gliederung 41
Gewässer 2009-8 ff.; 2010-17 f.
Gifte 22
Glasknochenkrankheit 2008-1 ff.
Glucokinase 2010-1 ff.
Glucoseabbau 2010-2, 7 f.
Glutamat 2010-27 ff.
Gonosomen 2008-6; 2011-6 f.

H_2S-Verteilung 11
Hämoglobin 1; 2009-22
Helicase 2011-12 f.
Hemmung, kompetitive 2010-31
heterozygot 9
Histon 2012-8 ff.
homozygot 9
Hormon(funktion) 2012-9 ff.
Hutchinson-Gilford-Progerie-Syndrom 2013-1
Hypolimnion 16; 2009-13; 2011-20 ff.
Hypothalamus 2012-9 f.

Instinkt 22
– ~handlung 2009-30
Insulin 2010-1 ff.
Intron 2, 6; 2011-4; 2012-3
Ionenkonzentration 17; 2010-26

JACOB-MONOD-Modell 2010-13

Keimblätter 2011-5 f.
Keimzahl 17
klassische Konditionierung 2010-32
Kleinwuchs 2011-4 ff.
Klimaxstadium 2009-13
Koexistenz 2010-25
Koffein 2011-32 ff.
Kollagen 2008-1, 6, 8
kompetitive Hemmung 2010-31
Konditionierung, klassische 2010-32
Konkurrenz
– interspezifische 2012-20 ff.
– intraspezifische 28 ff.
Konsumenten 15; 2010-25
Kosten-Nutzen-Analyse 2013-20, 28
Krallenfrosch 2012-26 ff.
Kugelfisch (Fugu) 2009-26 ff.

Laktose-Intoleranz 2012-1 ff.
Lamin-A 2013-1, 4

Lamine 2013-3
Laubwald (mitteleuropäischer) 2013-10, 16
Lernprozess 2010-32
Lerntheorie, sozial-kognitive 2013-30
Leseraster 2012-6
Lichtreaktion 2010-19 ff.
– Z-Schema 2010-22
Lichtsammelfalle 2009-19
Ligase 2011-12, 14
Lyse 2010-9 ff.
lysogener Zyklus 2010-10 ff.
lytischer Zyklus 2010-10 ff.

Matrizenstrang 2011-12
Membranpotenzial 2013-30
mendelsche Regeln 2012-5
Metalimnion 2009-13; 2011-20 ff.
Methylierung 2012-8 ff.
Mimose *(Mimosa pudica)* 2008-18, 19
Mitochondrienmatrix 2013-21
Mukoviszidose 2009-1
Mutation 1, 8; 2009-6; 2010-2; 2011-5, 13
MODY2 2010-1 ff.
Morphine (endogene) 2013-30 f., 35
Mykorrhiza 2013-13, 17

Nahrungsnetz 47; 2011-24
Na^+/K^+-Pumpe 2010-30
Naloxon 2013-31, 35
Naltrexon 2013-31, 35
Natriumionenkanal, potenzialgesteuert 2009-27
Nervenbahn, afferente 2012-25
Neurobiologie 22
Neuronen
– ~funktionen 22; 2012-29 ff.
– ~membran 22
– ~rezeptoren 2010-26 ff.
– Verschaltung 2013-30
Neurotransmitter 2013-30
nicht-codogen 1
Nitrifikation 44
Non-Disjuction 2011-6 f.
Noradrenalin 2011-32 ff.

Ökofaktoren 2013-10
ökologische Nische 11
Ökosystem 11, 15; 2010-25; 2012-16 ff.
Okazaki-Stücke 2011-12
Operon-Modell 2012-4
Opiat-Rezeptor 2013-35
Osteogenesis imperfecta 2008-1 ff.

Pfeildiagramm 2012-12 ff.
Phagen 2010-9 ff.
Phytoplankton 43
Pigmentausstattung 18
Plankton 41
Poly-A-Schwanz 2011-4
Populationsgenetik 32
Potenzialdifferenz 2012-25
Prälamin-A 2013-1, 4 f.
pränatale Untersuchung 2010-7 f.
Primärproduktion 35
Primer 2011-12
Produzenten 15; 2010-25
Progerie 2013-1
Progerin 2013-1, 4 ff.
Promotorsequenz 2011-4; 2012-7
Prophage 2010-15 f.
Proteinbiosynthese 2009-5; 2012-4 f.; 2013-2
Proteine 1, 6; 2010-6
– Primästruktur 8; 2010-6
– Sekundärstruktur 2010-6
– Tertiärstruktur 24; 2010-6 f.
Proteingift 20
Protonengradient 2009-19
Punktmutation 2010-6; 2011-5, 13; 2012-6
Purpurbakterien 14; 2010-17 ff.

Rastermutation 2009-6
Reflex 22
Regenwald (tropischer) 2012-16 ff.; 2013-16
Reiz 2010-32
Replikationsgabel 2011-12
Revier 28 f.
Rezeptorpotenzial 2012-25
rezessiv 2012-4 f.

RNA-Polymerase 2011-4, 12
Röhrenwurm 2009-21
Ruhepotenzial 2008-21, 22; 2009-31; 2010-29 f.; 2012-25

Sanierung 2009-17 ff.
Saprobienindex 17
Sauerstoffzehrung 16
Schmerzfaser 2013-31, 35
Schlangenbiss 20
Schwefelpurpurbakterien 13
Schwefelwasserstoff 2009-19 ff.
second messenger 2011-31 ff.
See
– Sanierung 2009-17 f.
– Schichtung 2009-16 f.; 2011-20 ff.
– Zirkulation 2009-16 f.
– Zonierung 2009-13 f.; 2011-20
Seitenlinienorgan 2012-25 ff.
Sekundärregenwald 2013-14
SHOX-Gen 2011-1 ff.
Signal, erregendes/hemmendes 2010-30
Spaltöffnungen 2008-16 f.
Spleißen 1, 6; 2012-4
Sprungschicht 41
– haline 34 ff.
Stagnation 2009-13
Stausee 2011-23 f.
Stammbaum 4, 6
– ~analyse 2008-7 f., 2009-7; 2010-5; 2012-1 f.
Stammzellen 5
Startcodon 2008-5
Stinkkohl *(Symplocarpus foetidus)* 2013-23
Stoffkreisläufe 41; 2013-10
Stoffwechsel 15
Stress 2012-8 ff.
Süßwassersee 2009-8
Sukzession 2009-8
Sulfatreduktion 14
Synapse 2010-27, 30 f.; 2011-30 f.
synaptische Vesikel 2011-30 f.

Tarnung 22
Terminator 2011-4
Tetrodotoxin (TTX) 2009-28 f.
Thalassämie 1, 2
Thymindimer 2011-13 f.
Tiefsee 2009-19 ff.
Toleranzkurve 2012-16
Transferase 2008-5
Transkription 6; 2008-5; 2009-5; 2011-4; 2012-4; 2013-6
Translation 6; 2008-2, 5; 2009-5; 2012-4; 2013-6
Transmitter 2010-30 f.
Transpiration 2008-16 f.
Triebtheorie 2013-33
tRNA 2008-5, 6
Trophieebene 44; 2009-24; 2011-23 f.
Trophierung 2009-15 ff.; 2011-17, 22 f.
TTX (Tetrodotoxin) 2009-26 ff.
Turner-Syndrom 2011-6 f.

Überträger 9
UV-Licht 2010-10, 12

Vererbungsmodus 2012-1
Vergiftung 2009-26 ff.
Verhalten 22
– Löwen 28 ff.
– proximate Ursachen 28
– ultimate Ursachen 28
Verlandung 2009-13
Virusgenom 2010-10

Wachstum 18
Wasser
– ~bilanz 36
– ~linsen 2010-18 f., 23, 25
– ~schicht 43
Wasserstoffbrückenbindung 8
Welwitschia mirabilis 2008-9 ff.

Zellatmung 2013-20, 24 ff.
Zelle 22; 2012-28
Zellgift 22
Zitteraal 2012-28 f.
zyklisches Adenosinmonophosphat 2011-31 ff.

Hinweise und Tipps zum Landesabitur

1 Rahmenbedingungen des Landesabiturs

1.1 Ablauf der schriftlichen Prüfungen

Seit 2007 wird in Hessen das Landesabitur geschrieben. Die Aufgaben für die schriftlichen Prüfungen werden zentral gestellt[1].
Dem Prüfling werden insgesamt vier Aufgabenvorschläge vorgelegt. Ein Halbjahr wird verpflichtend festgelegt, zu den Inhalten dieses Halbjahres werden zwei Vorschläge zur Auswahl angeboten. Für die beiden anderen Kurshalbjahre wird je ein Vorschlag zur Auswahl vorgelegt. Der Prüfling bearbeitet somit zwei gleichwertige Aufgabenvorschläge aus dem Lehrplan zweier Kurshalbjahre.
Ihre unterrichtenden Lehrkräfte beurteilen und bewerten Ihre Lösungen, die Zweitkorrektur wird von Kolleginnen und Kollegen Ihrer Schule durchgeführt. Die mündlichen Prüfungsaufgaben werden weiterhin dezentral, d. h. von Ihren Lehrerinnen und Lehrern formuliert und bewertet.
Grundlage für das schriftliche Abitur im Leistungskurs sind Ihre Kurse in den Halbjahren Q1, Q2 und Q3. Sie haben für die Auswahl in der Regel 45 Minuten Zeit. Anschließend beträgt die Gesamtarbeitszeit im Leistungskurs 240 Minuten.

1.2 Struktur und Anforderungen der Prüfungsaufgaben

Die Struktur der Prüfungsaufgaben stützt sich auf die Einheitlichen Prüfungsanforderungen in der Abiturprüfung Biologie (EPA)[2].
Danach enthalten alle Prüfungsaufgaben die drei **Anforderungsbereiche** Reproduktion (AFB I), Reorganisation/Transfer (AFB II) und Problemlösendes Denken (AFB III). Damit ist gemeint, dass Sie im Bereich Reproduktion (AFB I) gelerntes Wissen wiedergeben müssen (35 % der Bewertungseinheiten). Im AFB II müssen Sie Ihr Wissen neu geordnet anwenden. Dafür gibt es 50 % der Bewertungseinheiten. Im AFB III schließlich müssen Sie in größeren Zusammenhängen argumentieren (15 % der Bewertungseinheiten).
Damit sicher gestellt ist, dass alle Schülerinnen und Schüler unter vergleichbaren Voraussetzungen lernen und geprüft werden, wurden sogenannte **Operatoren** für die Aufgaben ausgewählt. Es sind Arbeitsanweisungen, die eine definierte Bedeutung

1 Erlasse, Operatoren, Handreichungen unter: www.kultusministerium.hessen.de ⇒ Schüler ⇒ Abschlussprüfungen ⇒ Landesabitur

2 EPA Biologie unter www.kmk.org/ ⇒ Dokumentation/Beschlüsse ⇒ Veröffentlichungen/Beschlüsse ⇒ Bildung/Schule ⇒ Allgemeine Bildung ⇒ Abitur

haben, sie führen zur konsequenten Nutzung von Denkmustern, wie sie in der Biologie grundlegend sind. Auf der Grundlage einer bundesweit anerkannten Liste der Kultusministerkonferenz gilt für das Landesabitur in Hessen eine eigene Auswahl[3].

Die Operatoren müssen Sie auf das in der Aufgabe angebotene **fachspezifische Material** (Texte, Abbildungen, Schemata, grafische Darstellungen, Tabellen etc.) anwenden. In der folgenden Tabelle finden Sie die alphabetisch geordnete Liste der Operatoren mit Erklärungen und der Zuordnung zu den Anforderungsbereichen.

Operator	**Beschreibung der erwarteten Leistung**	**AFB**	**Beispiele***
analysieren	eine konkrete Materialgrundlage untersuchen, einzelne Elemente identifizieren und Beziehungen zwischen Elementen erfassen	II–III	08 A.3 11 A1.4
angeben, nennen, beschriften	Sachverhalte, Begriffe oder Daten ohne nähere Erläuterungen und Begründungen, ohne Lösungsweg aufzählen	I	Ü2.2 Ü4.1 10 B.1 13 B1.1
anwenden, übertragen	einen bekannten Sachverhalt, eine bekannte Methode auf eine neue Problemstellung beziehen	II–III	
auswerten	Daten, Einzelergebnisse oder sonstige Sachverhalte zu einer abschließenden Gesamtaussage zusammenführen	II–III	Ü5.3 09 B1.3
begründen	einen angegebenen Sachverhalt auf Gesetzmäßigkeiten bzw. kausale Zusammenhänge zurückführen. Hierbei sind Regeln und mathematische Beziehungen zu nutzen	II–III	Ü2.3 12 A1.2 13 B1.5
benennen	Elemente, Sachverhalte, Begriffe oder Daten angeben	I–II	10 A1.1 11 A1.2
berechnen	Ergebnisse von einem Ansatz ausgehend durch Rechenoperationen bestimmen	I–II	
beschreiben	Strukturen, Sachverhalte, Zusammenhänge oder Verfahren in Textform unter Verwendung der Fachsprache in vollständigen Sätzen in eigenen Worten wiedergeben (hier sind auch Einschränkungen möglich: „Beschreiben Sie in Stichworten …“)	I–II	08 A.1 10 A1.3 11 A1.1 12 A1.1 13 A.1, 3, 4

* Ü = Übungsaufgabe; angegeben ist die Nummer der jeweiligen Übungsaufgabe und die den Operator enthaltende Teilaufgabe;
08, 09, 10, 11, 12, 13 = LK-Jahrgang 2008, 2009, 2010, 2011, 2012, 2013; angegeben ist jeweils die Aufgabe (A, B oder C) und die den Operator enthaltende Teilaufgabe (1, 2, 3, 4 oder 5)

3 www.kultusministerium.hessen.de; Suche: ⇒ Landesabitur ⇒ Operatoren

beurteilen, bewerten	zu einem Sachverhalt ein eigenständiges Urteil unter Verwendung von Fachwissen und Fachmethoden formulieren und begründen	III	Ü3.3 09 A.4
darstellen	Sachverhalte, Zusammenhänge, Methoden, Bezüge oder Modellvorstellungen strukturiert und fachsprachlich einwandfrei wiedergeben	II–III	08 A.3 10 B2.3 11 A1.2
definieren	Eine festgelegte wissenschaftliche Begriffsbestimmung angeben	I	09 A.1
diskutieren, erörtern	Argumente und Beispiele zu einer Aussage oder These einander gegenüberstellen und abwägen	III	11 B.5 12 A2.5 13 B1.5
einordnen, zuordnen	mit erläuternden Hinweisen in einen genannten Zusammenhang einfügen/stellen	I–II	Ü2.3 10 A1.2 13 A.2
entscheiden	bei Alternativen sich begründet und eindeutig auf eine Möglichkeit festlegen	II	
entwerfen	Herstellen und Gestalten eines Systems von Elementen unter vorgegebener Zielsetzung	II–III	
entwickeln	Sachverhalte und Methoden zielgerichtet in einen Zusammenhang bringen, also eine Hypothese, eine Skizze oder ein Modell weiterführen und ausbauen	II–III	Ü1.3 08 C.3 10 C.3 13 A.5
erklären	Methode, Verfahren, Vorgehensweise oder Zusammenhang in Textform unter Verwendung der Fachsprache auf fachliche Grundprinzipien zurückführen	II–III	Ü1.2 10 A2.3 11 A2.2 13 B1.2, 4
erläutern	einen Sachverhalt auf der Grundlage von Vorkenntnissen so darlegen und veranschaulichen, dass er verständlich wird	II	Ü1.2 10 A2.2 13 B1. 3
formulieren	im chemischen Sinn: eine Strukturformel (unbekannt), eine Reaktionsgleichung oder einen Reaktionsmechanismus (jeweils bekannt oder unbekannt) notieren	i. d. R. II	13 A.4
interpretieren, deuten	Phänomene, Strukturen, Sachverhalte oder Versuchsergebnisse auf Erklärungsmöglichkeiten untersuchen und diese gegeneinander abwägen und auf das ursprüngliche Problem beziehen	II–III	12 B.3, 4
skizzieren	die wesentlichen Eigenschaften eines Objektes, eines Sachverhaltes oder einer Struktur grafisch darstellen (Freihandskizze möglich)	I–II	09 B1.1 10 A2.1 11 C.1

Stellung nehmen	unter Heranziehung relevanter Sachverhalte die eigene Meinung zu einem Problem argumentativ entwickeln und darlegen	III	
vergleichen, gegenüberstellen	nach vorgegebenen oder selbst gewählten Gesichtspunkten Gemeinsamkeiten, Ähnlichkeiten und Unterschiede ermitteln und darstellen	II–III	08 C.2 11 A1.5 13 B1.3 13 B2.3
überprüfen, prüfen	Sachverhalte, Aussagen oder Ergebnisse mit mathematischen Mitteln an Gesetzmäßigkeiten messen, verifizieren oder Widersprüche aufdecken	III	Ü1.4 11 B.2
untersuchen	Sachverhalte nach bestimmten, fachlich üblichen bzw. sinnvollen Kriterien darstellen	II	
zeichnen, grafisch darstellen	eine hinreichend exakte grafische Darstellung anfertigen	I–II	Ü1.1 12 B.1
zeigen, bestätigen, widerlegen, nachweisen	die Gültigkeit einer Aussage, z. B. einer Hypothese oder einer Modellvorstellung verifizieren bzw. falsifizieren	II–III	
zusammenfassen	das Wesentliche in strukturierter und konzentrierter Form unter Verwendung der Fachsprache herausstellen	I	13 C.1

Tipps:
- Die Formulierung der Aufgaben verknüpft häufig zwei (oder drei) Operatoren und gibt gelegentlich zusätzliche Informationen. Es wird aber immer nur die Leistung im Zusammenhang mit den Operatoren erwartet.
- Überprüfen Sie, inwieweit Ihnen diese Operatoren aus dem Fach Biologie und den Fächern in den Aufgabenfeldern 1 und 2 geläufig sind; durchsuchen sie z. B. die Aufgaben in den Leistungsnachweisen Q1 bis Q3 auf die verwendeten Operatoren.
- Im Kapitel 2 der Hinweise und in den Übungsaufgaben dieses Buches geben wir Ihnen Hinweise zur Beachtung der Operatoren und zu Lösungsstrategien. Vergleichen Sie damit Ihre eigene Arbeitsweise.

1.3 Prüfungsinhalte

Die Prüfungsaufgaben beziehen sich auf den Hessischen **Lehrplan**[4] für das Fach Biologie (Stand 2010). Die folgende tabellarische Darstellung nennt nur die „verbindlichen Inhalte“, die im Unterricht im Leistungskurs mit Ihnen bearbeitet werden sollten. Darüber hinaus können weitere fakultative Unterrichtsinhalte besprochen werden.

4 Nähere Informationen bekommen Sie von Ihrem Fachlehrer oder unter: www.kultusministerium.hessen.de ⇒ Schule ⇒ Bildungsstandards ⇒ Downloadbereich ⇒ ⇒ Bisherige Lehrpläne ⇒ Oberstufenlehrpläne 2010

Q1 A DNA und Regulation der Gentätigkeit
– DNA ist die Erbsubstanz, Bakteriengenetik, Phagen – Bausteine der DNA – Proteinbiosynthese, Ort der Proteinbiosynthese, Funktion von mRNA, tRNA, rRNA – Ablauf der Proteinbiosynthese bei Prokaryoten und Eukaryoten, Splicing, Exons, Introns, Modell der Raumstruktur von Proteinen/Enzymen – Regulation der Gentätigkeit, Operon-Modell, Substratinduktion und Endproduktrepression bei Bakterien – Epigenetische Modifikation, Imprinting – Aktivitätsprofile der Gene: Steuerung der Genaktivität in verschiedenen Lebewesen und Entwicklungsphasen
Q1 B Voraussetzungen und Methoden der Gentechnik
– Humangenomprojekt, DNA-Sequenzierung – Kartierung und Identifizierung von Genen, Prinzip der Gensonden – Gendiagnose: Gentests, Beratung, Chromosomenmutation – Stammbaumanalysen: monohybrid, autosomal, gonosomal – pränatale Diagnoseverfahren – Methoden der Gentechnik: Funktion von Restriktionsenzymen, Gentransfer durch Vektoren, Prinzip der Polymerase-Kettenreaktion (PCR), Prinzip der Gelelektrophorese – Versuche zur Gentechnik
Q1 C Biomedizinische Aspekte der Genetik
– Stammzellen: Entstehung und Gewinnung, normale Funktion toti- bzw. pluripotenter Stammzellen, embryonale, adulte und induzierte pluripotente Stammzellen – Klonen: verschiedene Formen des Klonens und erhoffte therapeutische Möglichkeiten – Genetische Aspekte der Immunreaktion
Q2 A Ökosystem
– Bestandteile eines Ökosystems, Biogeografie – Strukturierung von Ökosystemen: abiotische Faktoren, Toleranzkurven, ökologische Potenz; abiotischer Faktor Temperatur: RGT-Regel, Thermoregulation, poikilotherm, homoiotherm, Bergmann'sche und Allen'sche Regel; biotische Faktoren: Konkurrenz, Parasitismus, Symbiose, Räuber-Beute-Beziehungen, Lotka-Volterra-Regeln I bis III; Sukzession; ökologische Nische, Biotop, Biozönose; Wasser: Hydroregulation bei Pflanzen, Prinzip von Diffusion und Osmose – beschreibende Blockschaltbilder: Regelkreis – Stoffkreisläufe und Energiefluss in Ökosystemen: Produzenten, Konsumenten, Destruenten; Kohlenstoffkreislauf und weitere Stoffkreisläufe; Energieumwandlung, Nahrungsbeziehungen, Trophieebenen – Exkursion/praktische Arbeit: Messung abiotischer Faktoren, Kartierungen im Kleinbiotop
Q2 B Stoff- und Energiefluss in Lebewesen
– Übersicht über Stoffwechselzusammenhänge – Fotosynthese: Blattaufbau, Feinbau, Chloroplast; Orte und Grobschema der lichtabhängigen und lichtunabhängigen Reaktionen; vollst. Summengleichung; Modell der Lichtsammelfalle und des Protonengradienten; Funktion von NADPH + H^+ und ATP bei der Reaktion PGS $\rightarrow$ PGA; Prinzip der Katalyse an einem Bsp. der lichtabhängigen Reaktionen

- Zellatmung: Gesamtsummengleichung; ATP-Bildung in Glykolyse, Zitronensäurezyklus und Endoxidation; oxidative Decarboxylierung
- Methode: Experiment im naturwissenschaftlichen Erkenntnisweg

Q2 C Wechselbeziehungen zwischen Umwelt und Mensch

- Formen des Populationswachstums
- Anreicherung und Wirkung eines Schadstoffes
- Klimawandel: Treibhauseffekt, CO^{2}-, CH_4-Problematik, Ozon-Problem
- Ökosystem-Management: nachhaltige Entwicklung an einem Beispiel

Q3 A Physiologische Grundlagen der Verhaltensbiologie

- Signalübertragung und Verrechnung: Bau und Funktion von Neuronen, Ruhepotenzial, Aktionspotenzial, Erregungsleitung, synaptische Übertragung; Prinzip hormonbedingter second-messenger-Vorgänge; präsynaptische Hemmung
- Reize und Rezeption: Bau und Funktion eines Sinnesorgans und der sensorischen Rezeptoren
- Nervensystem: Bau und Funktion des Wirbeltier-Nervensystems
- Beeinflussung des Nervensystems: Prinzip der Stoffeinwirkung an Acetylcholin führenden Synapsen (z. B. Medikamente, Drogen, Gifte, Alkohol, Koffein)

Q3 B Vorwiegend ethologische Aspekte des Verhaltens

- Beobachten/Beschreiben, Ethogramm
- Handlungen: monosynaptischer Reflexbogen; festgelegte Reaktionsmuster (Schlüsselreiz, Kinese, Taxie)
- Handlungsabfolge-Diagramme/Blockschaltbilder z. B. zum Reflexbogen
- Methode: Beobachtung; Arbeitsschritte
- Steuerung von Verhalten durch äußere Faktoren
- Verhaltensänderungen: Prägung, klassische und operante Konditionierung, Reifung, Kognition und Problemlösung, neurobiologische Grundlagen des Lernens
- Fachwissenschaftliche Problematik „erworbenes/angeborenes Verhalten“: grundlegende Fragestellung und methodischer Überprüfungsansatz (z. B. Kaspar-Hauser-Experiment)

Q3 C Vorwiegend ökologische und evolutionäre Aspekte des Verhaltens

- Verhaltensänderungen: z. B. durch Klimaveränderung beim Vogelzug
- Überlebenswert von Verhaltensmerkmalen (Gesamtfitness): Prinzip des Selektionsprozesses; proximate und ultimate Ursachen von Verhalten; Kosten-Nutzen-Analyse bei Nahrungserwerb und Fortpflanzungsystemen; dirkete und Gesamtfitness, Kooperation
- Aggressionstheorien

In den **Handreichungen zum Lehrplan**[5] des Kultusministeriums in Hessen werden die verbindlichen reproduktiven Inhalte des Leistungskurses für das bevorstehende Abitur konkretisiert.

5 Die ausführlichen Handreichungen finden Sie auf der Homepage des Hessischen Kultusministeriums: www.kultusministerium.hessen.de; Suche: ⇒ Landesabitur.

Darüber hinaus werden **Inhalte aus der Einführungsphase E1 und E2 sowie der Jahrgangsstufe 9** als Voraussetzung genannt:

- Voraussetzungen aus der Mittelstufe (Jahrgangsstufe 9, Vererbung beim Menschen): Mitose, Meiose, Mendel'sche Regeln, einfache Stammbaumanalysen (monohybrid, autosomal, gonosomal)
- Voraussetzungen aus der Einführungsphase der Oberstufe: Zellen, Enzyme, Katalyse, Membranaufbau, -modelle, Hormon- und Immunreaktion, Ontogenese

In den Handreichungen werden also detailliert diejenigen Unterrichtsthemen festgelegt, die Sie in der Prüfung ohne die Zuhilfenahme von Materialien wiedergeben können müssen. Es ist daher sehr wichtig, dass Sie sich mit den Inhalten im Rahmen Ihrer Abiturvorbereitung vertraut machen. Sie sollten den Text der Handreichungen evtl. auch im Unterricht mit Ihren Lehrerinnen und Lehrern besprechen.

Beispiel:

Q1 A DNA und Regulation der Gentätigkeit		
DNA ist die Erbsubstanz		
Verbindliche Unterrichtsinhalte/Aufgaben:	**Verbindliche reproduktive Fachinhalte:**	**Zusätzliche verbindliche reproduktive Fachinhalte für Leistungskurse:**
Ablauf der Proteinsynthese	Genbegriff, Transkription und Translation bei Prokaryoten, genetischer Code, Umgang mit der Code-Sonne	Transkription und Translation bei Eukaryoten; Splicing, Introns, Exons, Modell der Raumstruktur von Proteinen/Enzymen

Im Leistungskurs kann also von Ihnen erwartet werden, dass Sie den Ablauf der Transkription und Translation bei Prokaryoten beschreiben und evtl. Skizzen dazu anfertigen können. Auch die Übersetzung einer Triplett-Sequenz des codogenen Strangs der DNA in eine Aminosäuresequenz sollte Ihnen gelingen. Darüber hinaus müssen Sie die Prozessierung eines Primärtranskripts (prä-RNA) eines Eukaryoten durch Spleißen bzw. die Synthese einer Cap-Struktur und eines Poly-A-Schwanzes beschreiben und die Bildung einer Raumstruktur (Sekundär-, Tertiär- und Quartärstruktur) bei einer Aminosäurekette darstellen können. Für die Bearbeitung von weiterführenden Aufgaben im Zusammenhang mit der Proteinsynthese muss Ihnen entsprechendes Material angeboten werden.

Tipps:

- Analysieren Sie die vorliegenden Abiturprüfungs- und Übungsaufgaben in gleicher Weise.
- Ordnen Sie Ihre Unterlagen aus dem Unterricht und ergänzen Sie Hinweise auf das verwendete Lehrbuch.
- Überprüfen Sie Ihre Unterlagen darauf, inwieweit sie mit den Handreichungen übereinstimmen.
- Erarbeiten Sie sich evtl. notwendige Ergänzungen (fragen Sie Ihre Lehrerinnen und Lehrer).

- Achten Sie darauf, die Vielzahl der Begriffe in geeigneter Weise zu ordnen, zu hierarchisieren.
- Zusätzlich zu den Inhalten aus Q1 bis Q3 müssen Sie Voraussetzungen aus der Einführungsphase (Zellbiologie und Ontogenese) und zum Thema Vererbung (Jahrgangsstufe 9) für die Prüfung erneut erarbeiten!
- Zur Prüfungsvorbereitung legen Sie sich am besten eine Tabelle wie die folgende im Querformat an:

Kurshalbjahr (9, E1, E2, Q1 bis Q3)	**Handreichungen zum Lehrplan**	**Themen/Stichworte aus dem eigenen Unterricht**	**In Beispielen verwendete Operatoren**	**In meinem Ordner auf Seite**

1.4 Bewertung

Ihre Abiturarbeit wird zunächst von Ihrer Lehrerin, Ihrem Lehrer korrigiert und bewertet. Eine Zweitkorrektur (Korreferat) Ihrer Arbeit wird von Lehrerinnen oder Lehrern Ihrer eigenen Schule oder einer Nachbarschule durchgeführt.
Grundlage sind Lösungshinweise und Bewertungsraster, die einen Bezug zum Lehrplan und erwartete Leistungen enthalten. Eine Zuordnung der o. g. Anforderungsbereiche (AFB I–III) zu den erwarteten Teilleistungen ist ebenfalls enthalten. Ihre Lehrerinnen und Lehrer kennen diese Vorgaben der Bewertung aus allen Beispielen der letzten Jahre von einer internen Veröffentlichung des Hessischen Kultusministeriums.

Tipp:
Die in diesem Buch zusammengestellten Übungsaufgaben sind mit einem Vorschlag für die Bewertung der Teilaufgaben und mit ausführlichen Lösungen versehen. Unsere Lösungsvorschläge für die Original-Aufgaben aus dem Landesabitur in diesem Buch berücksichtigen die Lösungshinweise und erwarteten Leistungen.

Die Korrektoren müssen die erwarteten Leistungen zugrunde legen, können aber in begründeten Fällen hiervon abweichen. Ihre Lehrerinnen und Lehrer haben damit die Möglichkeit, den konkreten Unterricht und ihre gleichwertigen Lösungswege bei der Beurteilung Ihrer Lösungen zu berücksichtigen. Auch Lösungen, die im Bewertungsbogen nicht erfasst worden sind, fachlich aber richtig sind und schlüssig dargestellt wurden, werden berücksichtigt. (Das kann z. B. der Fall sein, wenn Sie einen biologischen Sachverhalt durch eine eigene Meinung beurteilen oder begründete Hypothesen aufstellen sollten.)
Bei der Bewertung werden alle von Ihnen in der Reinschrift erarbeiteten Teillösungen berücksichtigt. Neben der detaillierten Korrektur Ihrer Ausführungen in Form von Randbemerkungen werden zu jeder Teilaufgabe auch die Vorzüge und Mängel Ihres jeweiligen Lösungsansatzes zusammengefasst. Dabei werden nicht nur die fachliche Richtigkeit und Vollständigkeit berücksichtigt sondern auch die Schlüssig-

keit Ihrer Argumentation, die Qualität Ihrer Darstellung (klarer Aufbau und richtige Verwendung der Fachsprache) sowie gegebenenfalls die Kreativität und Eigenständigkeit bei Ihren Lösungen. Ihre Arbeit kann mit ausreichend bewertet werden, wenn Sie annähernd die Hälfte der im Bewertungsbogen beschriebenen Bewertungseinheiten erreicht haben, d. h. hierfür müssen Sie mehr als nur reproduktive Leistungen des AFB I erbringen. Ein mit sehr gut beurteiltes Prüfungsergebnis erreichen Sie nur mit Leistungen auch aus dem AFB III.

2 Herangehen an Abituraufgaben

Im Folgenden können wir Ihnen nur eine kurze Auflistung der wichtigsten Punkte geben, die Sie beim Bearbeiten der Aufgaben beachten sollten. Ebenso kann an dieser Stelle nur exemplarisch auf einige Aspekte der Analyse von Materialien eingegangen werden.
Weiterführende Hilfestellungen zum Umgang mit Prüfungsaufgaben finden Sie in dem Buch „Training Methoden – Biologie", Stark Verlag Freising (Best.-Nr. 94710), mit dem Sie anhand einer Reihe konkreter Beispiele die prüfungsrelevanten Arbeitstechniken im Fach Biologie trainieren können.

2.1 Auswahl und Bearbeitung der Prüfungsaufgaben

Wie bereits angesprochen, sollte die Auswahl der Wahlaufgabe zügig und trotzdem sorgfältig erfolgen. Wichtig ist hierbei, dass Sie sich zunächst einen Überblick über alle Aufgaben und Materialien verschaffen, auch wenn Sie aufgrund der thematischen Überschrift schon eine Vorentscheidung gefällt haben. Vielleicht verbirgt sich in der Aufgabe ein „Haken", den Sie bei der schnellen Durchsicht nicht gesehen haben.

Tipps:
- Sie müssen die Entscheidung treffen, welche der beiden Wahlaufgaben aus dem gesetzten Kurshalbjahr und welche der Aufgaben aus den anderen beiden Halbjahren am besten für Sie geeignet sein könnte.
- Üben Sie bitte die zusätzliche Anforderung des „begründeten Auswählens" im Rahmen der Abiturprüfung an den Übungsaufgaben in diesem Buch.

Für die weitere Bearbeitung setzen Sie sich einen Zeitplan, damit Ihnen nicht am Ende die Zeit für die letzte Aufgabe oder das Korrekturlesen fehlt.

Tipps:
- Sie erhalten zwei nicht zusammenhängende Aufgaben, für die jeweils die Hälfte der Arbeitszeit vorgesehen ist.
- Analysieren Sie die fachlichen Anforderungen.
- Nutzen Sie zur Analyse Brainstorming und Mindmapping.
- Achten Sie auf die zur Verfügung stehende Zeit.

Bei der Erstellung Ihrer Lösungen sollten Sie sich, neben der fachlichen Richtigkeit, um **sprachliche Richtigkeit und eine angemessene äußere Form** bemühen. Alle Antworten sollten Sie (sofern es nicht ausdrücklich anders verlangt ist, z. B. die Angabe als Tabelle oder Skizze) durchgehend in vollständigen Sätzen unter Verwendung der passenden **Fachbegriffe** formulieren. Auch wenn zur Beantwortung der Aufgabe kein Fließtext gefordert wird, sollten die unkommentierte Aufzählung einzelner Schlagworte (Ausnahme: Operator „nennen“) sowie unbeschriftete Skizzen und Tabellen vermieden werden.
Bei allen Lösungen sollten Sie außerdem beachten,

- dass Sie sich bei der Bearbeitung der Aufgabe an den Operator der Aufgabenstellung halten, damit Sie die **Lösung im Sinne der Aufgabenstellung** erstellen. Sie sollten z. B. beim Operator „nennen/angeben“ keine weiteren Erklärungen angeben, dies wäre auch nicht im Sinne einer sinnvollen Zeiteinteilung bei der Prüfung.
- dass die Darstellung **logischen und erkennbaren Ordnungsprinzipien** folgt. Für längere Teilantworten bietet sich die „klassische“, aus dem Deutschunterricht bekannte Einteilung in eine kurze Einleitung (meist reichen hier 1–2 Sätze), einen in sinnvolle Absätze gegliederten Hauptteil und Schlusssatz an.
- dass die Ausführungen **eindeutig formuliert** sind und soweit sinnvoll auch mit anderen Teilen Ihrer Klausur verknüpft werden.

Tipps:

- Beachten Sie die Operatoren.
- Achten Sie auf die Verwendung der Fachsprache, notfalls können Sie Strukturen und Zusammenhänge auch umschreiben. Markieren Sie solche Textstellen und überprüfen Sie sie später auf jeden Fall!
- Trennen Sie Beschreibung und Analyse.
- Gliedern Sie Ihre Ausführungen entsprechend der Aufgabenstellung.
- Lassen Sie sich durch die Quellenangaben zu einem Schulbuch, das Sie nicht verwendet haben, nicht irritieren.
  Aufgaben im Anforderungsbereich III erfordern oft implizit vorheriges Beschreiben und Vergleichen.
- Lassen Sie sich durch „komplizierte“ wissenschaftliche Namen nicht irritieren, vergeben Sie evtl. eigene Abkürzungen (Legende nicht vergessen)

Zum Schluss sollten Sie – sofern es möglich ist – 10 bis 20 Minuten einplanen, um Ihre Lösungen noch einmal zu lesen und eventuelle Fehler (Grammatik, Zeichensetzung, Rechtschreibung) zu berichtigen. Denken Sie daran, dass Ihnen für eine mangelhafte äußere Form bis zu zwei Notenpunkte abgezogen werden können! Sie müssen auch in Biologie die Anzahl der Wörter in ihrem Text angeben. Es wird ein Fehlerquotient errechnet (> 3 % führen zu 1 Notenpunkt, > 6 % zu 2 Notenpunkten Abzug). Achten Sie auch darauf, dass Verweise auf Abbildungen korrekt sind. Eine lesbare Schrift und eine übersichtliche Gestaltung sind deshalb besonders wichtig. Zuletzt sollten Sie die Seiten vollständig durchnummerieren.

2.2 Arbeiten mit Materialien

Ein wesentlicher Bestandteil biologischer Aufgabenstellungen ist die Analyse von Material in Form von Text, Tabellen sowie Grafiken. Die umfassende Untersuchung der dargestellten Sachverhalte ist oft der Schlüssel zu einer erfolgreichen Lösung der Aufgabe. Die Aufgaben beziehen sich in der Regel konkret auf einzelne Materialien; es kann aber sinnvoll sein die anderen Materialien hinzu zu ziehen.

Daten aus biologischen Experimenten werden häufig in Form von **Tabellen** zusammengefasst. Eine andere Art der Darstellung von Zahlenmaterial sind die zu den Grafiken zählenden **Diagramme**. Zur Auswertung einer Tabelle oder eines Diagramms gibt es einige Grundregeln, die sich auf fast alle Tabellen und Diagramme unterschiedlichen Aufbaus und Inhaltes anwenden lassen.

- Welche Größen sind in der Tabelle / dem Diagramm dargestellt? Achten Sie auf die Überschriften und den Begleittext.
- Was für ein Diagrammtyp liegt vor (z. B. Säulendiagramm, Optimumskurve)?
- Welche Größen sind gegeneinander aufgetragen? Welche ist die variable, welche die abhängige Größe?
- Was sind die Bezugsgrößen: Zahlenarten (absolute Zahlen, Prozentzahlen), Zahlenwerte (gerundet, geschätzt, vorläufig)?
- Welche Auffälligkeiten / Tendenzen sind zu erkennen?
- Was wurde mit welcher Methode untersucht?
- Welche Kategorien werden miteinander in Beziehung gesetzt (z. B. bei Tabellen in Kopfzeile, Spalten und Vorspalten)?
- Welche Besonderheiten weist das Material auf?
- Welche Hauptaussagen lassen sich formulieren (Trends/Tendenzen)?
- Welche Teilaussagen lassen sich machen (Minima, Maxima, Zunahme, Abnahme, Stagnation, Zahlensprünge, Anomalien, Gleichmäßigkeiten und regelhafte Verläufe, unterschiedliche Phasen, Wechselbeziehungen zwischen verschiedenen Variablen/Merkmalen …)?
- Welcher Arbeitsauftrag ist mit dem Diagramm/der Tabelle verbunden? (Unabhängig davon sollten Sie Ihre Lösung damit beginnen, eine kurze Beschreibung der Darstellung auf der Basis der o. g. Fragestellungen zu geben.)
- Welche Antwort gibt die Tabelle/das Diagramm auf die Fragestellung? Zu welchen Teilbereichen lassen sich keine Aussagen treffen?
- Welche Aussagen werden durch die Daten nahe gelegt?
- Welche neuen Fragen werden durch die Informationen der Tabelle/des Diagramms aufgeworfen?
- Was sind mögliche Ursachen für die der Tabelle/dem Diagramm entnommenen Sachverhalte?
- Die vorliegenden Daten sind z. T. echte experimentelle Ergebnisse. Sie kennen aber nur geglättete Daten oder Kurven. Verwenden Sie einen dickeren Stift und glätten Sie experimentelle Kurven!

Abbildungen in der Biologie zeigen meist entweder Strukturen (z. B. einen Blattquerschnitt) oder Prozesse (z. B. die Transformation einer Zelle). Der erste Schritt Ihrer Lösung sollte auch hier immer darin bestehen, die bildlich dargestellte Information in Worte zu fassen. Die weitere Analyse ist dann sehr stark von der Art der Abbildung und der damit verbundenen Fragestellung abhängig. Aber auch hier gibt es wieder einige Grundregeln, die zu beachten sind:

- Wie ist die Abbildung zustande gekommen? Ist es z. B. die Skizze eines mikroskopischen Bildes oder die schematische Darstellung eines Experimentes? (Beachten Sie dabei auch den vorangestellten Text und die Bildunterschrift.)
- Welchem Themengebiet ist die Abbildung zuzuordnen (z. B. Gentechnik)?
- Was wissen Sie über die dargestellten Strukturen oder Abläufe? Welche Fachbegriffe können Sie zuordnen?
- Was sind die wichtigen Merkmale der dargestellten Objekte oder Sachverhalte? Vergleichen Sie Teilabbildungen miteinander. Formulieren Sie Kern- und Teilaussagen.
- Welche Arbeitsanweisung ist mit der Abbildung verknüpft? Sollen Sie z. B. die Abbildung zur Erläuterung eines Sachverhaltes verwenden oder wird von Ihnen eine Hypothese über den Ablauf eines dargestellten Experimentes erwartet?
- Welche für die Beantwortung der Fragestellung relevanten Informationen lassen sich aus den Darstellungen entnehmen und welche Fragen stellen sich?
- Welche Ursachen und Mechanismen könnten hinter den dargestellten Prozessen stecken? Wie sind auftretende Besonderheiten zu erklären?

Die Analyse der Aufgabenstellung ist in Leistungsnachweisen ein wiederkehrendes Problem. Denken Sie daran, dass es immer um die Erarbeitung im Sinne der „Operatoren“ geht und dass neben reproduktivem Wissen aus dem Unterricht der Inhalt der vorliegenden Texte und grafischen Darstellungen im Mittelpunkt ihres Denkens stehen muss.

Tipp:
Hier bieten sich vor allem *Mapping*-Verfahren wie *Mindmapping* und *Clustering* an. Auch das Verfahren des *vee-mapping* das vor allem im anglo-amerikanischen Raum mit großem Erfolg in Schulen angewendet wird (googeln Sie: *vee-mapping*).

3 Hinweise zur Benutzung dieses Buches

Dieses Buch enthält fünf **Übungsklausuren** im Stil des **Landesabiturs in Hessen** im Leistungskurs sowie die **Original-Prüfungsaufgaben des Zentralabiturs 2008 bis 2013** für den **Leistungskurs**. Alle Aufgaben sind vollständig mit Arbeitsaufträgen, Materialien und **ausführlichen, schülergerechten Lösungen** in dem Band enthalten. Vor jedem Lösungsvorschlag finden Sie die in der gesamten Aufgabe thematisierten **Schwerpunkte** bzw. die für die Lösung geforderten **Vorkenntnisse.** Nach diesen allgemeinen Hinweisen zur Lösung der Aufgabe folgen die **Lösungsvorschläge**. Diese stellen Musterlösungen dar und sind bewusst ausführlicher gestaltet. Jeder Lösungsvorschlag ist zusätzlich mit **methodischen Hinweisen** versehen. Diese Hinweise erläutern – sofern nötig – kurz die Herangehensweise an die Teilaufgabe und geben Ihnen konkrete Tipps, was bei der jeweiligen Aufgabe zu beachten ist. Alle Tipps und Hinweise erkennen Sie an den Rauten am Seitenrand.

Leistungskurs Biologie (Hessen)
Übungsaufgabe 1: Genetik

Thalassämie – eine Sauerstoffmangelkrankheit BE

1 Zeigen Sie anhand des nicht-codogenen Stranges in Abbildung 2 (Material 1), wie sich bei der Thalassämie das Spleißmuster verschiebt (Nucleotid-Ebene) und erklären Sie die in Material 2 aufgestellte Beobachtung, dass bei Thalassämie trotz längerem Exon 2 das β-Hb^T kürzer ist.
Arbeiten Sie dabei nach folgendem Schema:

Aminosäure-Abfolge β-Hb	
mRNA β-Hb	
β-Hb-Gen	
β-Hb^T-Gen	
mRNA β-Hb^T	
Aminosäure-Abfolge β-Hb^T	

Zeichnen Sie das β-Hb-Gen maßstabsgetreu (Maßstab 10 bp = 1 mm) und zeichnen Sie darüber im selben Maßstab die mRNA für β-Hb und wiederum darüber auch die Peptidkette. Das Gleiche zeichnen Sie für β-Hb^T nach unten. 15

2 Erläutern Sie das Zustandekommen der Raumstruktur eines Proteins anhand des Hämoglobins!
Erklären Sie, auf welche Weise sich Punktmutationen der DNA auf Bau und Funktionen eines Proteins auswirken können.
Leiten Sie die Auswirkungen in diesem Falle auch aus den klinischen Befunden und der Diagnose der Krankheit (Material 4 und 5) ab (Formulieren Sie knapp in Fachsprache). 18

3 Analysieren Sie mithilfe von Material 4 den Erbgang der Thalassämie und benennen Sie die Genotypen der gekennzeichneten Individuen.
Entwickeln Sie eine Hypothese zur Erklärung der phänotypischen Erkrankungen (Th. minor/Th. major), ausgehend von den Materialien und Ihren Erkenntnissen aus der klassischen und Molekulargenetik. 6

4 Prüfen Sie, welche der im Material 5 und 6 aufgezeigten Möglichkeiten der Knochenmarkstransplantation bei der Thalassämie als Therapie infrage kommt. Begründen Sie Ihre Entscheidung. 8

5 Entwickeln Sie geeignete Maßnahmen, die in der Vorsorge greifen könnten. 3

50

Material 1

Thalassämie ist eine Form von Anämie. Unter Anämie (Blutarmut) versteht man – unabhängig von den sehr unterschiedlichen Ursachen – eine Verminderung des Sauerstofftransportes im Blut. Der rote Blutfarbstoff Hämoglobin (Abb. 1) in den roten Blutkörperchen bindet in den Lungenalveolen Sauerstoff und gibt ihn an das Gewebe ab. Hämoglobin, ein großes Protein (Globin), ist aus vier Peptid-Untereinheiten zusammengesetzt ($\alpha\alpha\beta\beta$): zwei jeweils identischen α- und β-Ketten, die je eine Häm-Gruppe (schwarz gekennzeichneter Molekülteil) mit einem Eisen-Atom enthalten, welches das Sauerstoffmolekül bindet.
Der Aufbau des Gens für die β-Kette von Hämoglobin (β-Hb) ist in Abbildung 2 dargestellt.

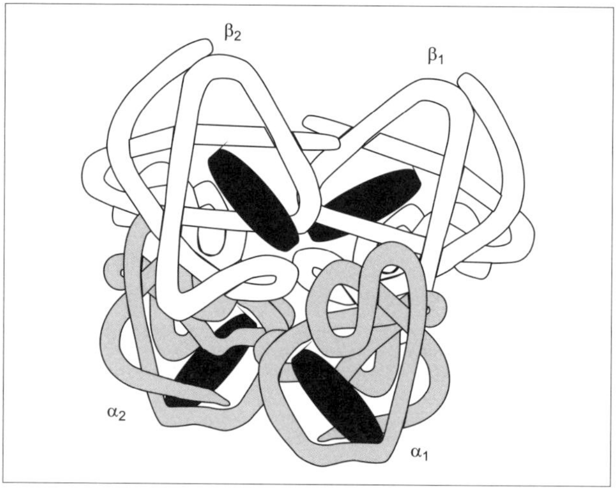

Abb. 1: Hämoglobin-Molekül

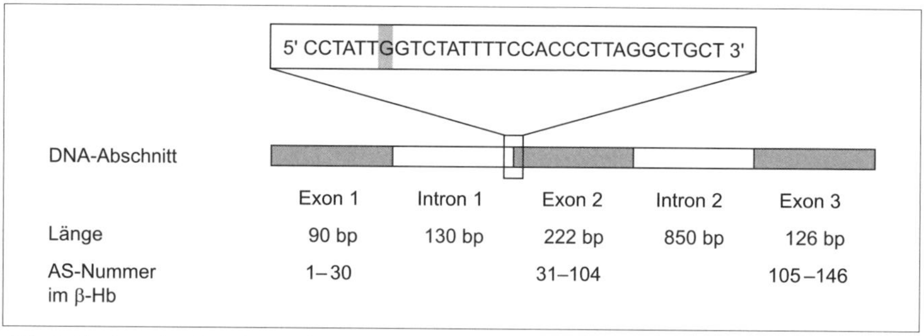

Abb. 2: Struktur des Gens für die β-Kette des Hämoglobins und Basensequenz des markierten Abschnitts im Bereich Intron 1 und Exon 2 (dargestellt ist der nicht-codogene DNA-Strang)
AS = Aminosäure, bp = Basenpaare

verändert nach: Martin-Beyer, Wolfgang: Thalassämie – eine Sauerstoffmangelkrankheit, Praxis der Naturwissenschaften Biologie 46/7, Aulis Verlag Deubner, Köln 1997, S. 18 ff.

Material 2

Untersuchungen zum Spleißen haben ergeben, dass die Erkennungsstelle für das 3'-Ende eines Introns, bezogen auf den nicht-codogenen DNA-Strang, TTAG lautet und dass danach geschnitten wird (für das Exonende bzw. den Intronanfang gibt es ein anderes Erkennungsmuster):

Schnittstelle

DNA-Abschnitt: 5' … Intron TTAG | Exon … 3'

Die Ursache der Thalassämie ist eine Punktmutation im β-Hb-Gen an der in Abbildung 2 markierten Stelle. Im mutierten Gen für β-Hb^{T} steht statt G die Base A. Die Folge ist eine Änderung des Spleißmusters und des daraus gebildeten Hämoglobins: Obwohl durch die Mutation das Exon 2 verlängert wird, ist β-Hb^{T} deutlich kürzer als das „normale" β-Hb.

Material 3

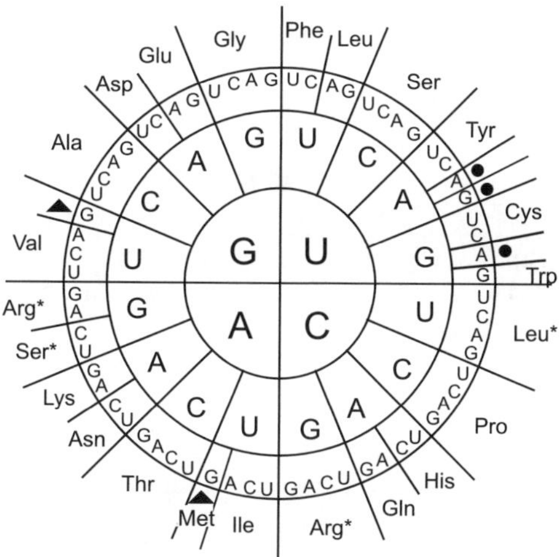

Ala	Alanin
Arg	Arginin
Asn	Asparagin
Asp	Asparaginsäure
Cys	Cystein
Gln	Glutamin
Glu	Glutaminsäure
Gly	Glycin
His	Histidin
Leu	Leucin
Lys	Lysin
Ile	Isoleucin
Met	Methionin
Phe	Phenylalanin
Pro	Prolin
Ser	Serin
Thr	Threonin
Try	Tryptophan
Tyr	Tyrosin

▲ Startcodon

● Stoppcodon

* zweimal auftretende Aminosäuren

Abb. 3: Codesonne

Material 4

Die Thalassämie ist eine Erbkrankheit, die vorwiegend im Mittelmeerraum vorkommt. Der Name leitet sich vom griechischen Wort für Meer, *thalassa,* ab. Die Erkrankung tritt in zwei Formen auf:
„Thalassaemia major" mit schweren Gesundheitsstörungen, die auf mangelnder Durchblutung der Organe beruhen und im Allgemeinen schon im Kindheitsalter zum Tode führen. Daneben zeigt „Thalassaemia minor" nur schwache Symptome (geringere Leistungsfähigkeit).
Die Vererbung der Thalassämie zeigt die dargestellte Sippentafel.

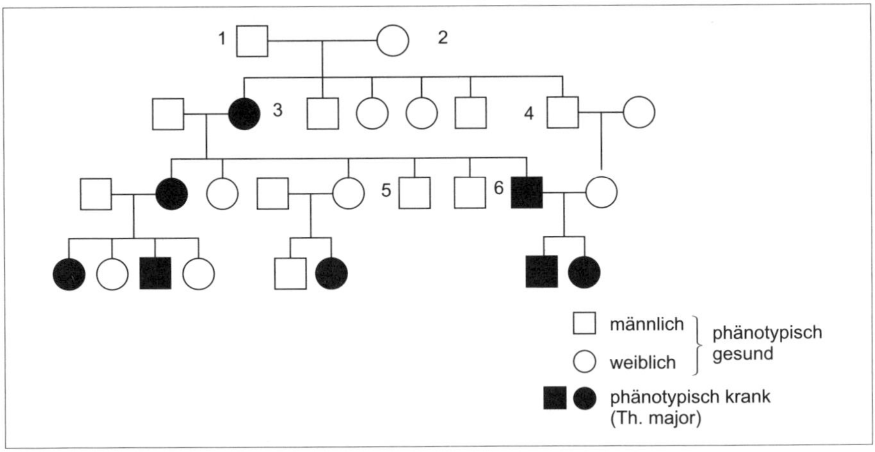

Abb. 4: Stammbaum einer Familie mit Thalassämie

aus: Martin-Beyer, Wolfgang: Thalassämie – eine Sauerstoffmangelkrankheit, Praxis der Naturwissenschaften Biologie 46/7, Aulis Verlag Deubner, Köln 1997, S. 18 ff.

Material 5

Diagnose:

Das lichtmikroskopische Blutbild zeigt stark veränderte Erythrozyten. Sie sind extrem dünn mit einer zentralen Aufhellung der roten Farbe und zeigen eine erhöhte osmotische Resistenz.

Therapie und Prognose:

Bei Thalassaemia minor ist eine Therapie nicht erforderlich. Liegt Thalassaemia major vor, sterben die Patienten trotz konventioneller Behandlungsmethoden wie Bluttausch etc. meist im frühen Erwachsenenalter infolge von:

a multipler Insuffizienz der endokrinen Organe (Drüsen) und den damit einhergehenden Folgeerscheinungen wie z. B. verzögerte Pubertät, Diabetes mellitus
b einer voranschreitenden Organsiderose (Eisenablagerungen), primär im Herzen.

Eine möglichst frühzeitige Knochenmarkstransplantation führt bei 90 % der Patienten zu einer deutlichen Besserung.

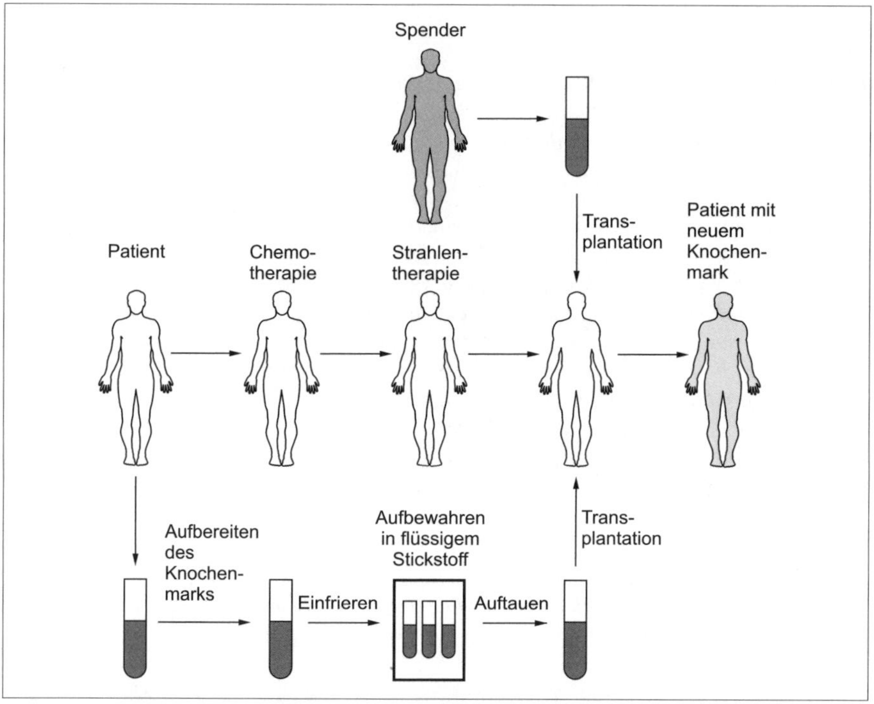

Abb. 5: Schema zweier möglicher Wege für eine Knochenmarkstransplantation
verändert nach: Golde, David W.: Transplantation von Stammzellen des Knochenmarks, Spektrum der Wissenschaft, 2/92, Spektrum der Wissenschaft Verlagsgesellschaft Heidelberg, S. 70 ff.

Material 6

Anzeige in einer Frauenzeitung in Süditalien:
„Lassen Sie eine Nabelschnurblutkonserve von Ihrem Baby aufbereiten!"
Eine Knochenmarkstransplantation muss man bei Patienten durchführen, deren teilungsfähige Stammzellen, aus denen die verschiedenen Blutzellen und Lymphozyten hervorgehen, krank oder anderweitig geschädigt sind.
Dies ist der Fall bei Leukämie oder wenn man gegen einen anderen Krebs mit Bestrahlung oder Chemotherapie vorgeht und damit die körpereigenen Stammzellen zerstört. Auch bei Erbkrankheiten kann eine solche Transplantation angezeigt sein.
Aktive und vermehrungsfähige Stammzellen sind auch im Nabelschnurblut eines jeden Säuglings enthalten. Da man sie mit geeigneten Methoden lange Zeit aufbewahren kann, könnte eigentlich jeder Mensch eine solche Konserve für den Notfall zur Verfügung haben.

Lösungsvorschläge

In der Aufgabe thematisierte Unterrichtsinhalte sind:
Stammbaumanalyse: Ermittlung von Erbgängen und Genotypen
Transkription, Translation: Spleißen, Exons, Introns, genetischer Code
Genmutation: Auswirkungen auf die Raumstruktur von Proteinen

1 – *Entnehmen Sie zunächst die Sequenz des nicht-codogenen Stranges des unveränderten Gens der Abbildung 2 in Material 1. Leiten Sie daraus die Sequenz der mRNA und mithilfe der Codesonne in Material 3 die Aminosäuresequenz des intakten Proteins ab. Dem Text in Material 2 können Sie den Aufbau des mutierten Gens entnehmen: A statt G (an der in Abbildung 2 markierten Stelle). Leiten Sie auch daraus die mRNA-Sequenz ab. Ermitteln Sie die Verschiebung des Spleißmusters mithilfe der Angaben in Material 2 (Schnittstelle TTAG) und dessen Konsequenzen für das Protein.*
– *Erklären Sie im nächsten Schritt, wie sich aufgrund des im verlängerten Exon neu hinzukommenden Stoppcodons ein verkürztes Protein ergibt.*
– *Bevor Sie eine maßstabsgetreue Zeichnung anfertigen können, müssen Sie die Längen der einzelnen Elemente berechnen. Halten Sie sich bei der Zeichnung wieder an die im Schema vorgegebenen Reihenfolge. Achten Sie darauf, die Teile zu beschriften oder in einer Legende zu erklären.*

Aminosäure-Abfolge β-Hb	– Ala –Ala –
mRNA β-Hb	… GCU GCU …
β-Hb-Gen	Intron | Exon 5' CCTATTGGTCTATTTCCACCCTTAG | GCT GCT 3'
β-Hb^T-Gen	5' CCTATTAG | TCT ATT TTC CAC CCT TAG GCT GCT 3' Intron | Exon
mRNA β-Hb^T	… UCU AUU UUC CAC CCU UAG GCU GCU …
Aminosäure-Abfolge β-Hb^T	– Ser – Ile – Phe – His – Pro – *Stopp*

Im β-Hb^T-Gen ergibt sich durch die Mutation von G nach A eine neue Schnittstelle im Intron. Das Exon 2^T ist dadurch 18 Nucleotide länger als Exon 2, weil aufgrund der Mutation das Intron 1 früher beendet wird. Damit ist auch die mRNA um sechs Tripletts verlängert. Allerdings ist in dem neuen Stück das 6. Triplett ein Stoppcodon, bei dem die Translation am Ribosom endet. Damit ist die Aminosäurekette β-Hb^T sehr viel kürzer als β-Hb: β-Hb^T besitzt nur 35 Aminosäuren (30 aus Exon 1 und 5 aus dem neuen Exon 2^T) gegenüber 146 bei β-Hb. Das resultierende Protein ist somit in der Funktion stark eingeschränkt.

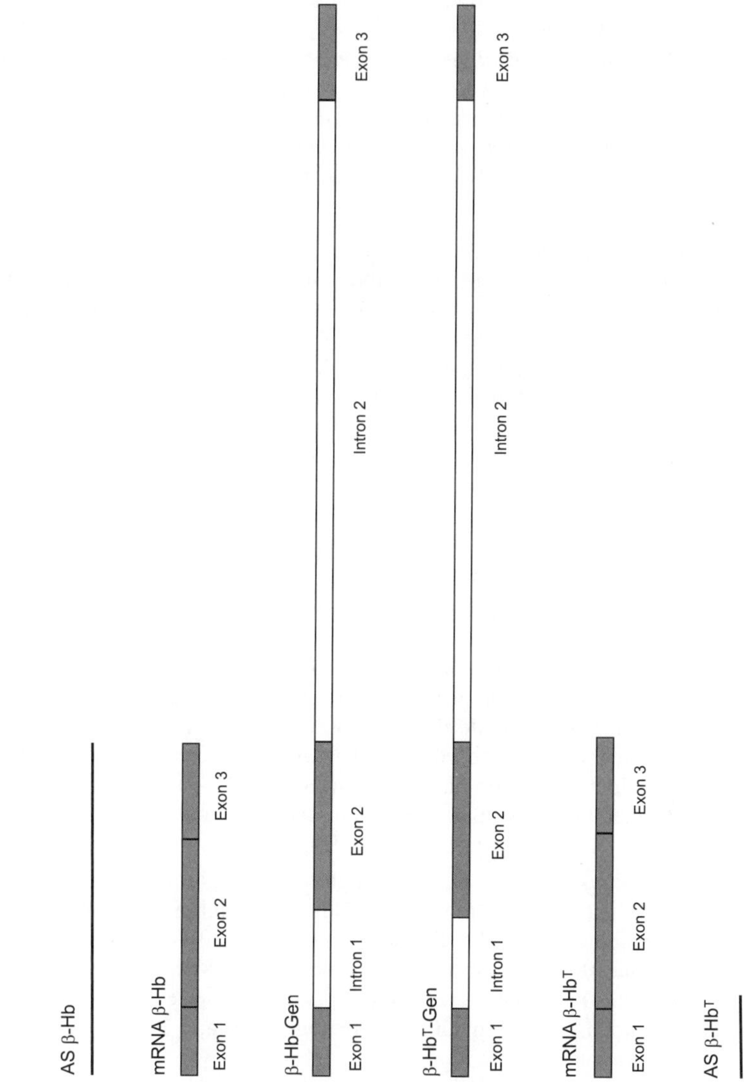

β-Hb:	146 AS; z. B. gleiche Länge wie mRNA
mRNA β-Hb:	E1 (90 N) + E2 (222 N) + E3 (126 N) = 438 N = 44 mm
β-Hb-Gen:	zusammen 1418 N = 142 mm, Exon-Intron-Grenzen markiert
β-Hb^T-Gen:	gleiche Länge wie Hb-Gen, Grenze Intron 1/Exon 2 verschoben
mRNA β-Hb^T:	E1 (90 N) + E2 (240 N) + E3 (126 N) = 453 N = 45 mm
β-Hb^T:	35 AS; z. B. gleiche Länge wie 105 N der mRNA = 11 mm

2 – *Veranschaulichen Sie zunächst am Beispiel des Hämoglobins die vier Ebenen der Proteinstrukturen.*
– *Zeigen Sie anschließend allgemein die möglichen Auswirkungen einer durch Punktmutation in der DNA veränderten Primärstruktur auf die Raumstruktur und damit auf die Funktion eine Proteins auf.*
– *Erläutern Sie nun konkret, wie die Punktmutation im β-Hämoglobin-Gen zu den bei der Thalassämie beobachteten Symptomen, die in Material 4 und 5 dargestellt sind, führen kann.*

Die Raumstruktur der Proteine ergibt sich durch folgende Grundlagen:

- Die Aminosäuren bilden über Peptidbindungen eine Kette, die Primärstruktur. Diese Aminosäuresequenz ist im zugrunde liegenden Gen codiert und gibt die Raumstrukturen des entstehenden Proteins vor.
- Wasserstoffbrückenbindungen (OH-Brücken) zwischen den Peptidbindungen stabilisieren z. B. die Helix oder das Faltblatt als Sekundärstrukturen.
- Die unterschiedlichen Seitenketten der Aminosäuren können ebenfalls verschiedene Bindungen miteinander bilden (z. B. Ionenbindungen oder Disulfidbrücken). Diese verknüpfen die Sekundärstrukturen zu einer übergeordneten Tertiärstruktur (α- und β-Untereinheiten des Hämoglobins).
- Mehrere Polypeptidketten mit ihren spezifischen Tertiärstrukturen bilden eine Quartärstruktur wie beim Hämoglobin.

Durch Punktmutationen in der DNA kann sich die Aminosäuresequenz des von dem betreffenden Gen codierten Proteins verändern. *(Wegen der Degeneriertheit des genetischen Codes kann eine Punktmutation vor allem in der dritten Base eines Tripletts aber auch ohne Folgen, also stumm bleiben).*
Je nachdem, an welcher Stelle die Aminosäure ausgetauscht wurde und ob sie durch eine ähnliche oder eine völlig andere Aminosäure ersetzt wurde, können mehr oder weniger veränderte räumliche Muster in der Tertiärstruktur und der darauf aufbauenden Quartärstruktur entstehen. Das kann unterschiedlich starke Beeinträchtigungen der Proteinfunktionen nach sich ziehen.

Aufgrund der Punktmutation im β-Hämoglobingen ergibt sich eine Verkürzung der β-Untereinheiten des Hämoglobins. Das Hämoglobin hat demzufolge eine veränderte Quartärstruktur, die die mangelnde Fähigkeit des veränderten Hämoglobins zur Sauerstoffbindung bedingt. Die klinischen Symptome – Eisenablagerungen und helle Farbe der roten Blutkörperchen – weisen außerdem auf eine mangelnde Bindung der Eisenatome im Hämoglobin hin.

3 – *Werten Sie die Abbildung 4 in Material 4 daraufhin aus, welcher Erbgang der Thalassämie zugrunde liegt. Es bietet sich an, im „Ausschlussverfahren" zu entscheiden, welche Erbgänge nicht möglich sind.*
– *Ermitteln Sie anschließend die Genotypen, die sich aufgrund des zugrunde liegenden Erbganges ergeben. Der Operator „Nennen" erfordert nur eine Angabe der Genotypen, keine weitere Begründung.*
– *Überlegen Sie nun, wie die beiden unterschiedlich gravierenden Formen der Thalassämie zustande kommen können, die in Material 4 beschrieben sind. Dazu müssen Sie einerseits mit einbeziehen, was Sie in den vorangehenden Aufgaben über die molekularen Ursachen der Thalassämie herausgefunden haben und andererseits auf ihr Wissen über rezessiv vererbte Krankheiten zurückgreifen.*

Es sind sowohl männliche als auch weibliche Personen betroffen, sodass ein gonosomaler Erbgang ausgeschlossen scheint.
Die von der Krankheit nicht betroffenen Eltern (1 und 2) haben ein erkranktes Kind (3), ein Hinweis auf einen autosomal dominant-rezessiven Erbgang, bei dem das die Krankheit bedingende Allel rezessiv vererbt wird.

Heterozygote Überträger ($\beta\beta^T$) sind: 1, 2; evtl. 4, 5 *(und/oder deren Partner)*
Homozygote Merkmalsträger ($\beta^T\beta^T$) sind: 3, 6 *(und alle weiteren phänotypisch Kranken)*

Die Erkrankungsformen Th. major und Th. minor kommen vermutlich wie folgt zustande:
- Phänotypisch gesunde und normal leistungsfähige Personen haben den Genotyp $\alpha\alpha\beta\beta$. Sie bilden ausschließlich intaktes, leistungsfähiges Hämoglobin.
- Bei Personen mit dem Krankheitsbild Th. major liegt das veränderte Gen homozygot vor ($\alpha\alpha\beta^T\beta^T$). Ihre Hämoglobin-Moleküle sind alle verändert und haben eine stark verminderte Sauerstoffbindungsfähigkeit.
- Th. minor: Die Betroffenen haben einen heterozygoten Chromosomensatz ($\alpha\alpha\beta\beta^T$). Die Hämoglobinsynthese geht grundsätzlich von beiden homologen Chromosomen aus, deshalb werden sowohl korrekte β-Ketten als auch verkürzte gebildet. Es ergeben sich somit drei mögliche Konstellationen für die Zusammensetzungen des Hämoglobins: $\alpha\alpha\beta\beta$-Hb, $\alpha\alpha\beta\beta^T$-Hb, $\alpha\alpha\beta^T\beta^T$-Hb. Daraus ergibt sich eine eingeschränkte Leistungsfähigkeit des Hämoglobins, eine „Grundfunktion" ist jedoch gewährleistet. Je nach Anteil der drei Hämoglobintypen ergeben sich unterschiedliche Leistungsfähigkeiten.

4 *Zur Entscheidung, welche der in Material 5 und 6 vorgestellten Möglichkeiten der Therapie der Thalassämie erfolgreich sein kann, müssen Sie zunächst einmal diese Methoden miteinander vergleichen. Wenn Sie die Unterschiede herausgearbeitet haben, überlegen Sie, mit welchem Verfahren der Gendefekt ausgeglichen werden kann.*
Oder Sie gehen andersherum vor: Zunächst überlegen Sie sich, welche Maßnahme zur Beseitigung der Ursachen der Thalassämie notwendig wäre und ermitteln, inwiefern die Therapiemöglichkeiten dieser Anforderung entsprechen.

Alle Zellen eines an Thalassämie (Th. major) Erkrankten tragen homozygot das defekte Gen. Die in der Abbildung 5 oben dargestellte Variante 1 ist deshalb die einzig mögliche erfolgreiche Therapie: Nur bei Transplantation von Knochenmark eines gesunden Spenders werden anschließend Blutzellen gebildet, die „normales" Hämoglobin tragen und daher voll funktionsfähig sind. Die Transplantation von Zellen aus dem Knochenmark oder dem Nabelschnurblut hat dagegen keinen Erfolg, da auch in ihnen nur defekte Hämoglobin-Moleküle gebildet werden können.

Der Stammzellen-Spender muss einen sehr ähnlichen Gewebetyp haben, damit es nach der Transplantation nicht zu Abstoßungsreaktionen kommt. Am besten geeignet sind in der Regel Geschwister. Hier ist jedoch die Problematik zu beachten, dass Geschwister erkrankter Personen in der Regel auch heterozygote Träger des defekten Gens sein können, die Heilung wäre also nur unvollständig. Immunreaktionen sind bis zur Einwanderung und Vermehrung der gesunden Zellen medikamentös zu unterdrücken.

5 *Dies ist eine relativ offene Fragestellung, bei der es eine Reihe von sinnvollen Vorschlägen zur (Früh-)Erkennung der genetischen Disposition der Eltern oder der neugeborenen Kinder gibt. Es ist nicht nach einer genauen Erläuterung der Methoden gefragt! Vorschläge könnten z. B. sein:*

Eltern aus Familien, in denen Thalassämie vorkommt, sollten die Stammbäume ihrer Familien analysieren lassen, um das Risiko der Erkrankung möglicher Kinder abzuschätzen.
Der Einsatz eines Markers für das Hb-β^T-Gen kann heterozygote Eltern identifizierbar machen. Damit ist auch eine pränatale Diagnostik und die Beratung der Eltern möglich.

Leistungskurs Biologie (Hessen)
Übungsaufgabe 2: Ökologie

Die ökologische Nische der Gattung *Chromatium* in Seen und Tümpeln BE

1.1 Stellen Sie die in der Tabelle 1 angegebenen Werte grafisch auf Millimeterpapier dar. 19

1.2 Erklären Sie den Verlauf der von Ihnen gezeichneten Temperatur- und Sauerstoff-Kurve und ihre Beziehung zueinander.
Zeichnen Sie farbig die von Ihnen vermutete H_2S-Verteilung im See als vierte Kurve ein und begründen Sie den Kurvenverlauf. 10

2 Analysieren Sie den Zustand des Gewässers und benennen Sie drei weitere Untersuchungen, anhand derer Sie Ihre Aussagen belegen könnten. 11

3 Ordnen Sie *Chromatium* anhand seiner Stoffwechselspezifität in das Ökosystem See ein und begründen Sie die in Tabelle 1 gegebene Verteilung der Chromatien im See. 10

50

Material 1

Tiefe (m)	Sauerstoffgehalt (mg/ℓ)	H_2S-Gehalt (mg/ℓ)	Temperatur (°C)	Chromatien (Zellen/mℓ)
0	–	?	–	0
1	7,5	?	26,5	0
3	9	?	24	0
5	13,5	?	18	0
7	10	?	13,5	0
10	6	?	8	0
13	2	?	7,5	0
14	0	?	7	1 000 000
15	0	?	–	400 000
16	0	?	–	250 000
17	0	?	–	120 000
18	0	?	–	50 000
19	0	?	–	20 000
20	0	?	6,5	–
23	0	?	–	0
25	0	9	6	0

Tab. 1: Sauerstoff- und Schwefelwasserstoffgehalt, Temperatur sowie Verteilung der zur Gattung *Chromatium* gehörenden Bakterien in verschiedenen Tiefen des Belowodsees

nach Daten aus Schlegel, Hans G., Zaborosch, Christiane: Allgemeine Mikrobiologie, Thieme Verlag Stuttgart 1992, S. 318

Material 2

Die Abbildung 1 zeigt zwei Bakterienarten der Gattung *Chromatium*. Chromatien setzen nach folgender Bruttogleichung Schwefelwasserstoff (H_2S) um:

$$12\,H_2S + 6\,CO_2 \longrightarrow C_6H_{12}O_6 + 12\,S + 6\,H_2O$$

Zur Massenentwicklung dieser Schwefelpurpurbakterien kommt es nicht nur zu bestimmten Jahreszeiten in Seen, die eine hohe Planktondichte im Oberflächenwasser aufweisen, sondern auch auf dem Grund flacher, stark organisch belasteter Tümpel, deren Wasseroberfläche mit einer dichten Decke Wasserlinsen überzogen ist (vgl. Material 3). Die Schwefelpurpurbakterien bilden dunkle, weinrote bis purpurne Beläge auf dem Schlamm und schwärmen zeitweise in mehreren Dezimeter hohen Schichten über dem Schlammhorizont.

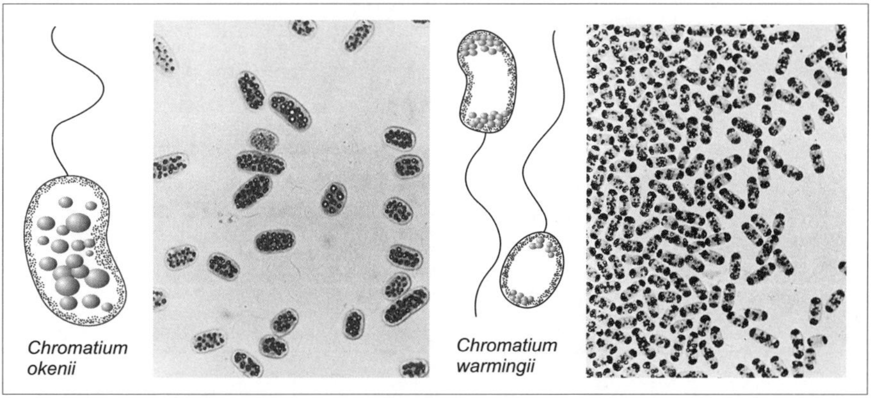

Abb. 1: Zwei Arten der Gattung *Chromatium*

aus: Schlegel, Hans G., Zaborosch, Christiane: Allgemeine Mikrobiologie, Thieme Verlag Stuttgart 1992, Abb. 153, 154, S. 310

Material 3: Rand eines flachen Gewässers, in dem Schwefelpurpurbakterien zur Massenentwicklung kommen

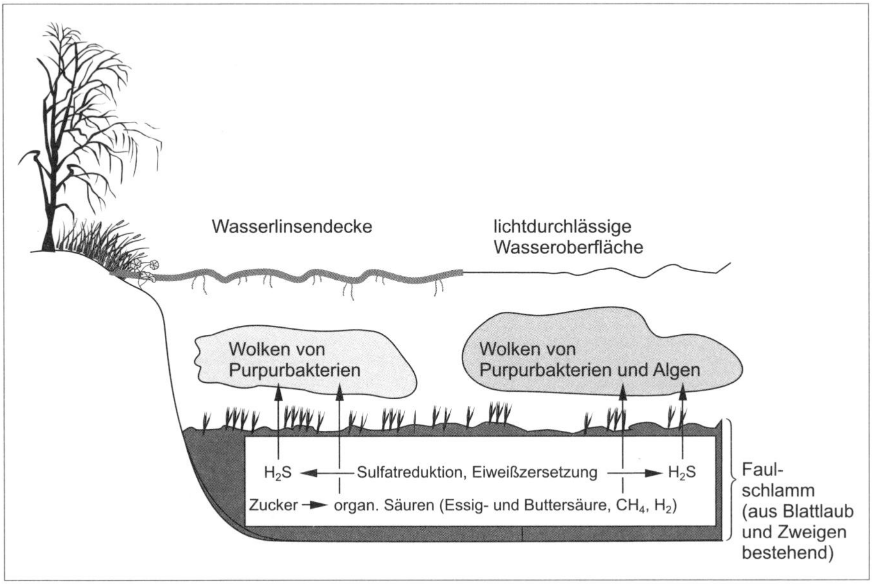

verändert nach: Schlegel, Hans G., Zaborosch, Christiane: Allgemeine Mikrobiologie, Thieme Verlag Stuttgart 1992, Abb. 163, S. 318

Lösungsvorschläge

In der Aufgabe thematisierte Unterrichtsinhalte sind:
Ökosystem: Produzenten, Konsumenten, Destruenten
Stoffwechsel: Fotosynthese, Chemosynthese, aerobe und anaerobe Lebensformen

1.1 *Aus der Tabelle 1 können sinnvollerweise nur die Werte des Sauerstoffgehaltes, der Temperatur und der Chromatiendichte entnommen werden, die Sie als unterschiedlich farbige Kurven in einem zweckmäßigen Maßstab darstellen sollten.*

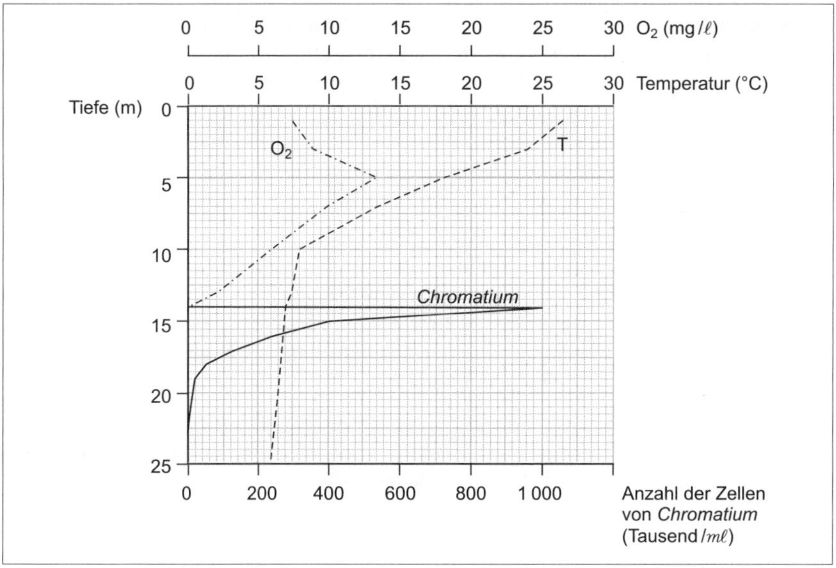

1.2 – *Bevor Sie die beiden Kurvenverläufe im Zusammenhang erklären, sollten Sie eine kurze Beschreibung voranstellen.*
– *Zur Ermittlung des Vorkommens von Schwefelwasserstoff müssen die Informationen aus Material 2 herangezogen werden: Der Stoffwechsel der Chromatien ist an das Vorkommen von Schwefelwasserstoff gekoppelt. Zeichnen Sie eine entsprechende Kurve ein und ergänzen Sie die entsprechende Achsenbeschriftung. Beachten Sie dabei die Angabe in Tabelle 1!*
Achten Sie bei der Begründung des gewählten Kurvenverlaufes darauf, auch die Ursachen für die Anwesenheit des Schwefelwasserstoffes zu erklären. Die reziproke Begründung „Schwefelwasserstoff ist da, wo die Chromatien vorkommen" ist hier nicht ausreichend!

- **Temperatur-Kurve:** Das Oberflächenwasser (0–3 m Tiefe) liegt über 25 °C. Ab 3–8 m Tiefe erfolgt ein Temperatursprung auf ca. 8 °C. Dieser Wert bleibt bis in 25 m Tiefe nahezu konstant.
- **Sauerstoff-Kurve:** Der See enthält nur zwischen 0 und 15 m Wassertiefe Sauerstoff. Von 7 mg/ℓ an der Oberfläche steigt der Gehalt auf ein Maximum (14 mg/ℓ) in 5 m Tiefe. Danach nimmt der Sauerstoffgehalt mit der Tiefe kontinuierlich ab und erreicht in 15 m Tiefe 0 mg/ℓ.

Der Verlauf der O_2-Kurve wird bestimmt von der Fotosyntheseaktivität und Atmung der Planktonorganismen, dem Eintrag aus der Luft gemäß dem Partialdruck und der Löslichkeit des Sauerstoffs im Temperaturgefälle. Da die Löslichkeit des Sauerstoffs in Wasser mit steigender Temperatur abnimmt, kann die Sauerstoffkurve nur im Zusammenhang mit der Temperatur diskutiert werden.
An der Oberfläche ist das Wasser mit ca. 7 mg/ℓ bei 26 °C bereits gesättigt durch den Austausch mit der Luft. Das Maximum des Sauerstoffgehalts in 5 m Tiefe ist auf 2 Faktoren zurückzuführen:
- Die geringere Temperatur ermöglicht eine größere Löslichkeit.
- Fotosynthetische aktive Planktonorganismen produzieren Sauerstoff und erhöhen damit die Konzentration erheblich.

Die Abnahme des Sauerstoffgehalts ab 10 m bei gleich bleibender Temperatur ist über den Stoffwechsel der dort lebenden Organismen, die Sauerstoff veratmen, zu erklären. Bei ausreichender Nährstoffversorgung für diese aeroben Konsumenten wird mit zunehmender Tiefe der gesamte Sauerstoff verbraucht. Damit ist ab 14 m Tiefe ein anaerober Zustand erreicht.

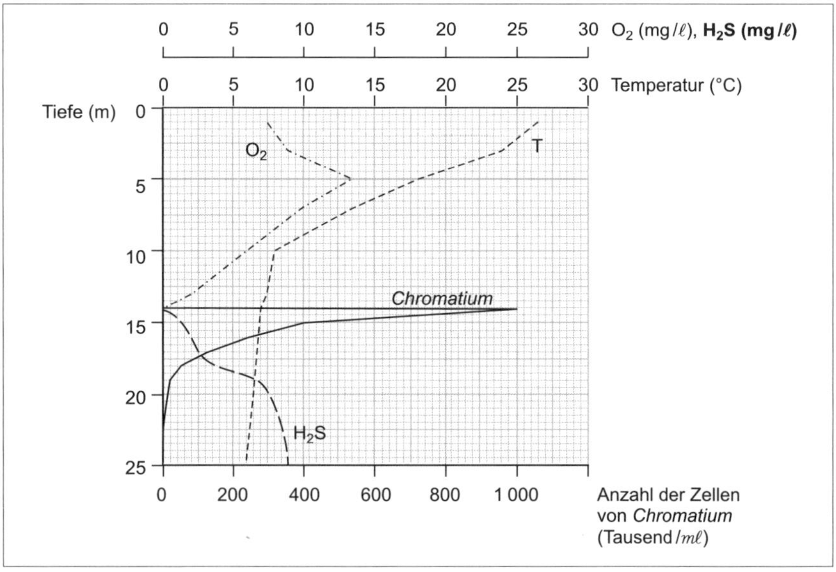

Der H_2S-Gehalt in 14 m Tiefe muss für den Stoffwechsel einer hohen Konzentration von Chromatien ausreichend sein. H_2S entsteht beim anaeroben Stoffwechsel. Auf dem Grund eines Sees gibt es organische Ablagerungen, die Grundlage dafür sind. Da die Chromatien das H_2S verbrauchen, ist oberhalb von 14 m kein H_2S zu erwarten.
Es besteht eine kausale Beziehung zwischen organischer Belastung, Eutrophierung und anaerobem Abbau im Hypolimnion *(Tiefenwasser)* des Sees. Je höher der Gehalt an organischen Nährstoffen im Wasser ist, umso mehr heterotrophe Organismen können ernährt werden. Damit steigt der Verbrauch an Sauerstoff und es entsteht durch das Absterben von Organismen weiteres organisches Material, welches langsam auf den Grund sinkt und auf diesem Wege von Bakterien weiter unter Sauerstoffverbrauch mineralisiert wird.
Die vermehrte Sauerstoffzehrung kann nur im Epilimnion durch Fotosyntheseaktivität und Austausch mit der Luft ausgeglichen werden. Im Hypolimnion veratmen die heterotrophen Organismen den gesamten Sauerstoff. Damit ist die Tiefenregion im Falle unseres Beispiels ab ca. 15 m sauerstofffrei, d. h. es ist nur noch anaerober Abbau von organischer Substanz möglich. Es entstehen Methangas, Schwefelwasserstoff und Ammoniak.
Mit der Tiefe steigt die Schwefelwasserstoffkonzentration an, u. a. weil in größerer Tiefe aufgrund der höheren organischen Belastung anaerob mehr H_2S frei wird, Chromatien dort aber nicht mehr leben.

2 – *Zur Charakterisierung des Gewässers können Sie die Abbildung heranziehen, die Sie in den vorangehenden Aufgabenstellungen erstellt haben.*
– *Im zweiten Schritt sollen Sie drei Methoden nennen, die Ihnen aus dem Unterricht bekannt sind, mit denen man den Eutrophierungsgrad eines Gewässers bestimmen kann bzw. mit denen man nachweisen kann, dass es sich um einen eutrophen See handelt. Erläuterungen der Methoden sind nicht gefordert.*

Der Verlauf der Temperatur-, O_2- und H_2S-Kurve lässt den Schluss zu, dass es sich um einen stark eutrophen See in der Sommerstagnation handelt (siehe Oberflächentemperatur, Temperatursprung und Wendepunkt der Sauerstoffkurve in 5–10 m Tiefe). Daraus folgt, dass das warme Oberflächenwasser mit der geringeren Dichte über dem kalten Tiefenwasser mit größerer Dichte liegt. Ein Eintrag sauerstoffhaltigen Wassers in die Tiefe ist somit nicht möglich.

Weitere geeignete Untersuchungen, die die bisherigen Aussagen belegen sind:
- Bestimmung des biochemischen Sauerstoffbedarfs (BSB_5)
- Bestimmung der Gesamtkeimzahl
- Bestimmung der Konzentrationen an Ionen aus dem abbauenden Stoffwechsel (Ammonium, Nitrit, Nitrat und Phosphat)

– *Die Beurteilung des Belastungszustandes ist auch anhand der Leitorganismen und deren Abundanz (Häufigkeit des Vorkommens) möglich (Saprobienindex).*

3 *In dieser Aufgabe sollen das Vorkommen der Chromatien durch ihre stoffwechselphysiologischen Besonderheiten erklären. Dazu muss begründet werden, welche Faktoren das Wachstum nach unten und nach oben begrenzen. Beziehen Sie in Ihre Lösung die Ergebnisse aus Aufgabe 1.2 mit ein.*

Die Gleichung, nach der Chromatien H_2S umsetzen, ist als eine Bruttogleichung der Fotosynthese zu deuten. Chromatien sind also als Produzenten/autotrophe Organismen einzuordnen, die organische Substanz mithilfe von Sonnenlicht aufbauen.

Das Massenvorkommen der Chromatien im eutrophen See in einem schmalen Band zwischen 14 und 15 m Tiefe zeigt, dass sie nur dort leben und Stoffwechsel treiben können, wo schon H_2S in hinreichender Menge existiert, aber auch noch Sonnenlicht ankommt.
Die purpurrote Farbe der Chromatien gibt den Hinweis auf ihr Absorptionsverhalten: Da die Phytoplankter (vorwiegend grüne Algen) in 1–14 m Tiefe gemäß ihrer typischen Pigmentausstattung die violetten, blauen, gelben und roten Anteile des Tageslichts zur Fotosynthese aus dem Gesamtspektrum herausfiltern, kommt in 14 m Tiefe vorwiegend grünes Licht an, die Komplementärfarbe zu Purpur! Chromatien können aufgrund ihrer speziellen Pigmentausstattung dieses „Restlicht" zur Fotosynthese unter Schwefelwasserstoffverbrauch nutzen.
Chromatien sind also vom aufgezeigten spektralen **und** H_2S-Angebot abhängig, welches ihre ökologische Nische im See und damit ihre Anpassung charakterisiert.

Leistungskurs Biologie (Hessen)
Übungsaufgabe 3: Neurobiologie/Verhalten

Wirkung tierischer Gifte und Erste Hilfe BE

Neugier und Sorglosigkeit in Urlaubssituationen sind die häufigsten Ursachen für Unfälle, bei denen tierische Gifte eine Rolle spielen.

1 Analysieren Sie die vorliegenden Informationen in einer Mindmap. 27

2 Erläutern Sie detailliert je ein Problemfeld (Ast erster Ordnung in Ihrer Mindmap)
a aus dem Bereich des Verhaltens
b aus dem Bereich der Neurobiologie. 16

3 „Western-Ratschläge“ begegnen uns vielfach in Literatur und Film.
Beurteilen Sie die Problematik der folgenden Anweisungen:
a Die Wunde muss ausgesaugt werden!
b Die Wunde muss aufgeschnitten werden und ausbluten!
c Wunden an den Extremitäten müssen so abgebunden werden, dass kein Gift in den Körper gelangen kann!
d Es muss schnell gehandelt werden!
e Ein ordentlicher Schluck Alkohol hilft dem Verletzten. 7

50

Material 1

Die biologische Unterordnung der Skorpionsfische oder Panzerwangen (Scorpaenoidae) hat (...) mehrere Familien mit giftigen Vertretern, die vielen Tauchern gut bekannt sind. Hauptsächlich handelt es sich hierbei um Drachenköpfe, Feuerfische und Steinfische. Alle Panzerwangen sind relativ schlechte Schwimmer. Daher ist es ihnen nicht mehr möglich, einem Fress-Feind durch schnelle Fluchtreaktion zu entkommen. Um aber trotzdem ausreichend geschützt zu sein, verfügen sie über Giftstacheln in den Flossen und manchmal auf den Kiemendeckeln, die bei Gefahr aufgestellt werden. Die Drachenköpfe und Steinfische sind zudem durch Körperanhänge und Fleckenzeichnung äußerst gut getarnt und haben die Möglichkeit, sich dem Untergrund farblich anzupassen

Giftwirkung
Die Giftdrüsen der Steinfische liegen an der Basis der Strahlen von Rücken-, Bauch- und Brustflossen. Es handelt sich auch hier um ein hochmolekulares Proteingift, (...) es scheint zu Blutdruckabfall, und Herzleistungsstörungen zu führen. Die Stacheln durchdringen die Haut des Opfers und das Gift wird durch den Berührungsdruck in die Wunde gepresst. (...) Weitere Symptome sind stärkste Schmerzen, Lähmungen und Wundnekrosen.

Therapie
Bei allen Stichen von Skorpionsfischen sollte die Wunde mit möglichst heißem Wasser gespült werden. (...) Bei Feuerfisch-Unfällen kann die Gabe von Calcium-Verbindungen (...) die Beschwerden lindern, Adrenalin eventuell einen Schock bekämpfen. Zur Beruhigung der meist überreagierenden Patienten sollte eventuell ein Beruhigungsmittel gegeben werden.

aus: Wothke, Aljoscha, Flug- und Reisemedizin 4 /95, Viavital Verlag GmbH, Köln 1995

Material 2

Schlangenbisse sind verhältnismäßig selten, doch wenn es vorkommt, gebissen zu werden, versuchen Sie die Schlange zu identifizieren, denn dies vereinfacht die Behandlung. Nehmen Sie Ringe und am Körper getragene Schmuckstücke ab bevor die Schwellung eintritt. Schneiden Sie nicht in die Wunde und binden Sie sie nicht ab. Schlangengift kann das Gewebe um den Biss töten und so starke Narben und Verformungen hervorrufen. Um Gewebeverlust zu vermeiden soll der angebissene Körperteil möglichst wenig bewegt werden. Tragen Sie einen leichten Verband auf den Bereich des Bisses auf und bringen Sie das Opfer so schnell wie möglich zu einem Krankenhaus.

aus: http://www.usatourist.com/deutsch/adventure/snakes.html

Material 3

Die zerstörerische Wirkung des Giftes breitet sich immer weiter im Körper aus. Nacheinander setzt die Lähmung einzelner Körperteile ein, denn das Schlangengift schädigt die Nerven in den Gliedmaßen und den Eingeweiden.
Schon durch die Schwellungen an der Bissstelle kann der Kreislauf des Opfers überfordert werden, weil zwei bis drei Liter Flüssigkeit aus dem Blut in das betroffene Gewebe sickern. Zudem können noch allergische Reaktionen auftreten. Wenn man nicht schnell nach einem Schlangenbiss etwas unternimmt, kann das Opfer noch an der Unfallstelle versterben.
So schrecklich sich die Auswirkungen eines Klapperschlangen-Bisses auch anhören, durch schnelle Hilfe kann das Schlimmste verhindert werden. Allerdings ist fremde Hilfe bei einem Biss unentbehrlich. Unter den vielen „Geheimrezepten", die immer wieder in Zeitschriften oder dem Internet kursieren, findet sich leider auch viel Unsinn; zu den wesentlichen Schritte gehören die folgenden:
Je nach Schlangenart sind die Symptome nach dem Biss einer giftigen Art verschieden. Es ist deshalb hilfreich, sich das Aussehen oder zumindest besondere Kennzeichen des Tieres einzuprägen.
Soforthilfe hat das Ziel, zu verhindern, dass sich ein Gift im Organismus ausbreitet. Auf keinen Fall darf man die Wunde aussaugen.
Eine einfache Methode, um die Ausbreitung des Giftes zu verlangsamen, ist es, dass man den betroffenen Körperteil tief lagert, möglichst tiefer als den übrigen Körper. Mit feuchten Tüchern, Wasser oder Eis, das man auf die Wunde legt, mindert man den Schmerz. Wenn möglich, sollte man die Wunde gründlich mit Wasser, besser noch mit Seife waschen und anschließend vorsichtig abtrocknen (abtupfen). Mit einem frischen (Papier-)Taschentuch kann man einen keimarmen Verband herstellen.

Lösungsvorschläge

In der Aufgabe thematisierte Unterrichtsinhalte sind:
Zellbiologie: Eigenschaften von Proteinen, Zellgifte, Zellwachstum, Allergien
Neurobiologie: Neuronenmembranen, Neuronenfunktion, Verhalten

1 *Zunächst sollten Sie sich die relevanten Begriffe im Text markieren oder herausschreiben. Anschließend können Sie die Begriffe „vorsortieren“ und ggf. verschiedene Möglichkeiten einer Mindmap ausprobieren. Möglichst viele der in den Materialien gegebenen Informationen sollten sich als Begriffe in der Mindmap finden. „Richtig“ ist jede Lösung, die eine sinnvolle Strukturierung (Hierarchie) der Informationen darstellt. Die folgende Mindmap ist nur ein Beispiel.*

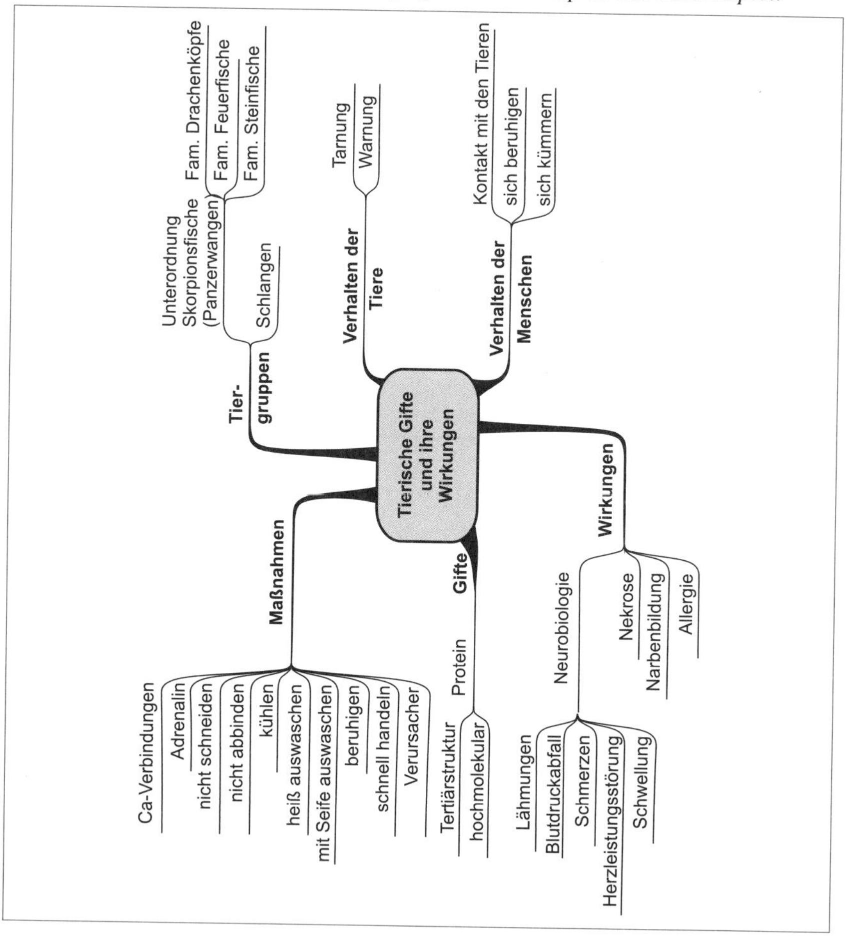

2 *Die Lösung dieser relativ offenen Aufgabe hängt vor allem von der Struktur Ihrer Mindmap aus Aufgabe 1 ab. Sollten Sie dieses Verfahren nicht kennen, können Sie auch durch eine eigene grafische Darstellung die „Problemfelder“ erarbeiten und zwei dieser Problemfelder auswählen. Innerhalb dieses Feldes sollen Sie dann alle in der Mindmap genannten Begriffe in die Erläuterung mit einbeziehen. Ziehen Sie auch die Informationen der anderen Problemfelder hinzu, um die beobachteten Phänomene möglichst detailliert erklären zu können (Beispiel: Um die allergene Wirkung der Toxine zu erläutern, muss beachtet werden, dass es sich um hochmolekulare Proteine handelt).*
Die folgende Lösung ist untergliedert in eine Musterlösung, in der detailliert das in Material 1 beschriebene „Verhalten der Tiere“ sowie die „Gifte“ besprochen werden, und einen ergänzenden Teil, in dem die weiteren Möglichkeiten der Bearbeitung dargestellt sind.

Verhalten der Tiere
Das Verhalten von Tieren ist von Reflexen, Instinkten und Erfahrung (Lernen) gesteuert.
Da die Skorpionsfische nicht fliehen können, schützen sie sich vor Fressfeinden durch **Tarnung**. Dabei können sich die Drachenköpfe und Steinfische – vermutlich reflexartig ohne Beteiligung kognitiver Vorgänge – ihrer jeweiligen Umgebung anpassen.
Dieser **Reflex** ist vermutlich eine Reiz-Reaktions-Kette, bei denen ein Rezeptor (in diesem Fall vermutlich ein Lichtrezeptor des Auges oder der Haut) den Lichtreiz der Umgebung erkennt und über eine neuronale Verschaltung (Reflexbogen) Veränderungen in den Hautschichten oder Hautzellen hervorruft.

Nähert sich ihnen trotzdem ein (Fress-)Feind, so wehren sie sich durch ihre Giftstacheln. Optische, akustische oder taktile Reize (räumliche Nähe eines potenziellen Feindes) lösen zunächst **Warnreaktionen** (Farbveränderung, Formveränderungen, Aufstellen von Stacheln etc.) aus. Reagiert der „Feind“ auf diese Signale der Abschreckung nicht, kommt es zum Einsatz der Gifte.
Diese Verhaltensweisen der Skorpionsfische stellen **Instinktreaktionen** dar: Das Annähern eines Feindes (Gefahr) kann als Auslöser verstanden werden, auf die das Tier entsprechend mit formkonstantem Warn- und später Angriffsverhalten reagiert.
Beide Verhaltensweisen können durch Lernvorgänge ergänzt werden (z. B. Habituation, Gewöhnung an die Nähe von ungefährlichen Lebewesen).

Gifte
Die Gifte der Skorpionsfische werden als hochmolekulare Proteine beschrieben. Der Aufbau von Proteinen kann auf vier Ebenen beschrieben werden:
- Primärstruktur: Die Aminosäuresequenz der Polypeptidkette ist entscheidend für dessen Struktur und Wirkung. Sie ist in der Basensequenz der DNA codiert und wird im Verlauf der Genexpression realisiert (kovalente Verknüpfung der Aminosäuren durch Peptidbindungen nach der „Bauanleitung“ auf der mRNA).

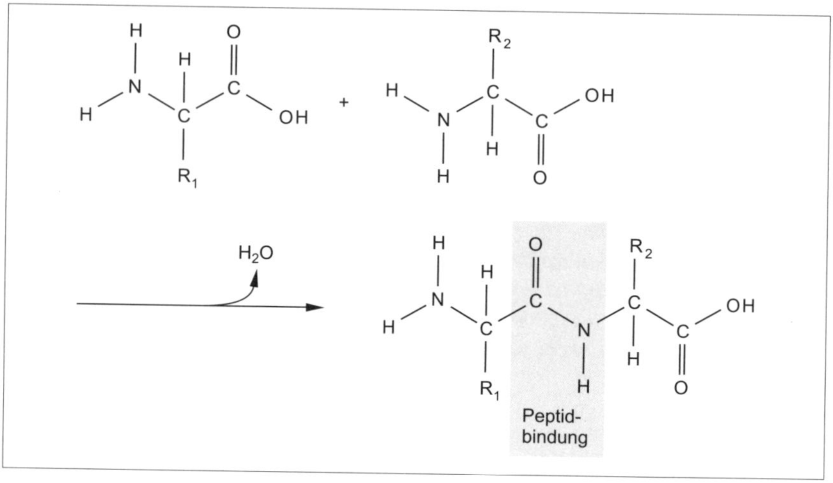

- Sekundärstruktur: Durch Wasserstoffbrückenbindungen zwischen den an den Peptidbindungen beteiligten Gruppen können sich in mehr oder weniger ausgedehnten Bereichen einer Polypeptidkette geordnete Strukturen ergeben. So entsteht bei der Verknüpfung nahe beieinander liegender Peptidbindungen die α-Helix. Bestehen die Wasserstoffbrückenbindungen zwischen antiparallel verlaufenden Abschnitten der Polypeptidkette, entsteht ein β-Faltblatt.
- Tertiärstruktur: Die Sekundärstrukturen eines Proteins können wiederum eine räumliche Anordnung einnehmen. Diese Proteinkonformation wird durch reversible oder kovalente Bindungen zwischen den Seitenketten der Aminosäuren (z. B. hydrophobe Wechselwirkungen, van-der-Waals-Bindungen, Disulfidbrücken) stabilisiert.
- Quartärstruktur: Einige (zusammengesetzte) Proteine können aus mehreren Polypeptid-Untereinheiten bestehen, die ebenfalls durch Bindungen zwischen den Seitenketten der Aminosäuren zusammengehalten werden.

Die meist thermolabile und pH-labile **Tertiärstruktur** der Toxine ist die Grundlage für den Erfolg einer sofortiger Behandlung mit heißen Wasser oder Seifenlauge: Durch die Einwirkung werden die reversiblen Bindungen gelöst, welche die Tertiärstruktur des Toxins bestimmen.
Offensichtlich ist die Konformation des Toxins für dessen Giftwirkung verantwortlich. Die verursachenden Gifte sind als biologische Produkte grundsätzlich neben ihrer toxischen Wirkung auch allergen und bewirken deshalb Schwellungen und evtl. sogar einen anaphylaktischen Schock.

Im Folgenden ist tabellarisch in Kurzform dargestellt, wie die Aspekte der drei anderen „Problemfelder" besprochen werden könnten. Es ist angegeben, an welchen Stellen eine Skizze möglich ist. Aus Zeitgründen sollten Sie sich aber in jedem Fall auf ***eine*** *Zeichnung beschränken.*

Wirkungen

Begriff in der Mindmap	Erläuterungen
Lähmungen	Lähmungserscheinungen der Eingeweide und Gliedmaßen entstehen durch Unterbrechung der Erregungsleitung durch Beeinträchtigung der Ca-Poren der Synapsen-Endköpfchen *(siehe „Maßnahmen": Gabe einer Calcium-Verbindung hilft)* (Skizze der Erregungsübertragung an der neuromuskulären Synapse, einzeichnen der Giftwirkung)
Blutdruckabfall	Ein plötzlicher Blutdruckabfall kommt zustande durch die Erweiterung der Gefäße. Dies kann sowohl auf die Vergiftung selber, aber auch auf die Herzleistungsstörungen oder einen (anaphylaktischen) Schock zurückzuführen sein.
Schmerzen	Unspezifische Erregung von freien Nervenendigungen durch das Gift und durch Produkte gereizter und zerstörter Zellen mit der Freisetzung von Histaminen und Prostaglandinen. In der Folge sinkt die Reizschwelle der Zellen.
Herzleistungsstörungen	Ursache kann eine Giftwirkung am Herzmuskel (evtl. Störung der Erregungsübertragung oder des Ionenhaushaltes der Herzmuskelzellen) und/oder am Sympatikus/Parasympatikus-System sein.
Schwellung	siehe Allergie
Nekrose, Narbenbildung	Die Membranveränderungen, die durch das Toxin ausgelöst werden, beeinträchtigen allgemein die Regeneration der Membranen (Narbenbildung) sowie unspezifische (Flüssigkeitsaustritt, Schwellungen) und spezifische Poren (neuronale Effekte).
Allergie	Die Proteine sind hochwirksame biologische Moleküle, die vom Immunsystem erkannt werden können (Antigen-Antikörper-Reaktion) und eine allergische Antwort auslösen können: Ausschüttung von Histamin (Serotonin) durch die Mastzellen; Verengung der Bronchien, Veränderung des Blutbildes, Schwellungen, anaphylaktischer Schock (Skizze des Verlaufs einer allergischen Reaktion)

Maßnahmen

Begriff in der Mindmap	Erläuterungen
Ca-Verbindungen	Ca^{2+}-Ionen spielen eine wichtige Rolle bei der Erregung der Synapse (Skizze der Erregungsübertragung an der neuromuskulären Synapse, einzeichnen der Giftwirkung)
Adrenalin	Das „Stress-Hormon“ aus dem Nebennierenmark setzt Stoffwechsel-Reserven frei, verengt die Blutgefäße, etc.
nicht schneiden	keine zusätzliche Gewebezerstörung herbeiführen
nicht abbinden	Es droht Unterversorgung des Gewebes, z. B. mit Sauerstoff; Nekrosen können die Folge sein oder verstärkt werden.
kühlen	Verlangsamung von Verteilungsprozessen im Gewebe (RGT-Regel)
heiß auswaschen, mit Seife auswaschen	Entfernung des Giftes und Beeinträchtigung seiner Giftwirkung (Tertiärstruktur des Proteins)
beruhigen	Kreislaufstabilisierung, Verringerung der Blutzirkulation
schnell handeln	Eingrenzung des Schadens
Verursacher	Zur Spezifizierung des Giftes und entsprechender Maßnahmen (Kreislauf, Gegengifte, etc.) muss der Verursacher identifiziert werden.

Verhalten der Menschen

Begriff in der Mindmap	Erläuterungen
Kontakt mit den Tieren	Übersehen der Tiere aufgrund der Tarnung oder Ignorieren der Warnung; die Folge von Biss und Schmerz ist ein von Reflexen beeinflusstes Rückzugsverhalten (Erläuterung eines Reflexbogens mit hemmenden Synapsen auf antagonistische Muskeln, evtl. mit Skizze); Hinweis auf Lernvorgänge in den erlebten Situationen
sich beruhigen	Das Verhalten des vom Gift betroffenen Menschen ist von Schmerz, Schock und sich entwickelnder Angst bestimmt. Schock und Angst führen zu schnell gesteuerten (Mandelkern im Gehirn) komplexen Reaktionen, die mit dramatischen Änderungen von Puls, Blutdruck und Muskelspannung in zentralen und peripheren Bereichen verbunden sind. Rationale Reaktionen sind, individuell verschieden, vermutlich nur schwer möglich. Um die Ausbreitung des Giftes im Blutkreislauf zu verringern, müssen aber Puls und Blutdruck gesenkt werden.
sich kümmern	Begleiter handeln in Angst und aufgrund ihrer mehr oder weniger vorliegenden Kenntnisse, können ihre Angst aber leichter überwinden als der Betroffene und rational reagieren.

3 *Begründen Sie für jeden Punkt mithilfe der in den Materialien angegebenen Informationen kurz, warum der „Western-Ratschlag“ eher kontraproduktiv ist. Wenn möglich ergänzen Sie sinnvolle Alternativen.*

a Die Wunde darf auf keinen Fall ausgesaugt werden, da das Gift über die Schleimhäute des Helfers auf ihn wirken könnte. Statt dessen sollte die Wunde besser heiß oder mit Seife ausgewaschen werden, sofern dies in der Situation möglich ist.

b Da Gewebezerstörungen durch den Schnitt die Verbreitung des Giftes fördern und zusätzliche Infektionen bewirken können, ist auch dieser Ratschlag abzulehnen.

c Auf das Abbinden von Gliedmaßen sollte verzichtet werden. Nur leichtes und immer wieder gelockertes „Abbinden“, vor allem aber tief und kühl lagern, dagegen können die Verbreitung des Giftes verlangsamen.

d Nur der Helfer sollte schnell handeln. Der Betroffene muss sich möglichst ruhig verhalten, da eine Anregung des Kreislaufs die Belastung des Körpers erhöht und die Verbreitung des Giftes verstärkt.

e Nein. Die Folge des Alkohols wäre eine Anregung des Kreislaufs mit den o. g. Folgen.

Leistungskurs Biologie (Hessen)
Übungsaufgabe 4: Verhalten

Fortpflanzungs- und Sozialverhalten bei Löwen BE

1 Analysieren Sie den Text (Material 1) und nennen Sie tabellarisch wesentliche Verhaltenselemente, die Sie dem Fortpflanzungsverhalten der Löwen zuordnen können. 15

2 Erläutern Sie die Zusammenhänge zwischen proximater und ultimater Erklärungsebene anhand von Material 2. 7

3 Wählen Sie vier der von Ihnen aufgelisteten Verhaltensweisen aus. Entwickeln Sie für diese je eine proximate und eine ultimate Erklärung und tragen Sie ihre Befunde in eine Tabelle ein (Material 1 und 2). 28

50

Material 1
Informationen zum Verhalten der Löwen

Gewicht	Kater: 150–250 kg Löwin: 120–180 kg
Größe (Körperlänge)	Kater: 179–190 cm Löwin: 140–175 cm Schulterhöhe: 80–110 cm
Tragzeit und Nachwuchs	100–116 Tage, 2–4, selten bis 7 Junge
Lebenserwartung	wild 12–15 Jahre, im Zoo bis 25 Jahre
Nahrung	Säugetiere aller Größen, selten Kälber von Elefanten, Nashörnern oder Flusspferden
Feinde	Leopard, Hyäne, Wildhund (für Jungtiere oder alte bzw. schwache Einzeltiere)

Tab.: Biologische Lebensdaten

aus: Lamprecht / Langlet / Schröder: Verhaltensbiologie im Unterricht, Band 1 Verhaltensökologie, Aulis Verlag 2002, S. 39

Die Löwen in den Savannen Ostafrikas sind so gut erforscht wie keine andere Großkatzenart. Sie leben in Rudeln mit 3–12 adulten Weibchen und meist 2–3 adulten Männchen. Heranwachsende Weibchen bleiben stets im Rudel, werden mit drei Jahren geschlechtsreif und werfen erstmals mit vier Jahren 1–7 (Schnitt: 2–3) Junge. Jungmännchen dagegen werden mit 4 Jahren von den männlichen Haremsbesitzern aus dem Rudel als Sozialverband vertrieben. Diese revierlosen Jungmännchen streifen als Junggesellentrupps zwischen den besetzten Revieren umher. Die Größe des von einem Rudel verteidigten Territoriums schwankt zwischen 20 und 400 km^2 und wird u. a. durch Brüllen markiert, das bis zu 8 km weit zu hören ist. Rudelmitglieder gehen in der Regel fürsorglich miteinander um. Sie ruhen und jagen zusammen und die Jungtiere saugen abwechselnd bei verschiedenen Weibchen. Auf Jagd gehen meist die Weibchen, die sich als Gruppe anschleichen und ihre Beutetiere, wie Antilopen und andere Weidegänger, umzingeln und mit einem finalen Biss in die Halsschlagader töten. Da Löwen weder schnell noch ausdauernd sind, hat ein einzeln jagender Löwe auf Dauer keine Überlebenschancen. Genauere Untersuchungen zum Jagderfolg zeigen, dass zwei Löwen zwar durchschnittlich eine bessere Ausbeute (in kg Fleisch pro Tier) haben als ein Einzellöwe, dass der Pro-Kopf-Gewinn jedoch ab drei Tieren zurückgeht. Für größere Rudel liegen die Vorteile eher im Beutespektrum (bestimmte Großtiere sind nur ab einer bestimmten Jagdgruppengröße zu erlegen) sowie in der Verteidigung der erlegten Beute gegen Konkurrenten wie Hyänen, Schakale oder Geier. Am Riss fressen sich erst die Männchen und anschließend die Weibchen satt, bevor die Jungen zum Zuge kommen. In Notzeiten verhungern deshalb oft zunächst die Jungtiere.

Abb.: Löwe und Löwin

© Robek, http://commons.wikimedia.org/wiki/File:Pair_of_lions_v2.jpg, lizenziert unter der Creative Commons-Lizenz 3.0 Unported

Die Fortpflanzungssaison von Löwen erstreckt sich über das ganze Jahr. Die Weibchen eines Rudels kommen alle gleichzeitig zum Östrus, d. h., sie werden gleichzeitig brünstig. Die Brunst dauert jeweils etwa 3–5 Tage und findet ca. alle 3 Monate statt, unabhängig von der Jahreszeit. Der Ovulationszeitpunkt ist äußerlich jedoch nicht erkennbar. Brunst ohne Ovulation kommt vor. Die Kopulationsrate ist bei Löwen hoch: Während der Brunst kopuliert eine Löwin Tag und Nacht etwa alle 15 Minuten. Meist kopuliert sie mit mehreren Männchen des Rudels. Die Tragzeit dauert etwa 15 Wochen, 6–8 Monate werden die Jungen gesäugt und anschließend noch ein halbes Jahr von den Weibchen geführt. Ein Weibchen wird erst dann wieder hitzig, wenn die Jungen ca. 20–30 Monate alt sind. Nur wenn die Jungen vorzeitig sterben, werden die Löwinnen eher, binnen Tagen, wieder paarungsbereit. So haben sie ihren nächsten Wurf bis zu einem Jahr früher als üblich.

Die Männchen in den umherstreifenden Junggesellentrupps („Brüderverbände“) versuchen im Alter von 5–6 Jahren selbst einen Harem zu erobern. Oft kooperieren dabei zwei junge Männchen, um die alten Haremsinhaber in verletzungsreichen Kämpfen zu verjagen. Im Durchschnitt kommt es alle 30 Monate zu einer Haremsübernahme. Meistens töten die Männchen dabei die vorgefundenen Jungen, vermutlich bis zu einem Alter von 15–22 Monaten; die getöteten Jungen werden jedoch nicht gefressen. Die Löwenmütter verteidigen zwar ihre Jungen, aber nicht mit letztem Einsatz, und sind bald nach der Tötung ihrer Jungen wieder paarungsbereit (siehe oben). Im Zusammenhang mit der Übernahme des Rudels kommt es auch zu Aborten junger Föten.

Löwinnen sind auch selbst territorial, d. h., sie verteidigen als Rudel bevorzugte Jagdgründe, Wasserstellen und Ruheplätze gegen fremde Weibchen. Bei Revierkonflikten kommt es immer wieder vor, dass Weibchen getötet werden.

verändert nach: www.kalahari-predator-conservation.com/de/predatoren/Loewen

Material 2

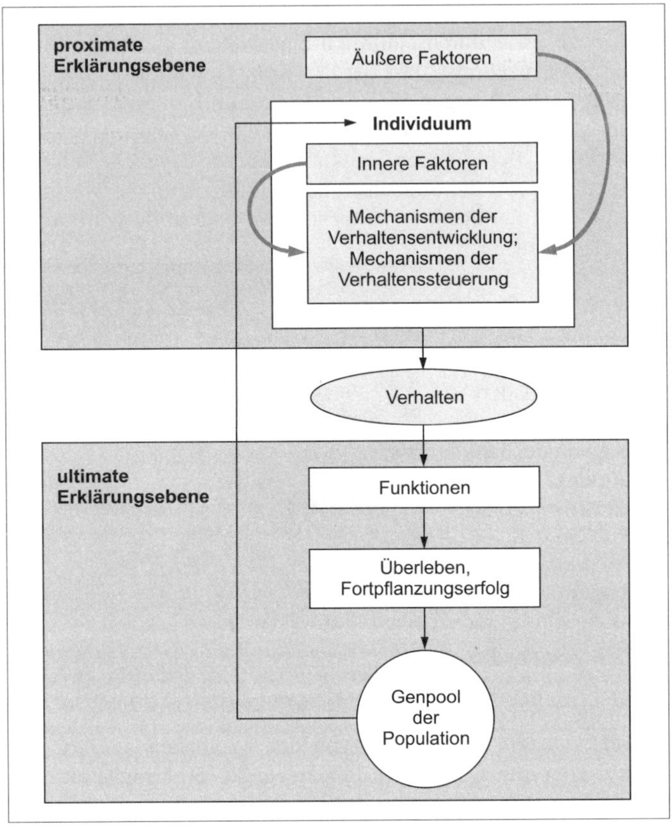

Abb. 2: Schematische Darstellung der Zusammenhänge zwischen proximater und ultimater Erklärungsebene

Lösungsvorschläge

In der Aufgabe thematisierte Unterrichtsinhalte sind:
Verhalten: Komplexe Verhaltensweisen in sozialen Strukturen und Organisationsformen, vorwiegend proximate Fragestellungen der Verhaltensphysiologie (Wirkursachen des Verhaltens), physiologische und endokrine Ursachen der Verhaltenssteuerung sowie der Ontogenese von Verhaltensweisen, ultimate Fragestellungen (Zweckursachen des Verhaltens), biologische Funktion von Verhaltensmerkmalen, Verhaltensmerkmale als Angepasstheiten zur Erhöhung des Lebenszeitfortpflanzungserfolgs

1 *Der Text enthält Beschreibungen unterschiedlicher Verhaltenselemente aus den Bereichen Sozialverhalten, Territorialverhalten und Fortpflanzungsverhalten. Alle mit der Fortpflanzung im weitesten Sinne zusammenhängenden Verhaltenselemente sind herauszusuchen und in einer Liste darzustellen.*

- Die Fortpflanzungssaison der Löwen erstreckt sich über das ganze Jahr. Die Weibchen eines Rudels kommen alle gleichzeitig zum Östrus.
- Die Brunst dauert 3–4 Tage, jeweils im Abstand von ca. drei Monaten, unabhängig von der Jahreszeit.
- Die Kopulationsrate ist bei Löwen hoch; während der Brunst kopuliert eine Löwin Tag und Nacht etwa alle 15 Minuten, meist mit mehreren Männchen des Rudels.
- 6–8 Wochen werden die Jungen gesäugt und anschließend noch ein halbes Jahr von den Weibchen geführt.
- Ein Weibchen wird erst dann wieder hitzig, wenn die Jungen 20–30 Monate alt sind.
- Wenn die Jungen sterben, werden die Löwinnen vorzeitig – binnen Tagen – wieder paarungsbereit.
- Löwinnen verteidigen ihre Jungen gegenüber den neuen Haremsinhabern nur bis zu einem gewissen Grad.
- Jungtiere saugen bei verschiedenen Löwinnen der Gruppe.
- Männchen umherstreifender Junggesellentrupps versuchen meist zu zweit, Haremsinhaber in harten Kämpfen zu verjagen und das Rudel zu übernehmen.
- Meist töten die neuen Haremsinhaber die vorgefundenen Jungen, vermutlich bis zu einem Alter von 15–22 Monaten.

2 *Material 2 liefert eine grafische Übersicht über äußere und innere Faktoren für Verhalten sowie dessen Funktion im Hinblick auf den Fortpflanzungserfolg und dessen Wirkung auf den Genpool der Population. Beachten Sie, dass Verhalten zentral zwischen proximater und ultimater Ebene steht. Welche Beziehungen gibt es zwischen den beiden Bereichen? Versuchen Sie zunächst beide Bereiche getrennt voneinander zu bearbeiten und sie anschließend aufeinander zu beziehen.*

Erkenntnis 1: Die proximate Erklärungsebene befasst sich mit den physiologischen Abläufen im Individuum, die sowohl durch innere Faktoren, wie z. B. die Hormonlage und den Blutzuckerspiegel, als auch durch äußere Faktoren, wie den Anblick eines Konkurrenten im Territorium oder das Aufspüren von Beute, in Gang gesetzt werden und schließlich ein Verhaltensprogramm abrufen.

Erkenntnis 2: Verhalten hat neben der vordergründigen Funktion des Erhalts des eigenen Lebens (z. B. Beutejagd, um dem Körper lebenswichtige Nährstoffe zuzuführen) die weiterreichende Funktion, den Lebensfortpflanzungserfolg zu optimieren. Diese Gesichtspunkte gehören der ultimaten Erklärungsebene an.

Erkenntnis 3: Der hohe Fortpflanzungserfolg einiger Individuen im Rudel beeinflusst den Genpool der Population nachhaltig. Hier finden wir die einzige kausale Verbindung zwischen der ultimaten und der proximaten Ebene: Wenn sich bestimmte Genkonstellationen in der Population anreichern, werden sie sich auf die Individuen der nachfolgenden Generationen und deren Mechanismen der Verhaltenssteuerung auswirken. Deren geändertes Verhalten trägt dann zur Sicherung des Fortpflanzungserfolgs bei.

3 *Ihre Tabelle trägt folgende Überschriften: Verhaltenselemente aus dem Fortpflanzungsverhalten der Löwen – proximate Erklärung – ultimate Erklärung. Denken Sie daran, dass die Aussagen in den Spalten 2 und 3 den Charakter von Hypothesen aufweisen, für die Sie auf Ihre Kenntnisse aus den Bereichen Neurobiologie, Hormone, Ökologie und Populationsgenetik zurückgreifen müssen.*

Mögliche Lösung *(nur vier Verhaltensweisen sind verlangt)*:

Verhaltenselemente aus dem Fortpflanzungsverhalten der Löwen	proximate Erklärung	ultimate Erklärung
Die Fortpflanzungssaison der Löwen erstreckt sich über das ganze Jahr, die Weibchen eines Rudels kommen jedoch alle gleichzeitig zum Östrus.	Weibchen geben mit dem Urin Pheromone, also Sexuallockstoffe ab, die einen Einfluss auf den Östruszyklus der anderen Weibchen haben und so zu einer Synchronisation führen.	Wenn in einem Rudel mehrere Löwinnen gleichzeitig werfen, haben alle Jungen bessere Überlebenschancen durch das Gemeinschaftssäugen, auch wenn eine Mutter zu Tode kommt. Auch finden junge Männchen aus Rudeln mit synchronisierten Geburten beim Verlassen des Rudels leichter verwandte Partner zur Eroberung eines neuen Rudels.

Verhaltenselemente aus dem Fortpflanzungsverhalten der Löwen	proximate Erklärung	ultimate Erklärung
Die Kopulationsrate ist bei Löwen hoch: Während der Brunst kopuliert eine Löwin Tag und Nacht etwa alle 15 Minuten.	Weibchen signalisieren während der Brunst ihre Paarungsbereitschaft, unabhängig davon, ob die Ovulation erfolgt oder nicht (äußerlich nicht erkennbar).	Um einen überlebenden Nachkommen zu zeugen, sind sehr viele Kopulationen nötig. Damit ist der reproduktive Wert einer Kopulation gering, und um die Nachkommenschaft zu sichern, muss die Paarung oft wiederholt werden.
Meist kopuliert die Löwin mit mehreren Männchen des Rudels.	Die Konkurrenz zwischen den Männchen ist gering, da die Löwenmännchen eines Rudels meist Brüder sind.	Es lohnt sich wegen des geringen Fortpflanzungserfolgs nicht für ein Männchen, mit anderen Rudelgenossen um Kopulationen zu streiten. Die Rudelmännchen können ihre ganze Kraft auf die Abwehr fremder Männchen lenken. Da die Vaterschaft des einzelnen Jungtiers ungewiss ist, kümmern sich die Männchen um jedes Junge.
Wenn eine neue Gruppe von Männchen das Rudel erobert, werden oftmals alle Jungtiere von ihnen getötet (Infantizid).	Der Geruch der Jungen löst das Verhalten der Männchen aus. Daran können sie eigene von fremden Jungen unterscheiden. Daneben spielt auch das Alter der Jungen eine Rolle: Fast entwöhnte Junge werden seltener getötet.	Nach dem Tod der Jungen werden die Weibchen schnell wieder brünstig. Die neuen Rudelmännchen haben so schnell die Möglichkeit, eigene Nachkommen zu zeugen. Sie müssten sonst lange warten, da die Weibchen erst nach Entwöhnen der Jungen wieder brünstig werden. (Nach dem Tod aller Jungen wird die Brunst der Weibchen wieder synchronisiert.) Die Männchen beseitigen mit den Jungtieren zukünftige Konkurrenten ihrer eigenen Nachkommen.
Bei der Übernahme eines Rudels kommt es häufig zu Fehlgeburten noch junger Föten.	Der Geruch der oder des neuen Männchen(s) führt zur Veränderung der Hormonlage und damit zum Abbruch der Trächtigkeit.	Die Mütter vermeiden es so, in Junge zu investieren, die nach ihrer Geburt von den neuen Rudelinhabern getötet würden. Ihre neu gezeugten Jungen dagegen werden von diesen Männchen, ihren Vätern, beschützt und gefüttert.

Leistungskurs Biologie (Hessen)
Übungsaufgabe 5: Ökologie

Zur Ökologie der Ostsee

		BE
1	Fassen Sie die in Material 1 geschilderten ökologischen Besonderheiten der Ostsee zusammen. Ergänzen Sie die Abbildung 2 um die haline Sprungschicht.	8
2	Analysieren Sie den Kurvenverlauf a in der Abbildung 3 in angemessener Fachsprache und erklären Sie, wie es zu dem – fast während des ganzen Jahres stabilen – Konzentrationsverlauf des Salzgehaltes kommt. Berechnen Sie die Wasserbilanz und erläutern Sie, warum es trotz der Süßwasserzuflüsse nicht zu einer Aussüßung der Ostsee kommt.	10
3	Werten Sie die Konzentrationsverläufe der in den Abbildungen 3 b–e dargestellten Wasserinhaltsstoffe **im Zusammenhang** aus.	16
4	Erläutern Sie die ökologische Bedeutung der halinen Sprungschicht für den Stoffkreislauf im Wasser. Gehen Sie dabei auch auf den Begriff „Fettweide" ein.	8
5	Analysieren Sie Abbildung 4 und erläutern Sie die besondere Gefährdung des Lebensraumes Ostsee durch anthropogene Einflüsse.	8
		50

Material 1

Die Ostsee ist ein flaches Schelfmeer mit einer mittleren Tiefe von nur 52 m, die größte Tiefe mit 463 m (Lansorttief) erreicht sie bei Gotland. In die Ostsee strömen Flüsse ihrer neun Anrainerstaaten, deren fast 80 Millionen Menschen im Einzugsgebiet zum Teil einen sehr hohen Lebensstandard haben. Damit umfasst das Einzugsgebiet dieses Binnenmeeres 1,7 Mio. km^2 und repräsentiert 17 % des europäischen Kontinents.

Die intensive Landwirtschaft der Anrainerstaaten und ihre teilweise stark umweltrelevanten Industrien sowie reger Schiffsverkehr tragen wesentlich zur Verunreinigung des marinen Lebensraums bei. Das von ihnen gebrauchte Wasser fließt oft ungenügend aufbereitet in die Ostsee ein. Das im Langzeitmittel erhöhte Nährstoffangebot hat neben der gesteigerten Primärproduktion bzw. Algenbiomasse auch zu einer Erhöhung der Biomasse der Tiere geführt. Die wichtigsten Ostseefische Hering, Sprotte und Dorsch scheinen sich ebenfalls vermehrt zu haben.

Der Wasserkörper der Ostsee ist alles andere als einheitlich (vgl. Abb. 1). Die Gewässergüte eines Meeres wird maßgeblich von seinen Wasserbewegungen bestimmt. Von entscheidender Bedeutung für eine Einschätzung der ökologischen Verhältnisse der Ostsee ist ihre Wasserbilanz, die durch die Faktoren Zufluss durch Flüsse, Niederschlag, Einstrom aus der Nordsee, Verdunstung und Abfluss in die Nordsee bestimmt wird. Im Mittel fließen der Ostsee jährlich 479 km^3 Süßwasser über die Flüsse vom Festland zu (Z), 737 km^3 durch den Einstrom salzreichen Nordseewassers (E) und 183 km^3 durch Niederschlag (N). Demgegenüber stehen Wasserverluste, die sich aus der Verdunstung (183 km^3) (V) und dem Ausstrom salzärmeren Wassers (A) in die Nordsee zusammensetzen. Zur Ausgleichung der Wasserbilanz beträgt der Oberflächenabfluss der Ostsee in die Nordsee insgesamt 1 216 km^3. Unter der Annahme, dass das Wasservolumen der Ostsee langfristig konstant bleibt, gilt die Beziehung: $A = Z + N + E - V$. Der Wasserüberschuss fließt über den Baltischen Strom mit einem mittleren Salzgehalt von ca. 2,1 % in die Nordsee ab. Dazu stehen lediglich drei enge Meeresstraßen zur Verfügung: Über den rund 18 km breiten Großen Belt werden 64 % des Wassers ausgetauscht, durch den ungefähr 6 km breiten Öresund 27 % und durch den nur etwa 1 km breiten Kleinen Belt 9 %.

Durch diese Meerstraßen ist auch ein Salzwasseraustausch möglich: Salzarmes, wärmeres Wasser aus der Ostsee fließt an der Oberfläche in Richtung Nordsee, während schwereres salzreiches, kühleres Tiefenwasser aus dem Skagerrak in die Ostsee strömt. Der durchschnittliche Einstrom beeinflusst die Wasserqualität nicht wesentlich, weil das Tiefenwasser die westlichen Untiefen (Darsser-, Bornholmer- und Stolper-Schwelle) normalerweise nicht überwindet. Dies vermögen nur Salzwassereinbrüche bei extremer Nordwestwindlage (November/ Dezember 1951 Einstrom von 200 km^3 salz– und sauerstoffreichen Nordseewasser). Seit 1976 sind die üblicherweise alle 2 bis 5 Jahre auftretenden schweren Nordweststürme ausgeblieben!

Berücksichtigt man bei der Süßwasser- und Salzwasserbilanz die Vermischung, so ergibt sich die mittlere Verweildauer des Wassers in der Ostsee von etwa 35 Jahren (zum Vergleich: Nordsee bei doppeltem Volumen und ähnlicher Oberfläche Austausch in 6 bis 36 Monaten).

Die Ostsee ist ein Brackwassermeer, das durch die Gestalt des Meeresbodens und eine ganzjährige dichte Sprungschicht zwischen salzärmerem Oberflächenwasser und salzreichem Tiefenwasser unterteilt wird. Der Salzgehalt liegt zwischen dem vom offenen Meer (35 Promille) und dem von Süßwasser (0,05 Promille), im Durchschnitt beträgt er 8 Promille (siehe Abb. 1). Diese haline Sprungschicht bildet eine mehr oder weniger schroffe Übergangszone vom Oberflächen- zum Tiefenwasser. Ihre Tiefe erreicht in der westlichen Ostsee 15 bis 20 m, für die Gotlandsee lässt sich die Lage der Sprungschicht mithilfe von Material 2 ermitteln. Diese Wasserschichtung in der Ostsee ist nicht stark temperaturabhängig, sodass ein vertikaler Wasseraustausch während des ganzen Jahres kaum stattfindet. Die Sprungschicht schirmt das kalte und schwere Tiefenwasser weitgehend vom Gasaustausch mit der Atmosphäre ab. Im Sommer wird diese Schichtung noch stabilisiert durch eine zusätzliche Temperatursprungschicht, die bei etwa 15 m liegt. Die Dichteunterschiede bewirken, dass durch absinkendes Plankton in der Salzgehaltssprungschicht eine um den Faktor 10 größere Planktonanreicherung als in den günstigsten darüber liegenden Gebieten des Wasserkörpers auftritt. Die Planktonanreicherung bezeichnet man auch als Fettweide. Das leichte, salzarme Oberflächenwasser liegt auf dem Bodenwasser wie ein Deckel auf dem Topf und schließt die Becken der Ostsee nach oben ab. An Brackwasser mit schwankendem Salzgehalt sind die wenigsten Meeresorganismen angepasst, die Artenfülle im Brackwasser ist begrenzt. In der Ostsee leben dreimal weniger Fischarten und achtmal weniger Muschel- und Krebsarten als in der Nordsee.

Wenn sich die Windverhältnisse ändern und tödliches Tiefenwasser an die Oberfläche drücken, sterben in Buchten und Förden Fische und Bodentiere. Besonders betrifft dies die relativ flachen westlichen Teilgebiete der Ostsee wie das Arkonabecken, die Mecklenburger, die Lübecker und die Kieler Bucht sowie das südliche Kattegat.

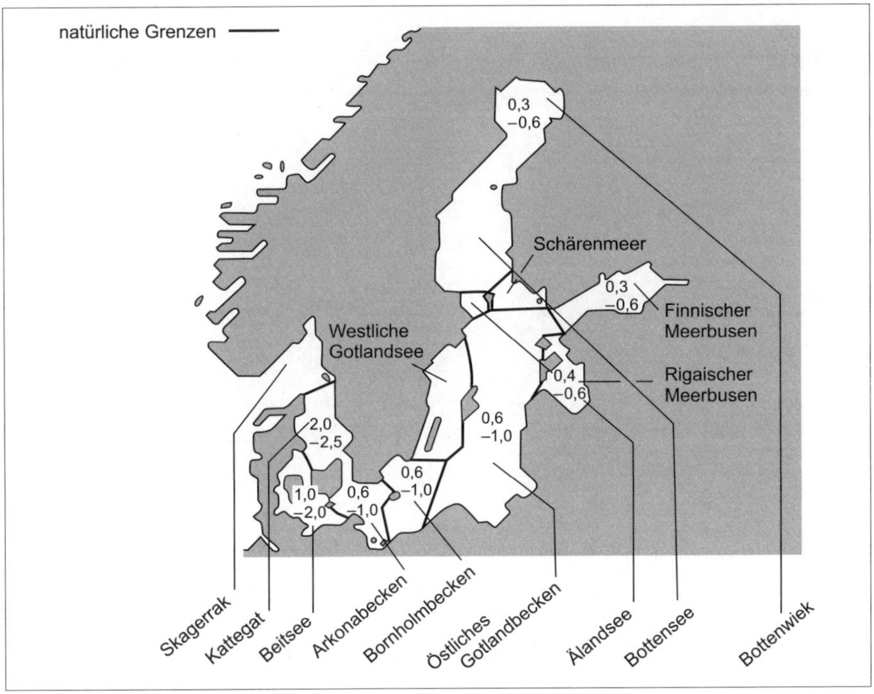

Abb. 1: Natürliche Gliederung und Salzgehalt (%) der Ostsee

verändert nach: Magaard, Lorenz: Meereskunde der Ostsee. Springer Verlag Berlin, Heidelberg, New York 1974, S. 11 u. 12

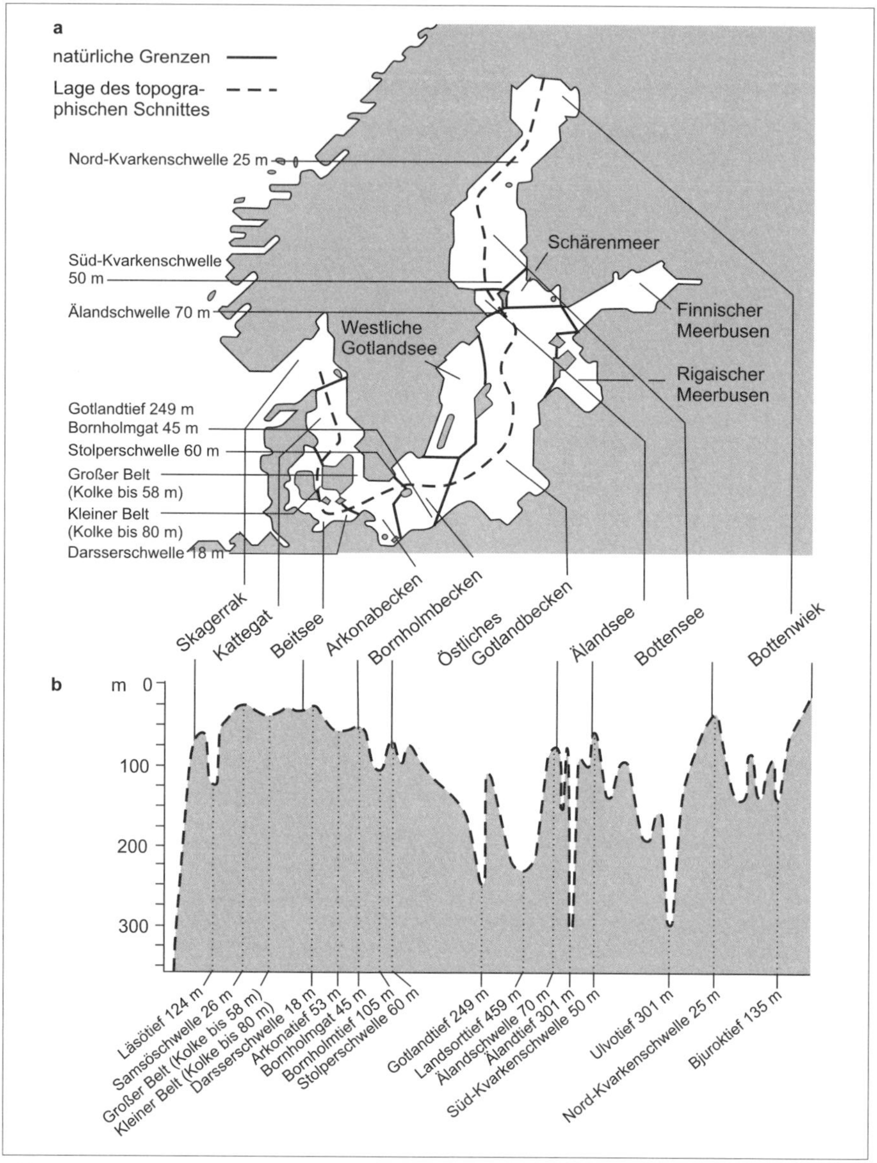

Abb. 2: Natürliche Gliederung der Ostsee (a) sowie Bodenprofil in der Längsachse (b)
verändert nach: Magaard, Lorenz: Meereskunde der Ostsee. Springer Verlag, Berlin, Heidelberg, New York 1974, S. 11 u. 12

Material 2

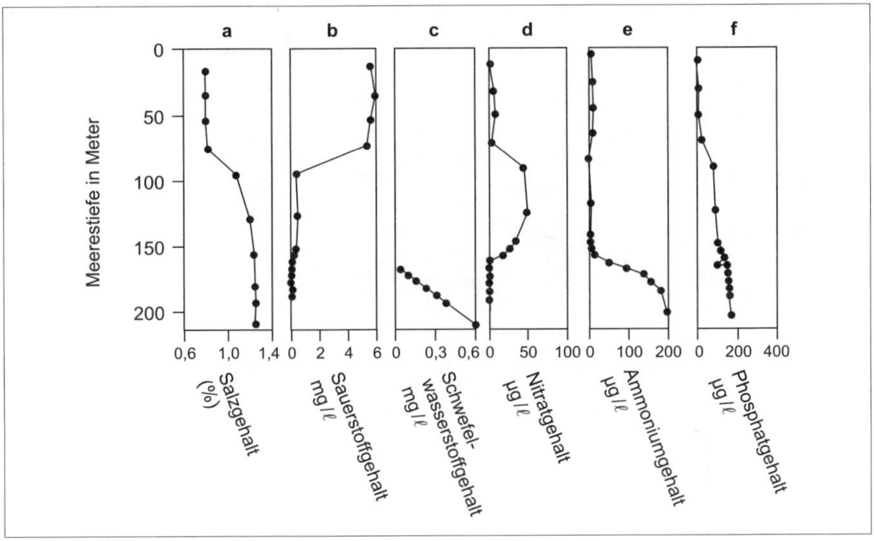

Abb. 3: Konzentrationsverläufe einzelner Wasserinhaltsstoffe mit der Wassertiefe im Gotlandtief im Juni 1991

verändert nach: Malle, Karl-Geert: Die Wasserqualität der Ostsee. Spektrum der Wissenschaft 2/92, Spektrum der Wissenschaft Verlagsgesellschaft Heidelberg 1992, S. 95–102

Material 3

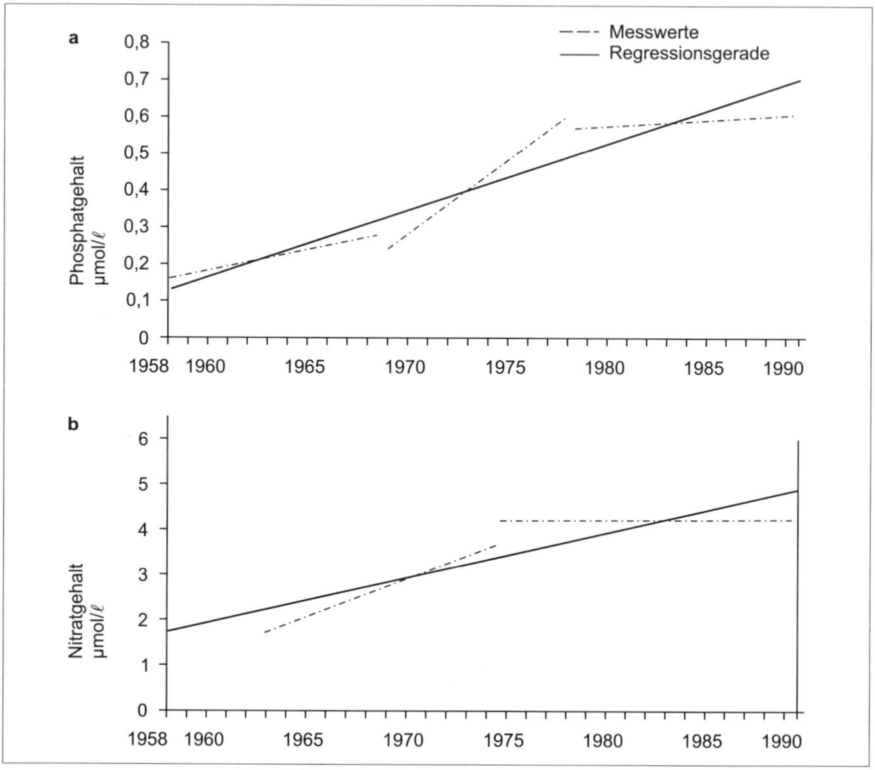

Abb. 4: Langzeitveränderungen der Gehalte an Phosphat (a) und Nitrat (b) der winterlichen Oberflächenschicht in der zentralen Ostsee

verändert nach: Nehring, Dietwart: Die Nährstoffbelastung der Ostsee. Spektrum der Wissenschaft 2/92, Spektrum der Wissenschaft Verlagsgesellschaft Heidelberg 1992, S. 110–118

Lösungsvorschläge

In der Aufgabe thematisierte Unterrichtsinhalte sind:
Ökologie: Geografische Gliederung von Lebensräumen; Gewässer, deren Inhaltsstoffe und Stoffkreisläufe; anthropogene Belastung von Gewässerökosystemen

1 – *Werten Sie das Material 1 daraufhin aus, was über ökologische Besonderheiten ausgesagt wird, die den Lebensraum Ostsee formen könnten. Ordnen Sie die Fakten in Ihrer Aufzählung nach Wichtigkeit, nicht nach der Reihenfolge, in der sie im Text genannt werden!*
– *Aus Abbildung 3a geht hervor, dass die haline Sprungsicht sich zwischen 75 und 100 m Tiefe befindet. Dies gilt natürlich nicht nur für das Gotlandtief sondern auch für alle anderen Stellen, die eine Tiefe > 75 m erreichen.*

Die wesentlichen Punkte, die die Ostsee charakterisieren, sind:

- Die Ostsee ist von der Nordsee weitgehend isoliert. Drei Meerengen behindern den Abfluss und den Eintrag von Wasser aus der Nordsee.
- Das Bodenprofil der Ostsee ist nicht einheitlich, sondern durch Tiefen und Untiefen stark strukturiert. So entstehen tiefe, stark isolierte Becken mit sehr geringem Wasseraustausch.
- Flüsse aus neun Anrainerstaaten mit hoher Industrialisierung, intensiver Landwirtschaft und hohem Lebensstandard tragen zur Wasserbilanz und auch entsprechenden Belastung der Ostsee mit Nährstoffen bei.
- Der hohe Anteil an zufließendem Süßwasser führt dazu, dass das Wasser der Ostsee einen geringeren Salzgehalt hat als andere Meere. Über den baltischen Strom gelangt dieses Wasser auch in die Nordsee.
- Aus der Nordsee strömt ständig je nach Wind- und Wetterlage kaltes und schweres Tiefenwasser in die Ostsee ein. Dieses salzhaltige Tiefenwasser erreicht aber selten die mittlere und obere Ostsee, da es die Untiefen der Darsserschwelle selten überwindet. In den tieferen Becken der Ostsee findet also nur bei den immer seltener werdenden Sturmfluten ein begrenzter Wasseraustausch statt.
- Durch den ständigen Süßwasserzustrom hat sich eine stabile Sprungschicht zwischen salzreichem, schwerem Tiefenwasser und salzarmem Oberfächenwasser gebildet.
- Die übliche Temperatursprungschicht, wie sie von Süßwasserseen bekannt ist, bildet sich im Sommer zwar aus, hat aber keinen Einfluss auf den Austausch von Stoffen. Dieser ist ganzjährig durch die stabile haline Sprungschicht behindert. Es gibt keinen Gasaustausch zwischen Tiefenwasser und der Atmosphäre.
- Absinkendes Plankton reichert sich wegen der größeren Dichte des Tiefenwassers in der Sprungschicht an und bildet so eine „Fettweide“ für Konsumenten 1. und 2. Ordnung.

- Im Tiefenwasser sinkt der Sauerstoffgehalt so stark ab, dass nur noch wenige aerobe Lebewesen dort überleben können. Wird dieses Tiefenwasser durch Salzwassereinbrüche aus der Nordsee bei Nordweststürmen nach oben gedrückt, hat dies tödliche Folgen für die Lebewesen in den oberen Wasserschichten.

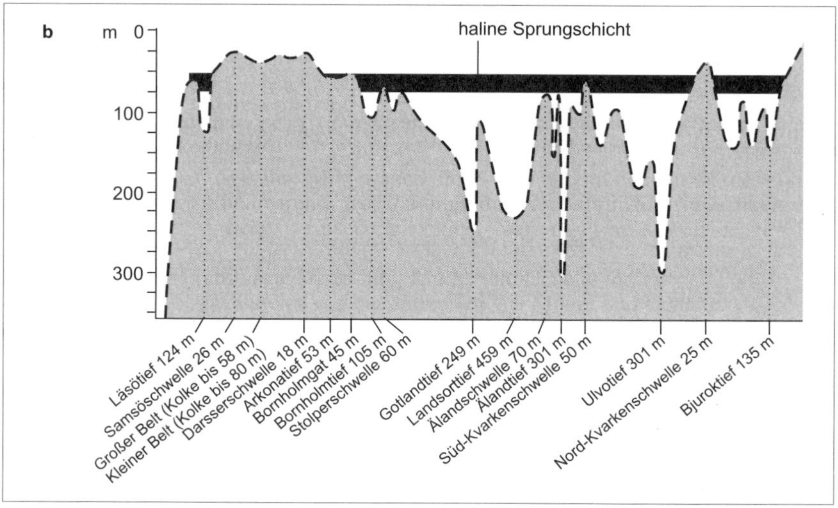

2 – *Geben Sie wieder, was Sie aus der Abbildung 3 zur Lage der halinen Sprungschicht entnehmen können und erläutern Sie anschließend den Grund für die Ausbildung dieser stabilen Schichtung von Wasser mit unterschiedlichem Salzgehalt. Nutzen Sie sich dabei auch Informationen aus Material 1.*
– *Die Ein- und Austräge durch Niederschlag und Verdunstung bleiben bei der Berechnung der Wasserbilanz unberücksichtigt, da sie sich ausgleichen.*

Die haline Sprungschicht liegt im Gotlandtief zwischen 75 und ca. 100 m. In dieser Tiefe steigt die Salzkonzentration um 3 Promille. In den tieferen Schichten erhöht sich der Salzgehalt noch einmal um 1,5 Promille.

Salziges Wasser ist spezifisch schwerer als salzarmes Wasser. Die Sprungschicht liegt zwischen dem leichten Oberflächenwasser und dem schweren Tiefenwasser: Die ausgeprägten Schichten, die aufgrund des Salzgehaltes eine stark unterschiedliche Dichte aufweisen, verhindern den vertikalen Wasseraustausch.
Die Dichte ist außer von der Salinität prinzipiell noch von der Wassertemperatur abhängig, was aber in der Ostsee nicht von Bedeutung ist. Selbst wenn die Dichte an der Oberfläche durch Abkühlung (im Herbst/nachts) erhöht wird, sind die Dichteunterschiede noch so groß, dass die haline Sprungschicht auch im Winter nicht aufgebrochen wird. Laut Text ist auch durch Ausbleiben der Nordweststürme seit 1976 kein Salzwassereinbruch aus der Nordsee mehr erfolgt, sodass auch dadurch keine Konzentrationsänderung erfolgte.

Der Wasserzufluss aus den Flüssen entspricht einem Süßwasserüberschuss. Eine Aussüßung der Ostsee wird aber dadurch verhindert, dass eine Vermischung zwischen Flusswasser und tiefem Ostseewasser aufgrund der Dichteunterschiede nicht zustande kommt.
Der Süßwasserzufluss (Z) = 479 km³ (= $479 \cdot 10^{12}$ Liter) mit einen Salzgehalt von 0,05 ‰ (= 0,05 g/ℓ) entspricht einem Salzeintrag von

$479 \cdot 10^{12} \cdot 0{,}05\ g = 23{,}95 \cdot 10^6\ t$

Andererseits drückt hin und wieder einströmendes Nordseewasser mit hoher Dichte leichteres und damit salzärmeres Wasser nach oben. Eine Durchmischung findet aber ebenfalls nicht statt, da sie neben den Unterschieden im Salzgehalt durch das Bodenprofil und die Meerenge zur Nordsee verhindert wird.

Salzwassereinstrom (E) = 737 km³ mit einen Salzgehalt von 35 ‰ (= 35 g/ℓ) entspricht einem Salzeintrag von

$737 \cdot 10^{12} \cdot 35\ g = 2{,}58 \cdot 10^{10}\ t$

Der gesamte Salzeintrag beträgt also $2{,}58 \cdot 10^{10}$ t.

Dem steht ein Salzwasseraustrom (A) = 1 216 km³ gegenüber. Bei Annahme eines mittleren Salzgehalts des abfließenden Wassers von 2,1 % (= 2,1 g/ℓ) ergibt dies einen Salzaustrag von

$A = 1\,216 \cdot 10^{12} \cdot 2{,}1\ g = 2{,}55 \cdot 10^{10}\ t$

Da sich Salzein- und -austrag mehr oder weniger entsprechen, ist eine Aussüßung der Ostsee nicht zu erwarten.

3 *In dieser Aufgaben sollen Sie die Kurvenverläufe der einzelnen Abbildungen a bis e (nicht f!) analysieren und einen Zusammenhang zwischen ihnen herstellen. Dazu gehört auch, die einzelnen Kurvenverläufe zu begründen. Da die in Abbildung a sichtbare Strukturierung des Wasserkörpers auch für die anderen Kurvenverläufe relevant ist, bietet sich folgende Dreiteilung der Erklärungen an:*

Oberflächenwasser:

- Der Sauerstoffgehalt ist mit 5–6 mg/ℓ bis in eine Tiefe von 70 m recht hoch. Dies kommt zustande durch den Gasaustausch mit der Atmosphäre, durch die Sauerstoffproduktion des Phytoplanktons bei der Fotosynthese während der warmen Jahreszeit und infolge der Durchmischung des Wassers im Winter.
- Nitrat wird bei Wachstum und Vermehrung des Phytoplanktons verbraucht, so weit der Lichteinfluss reicht (70 m).
- Unter aeroben Bedingungen sind H_2S und Ammonium nicht bzw. kaum vorhanden.

Haline Sprungschicht:

- Es zeigt sich eine starke Abnahme des Sauerstoffgehaltes von 5,5 auf 0 mg/ℓ infolge des Verbrauchs durch Konsumenten und aerobe Destruenten.
- Gleichzeitig nimmt die Nitratkonzentration von 0 auf fast 50 mg/ℓ zu, da der Verbrauch durch das Phytoplankton wegfällt und die im Wasser lebenden

aeroben Nitrifizierer das vorhandene Ammonium über Nitrit zu Nitrat *(Nitrifikation)* umsetzen, sodass der Ammoniumgehalt weiterhin nahezu null ist.

Tiefenwasser:

- Es herrschen anaerobe Bedingungen.
- Es gibt nochmals einen leichten Anstieg der Nitratkonzentration auf 50 mg/ℓ in 130 m Tiefe danach Abfall auf 0 mg/ℓ in 170 m Tiefe. Ab dieser Tiefe steigt der Ammoniumgehalt von 0 auf über 200 mg/ℓ. Solange noch Nitrat verfügbar ist, setzen anaerob lebende Denitrifizierer dies in elementaren Stickstoff um *(Denitrifikation)* und eliminieren damit Stickstoff aus dem Ökosystem Ostsee. Unter anaeroben Bedingungen werden die organischen Stickstoffverbindungen zu Ammonium mineralisiert, da die Nitrifikation unterbleibt, steigt die Ammoniumkonzentration stark an.
- Anstieg des Schwefelwasserstoffgehaltes von 0 in 170 m Tiefe auf 0,6 mg/ℓ in 210 m Tiefe, da anaerobe Bakterien Sulfat zu Schwefelwasserstoff reduzieren und organischer Abfall (Eiweiße) anaerob zersetzt wird (Fäulnis). Dabei entsteht aus dem organisch gebundenen Schwefel Schwefelwasserstoff.

4 *Dem Text in Material 1 und der Auswertung des Materials 3 in den Aufgaben 2 und 3 können Sie die Bedeutung der halinen Sprungschicht für das Ökosystem entnehmen. Erklären Sie die Vorgänge des Stoffkreislaufes auf dem Hintergrund Ihres Wissens über Binnenseen – die Mechanismen sind hier vergleichbar.*

Die haline Sprungschicht ist verantwortlich für den gestörten Stoffkreislauf in der Ostsee. In der meist gut durchlüfteten Oberflächenschicht findet Primärproduktion statt. Ein Teil des Planktons gelangt direkt ins Nahrungsnetz, während der andere Teil absinkt und sich in der Dichtesprungschicht anreichert, wo dann ein reichhaltiges Nahrungsangebot für Primärkonsumenten und nachfolgende trophische Stufen entsteht – „Fettweide".

Gemäß dem hohen Biomasseanteil in der Sprungschicht sinkt während und nach der Vegetationsperiode totes Pflanzen- und Tiermaterial ins Tiefenwasser und wird dort unter Sauerstoffmangel bakteriell abgebaut (z. T. anaerob). Je nach anaerober Destruentenkette entstehen Methan und Schwefelwasserstoff. Sauerstoffmangel und H_2S-Produktion machen das Milieu so lebensfeindlich für höhere Organismen, dass vor allem die Senken der Ostsee biologisch verwüsten. Fehlende winterliche vertikale Konvektion verhindert nicht nur den Eintrag von Sauerstoff in die Tiefenregionen, sondern auch den Transport löslicher Nährsalze in die Oberflächenschicht als Grundlage für die Primärproduktion. Nur starke Wassereinbrüche aus der Nordsee bei Nordweststürmen können dies kompensieren.

5 – *Bei der Analyse der Abbildung 4 beachten Sie bitte, dass für die Besprechung der Phosphat-Werte die Regressionsgerade gut herangezogen werden kann, während sie im Fall des Nitratgehaltes die tatsächlichen Messwerte nicht gut wiedergibt. Hier sollten Sie also besser die Messwerte besprechen, die einen anderen Verlauf als die Regressionsgerade zeigen!*
– *Aufgrund der Angaben im Text in Material 1, Ihrer Analysen und Ihres Hintergrundwissens über Eutrophierungen können Sie nun die Herkunft und Auswirkung der beiden Eutrophierungsfaktoren Phosphat und Nitrat für den Lebensraum Ostsee erläutern.*

Nach Abbildung 4a (Regressionsgerade) hat sich der Phosphatgehalt zwischen 1958 und 1989 ungefähr verdreifacht.
Ähnlich stark hat zwischen 1965 und 1989 der Nitratgehalt zugenommen. Insgesamt ist der Nährstoffgehalt vor allem von 1969 bis 1978 stark angestiegen und blieb in etwa auf dem damals erreichten hohen Niveau (untere Messwerte).

Nitrate und Phosphate sind Dünger und werden z. B. aus landwirtschaftlichen Flächen in die Flüsse und damit in die Ostsee eingetragen. Weitere Einträge erfolgen aus industriellen und Haushaltsabwässern, die nur unzureichend geklärt wurden.
Phosphat und Nitrat sind Eutrophierungsfaktoren. Mit Zunahme dieser beiden Nährstoffe im Oberflächenwasser nimmt bei ausreichendem Licht in der warmen Jahreszeit das Algenwachstum zu. Es kann zu sog. Algenblüten kommen. Dadurch wird auch das stagnierende Tiefenwasser in der Ostsee belastet: Das absinkende tote organische Material wird durch Destruenten abgebaut, wobei Sauerstoff verbraucht wird. Dadurch verarmt das Tiefenwasser noch stärker an Sauerstoff. Es können nur noch anaerobe Abbauprozesse stattfinden, bei denen z. B. H_2S gebildet wird. Außerdem trübt das infolge der Eutrophierung zunehmende Phytoplankton das Wasser, sodass das Licht weniger tief eindringt und die Fotosynthese der Algen beeinträchtigt.

Abiturprüfung 2008 Leistungskurs Biologie (Hessen)
A: Genetik

Knochenerkrankungen	BE
1 Erklären Sie, was man unter Genexpression versteht und beschreiben Sie ausführlich den in Material 1 dargestellten Teilprozess der Genexpression bei Eukaryonten.	11
2 Ordnen Sie der in Material 2 angegebenen Aminosäuresequenz für normales Kollagen sowie den Aminosäuresequenzen, welche zur Glasknochenkrankheit Osteogenesis imperfecta (O. i.) und zum Ehlers-Danlos-Syndrom (EDS) führen, jeweils einen möglichen codogenen DNA-Strang zu (Material 4).	9
3 Analysieren Sie a) den vorliegenden Stammbaum zur Glasknochenkrankheit hinsichtlich des zugrunde liegenden Erbganges und b) den jeweiligen Genotyp der Familienmitglieder 1 bis 15 (Material 3).	12
4 Stellen Sie den möglichen Zusammenhang zwischen der Aminosäuresequenz und der Knochenfestigkeit sowie die mögliche genetische Ursache für die Entstehung von O. i. und EDS dar. Entwickeln Sie eine Hypothese, wie die unterschiedliche Ausprägungsstärke der Symptome von O. i. erklärt werden könnte (Material 2).	18
	50

Material 1

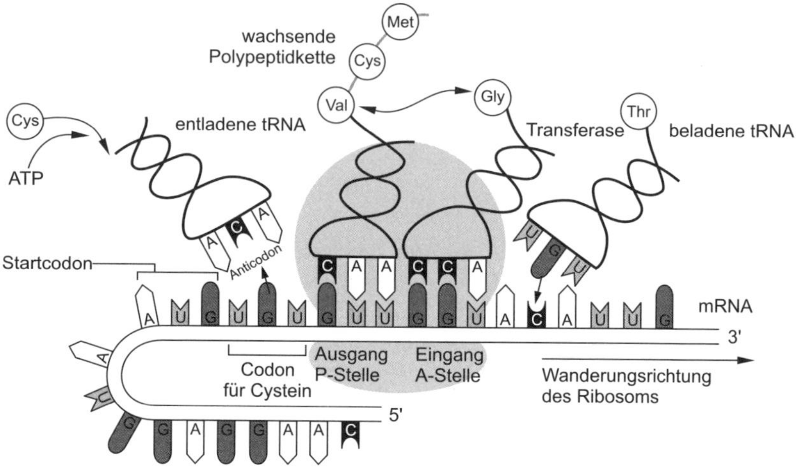

P: Peptid-Bindungsstelle, Ausgang
A: Aminosäure-Bindungsstelle, Eingang

Transferase: katalysiert den Wechsel der Aminosäure von einer t-RNA an die wachsende Polypeptidkette

Medienzentrum, weitzel
FK Biologie, Landesabitur Hessen

verändert nach: Baron, D. et al., Materialien S II – Biologie Genetik, Bildungshaus Schulbuchverlage Westermann Schroedel Diesterweg Schönigh Winklers GmbH, Braunschweig 2004, S. 73

Material 2

Deckknochen entstehen, indem sich zunächst unspezifische Zellen zu Knochenbildungszellen differenzieren, welche eine weiche Grundsubstanz aus Proteinen abgeben. In diese werden zunächst Kollagenfasern eingebaut. Erst später wird die Substanz durch Einlagerung von Calciumsalzen zu eigentlichen Knochen.
Das im Gewebe wichtige Stützprotein Kollagen, welches für die Gewebsfestigkeit verantwortlich ist, besitzt eine α-Helix-Struktur. Die Kollagenfasern bestehen aus Bündeln von solchen α-Helices. In den Polypeptidketten der Kollagenfasern liegt in dauernder Wiederholung die folgende Aminosäuresequenz vor:

5' -- [– Glycin (Gly) – Alanin (Ala) – Prolin (Pro) –]$_n$ -- 3'

Bei der Glasknochenkrankheit Osteogenesis imperfecta (O. i.), einer erblichen Gewebserkrankung, findet man anstelle des Glycins die Aminosäure Cystein im Kollagen-Polypeptid.
Die Aminosäure Cystein hat die Möglichkeit mit anderen Cystein-Molekülen Disulfidbrücken zu bilden.
Die Symptome bei O. i. – wie z. B. die abnorme Knochenbrüchigkeit und -verformung – können bei Betroffenen verschieden stark ausgeprägt sein.

Eine weitere erbliche Bindegewebsschwäche an Haut, Muskulatur, Gelenken und Gefäßen ist das Ehlers-Danlos-Syndrom (EDS), bei welchem u. a. überstreckbare Gelenke auftreten. Anstelle des Glycins befindet sich beim EDS die Aminosäure Serin in den Polypeptidketten der Kollagenfasern.

Die Aminosäure Glycin, Serin, und Cystein besitzen verschiedene „Reste“:
Glycin: –H
Serin: $-CH_2OH$
Cystein: $-CH_2SH$

Textgrundlage: Lehninger, Biochemie, Springer-Verlag, Heidelberg 2001; Mörike, Betz, Mergentaler (Hrsg.), Biologie des Menschen, Quelle & Meyer-Verlag, Wiesbaden 1989

Material 3

Stammbaum einer Familie mit erblicher Glasknochenkrankheit, Osteogenesis imperfecta

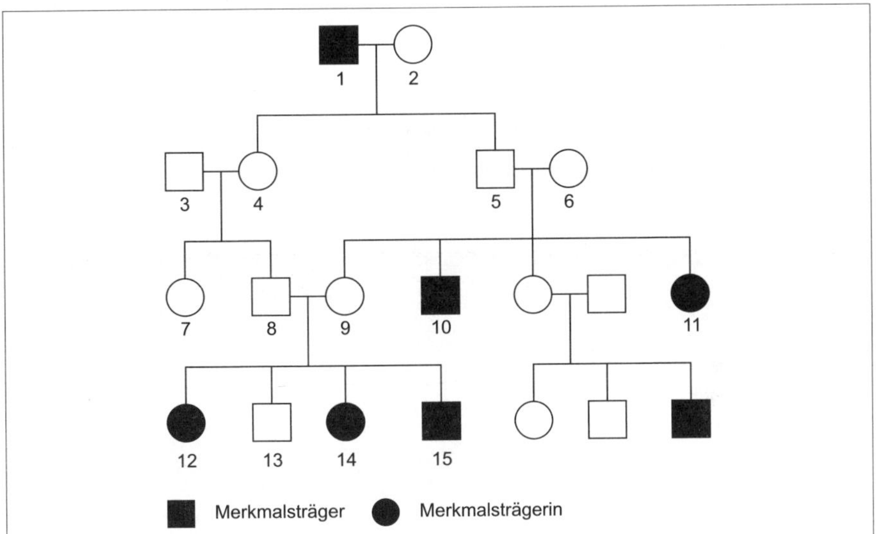

verändert nach: Baron, D. et al., Genetik, Bildungshaus Schulbuchverlage Westermann Schroedel Diesterweg Schönigh Winklers GmbH, Braunschweig 2004, S. 165

Material 4

Die Code-Sonne der mRNA

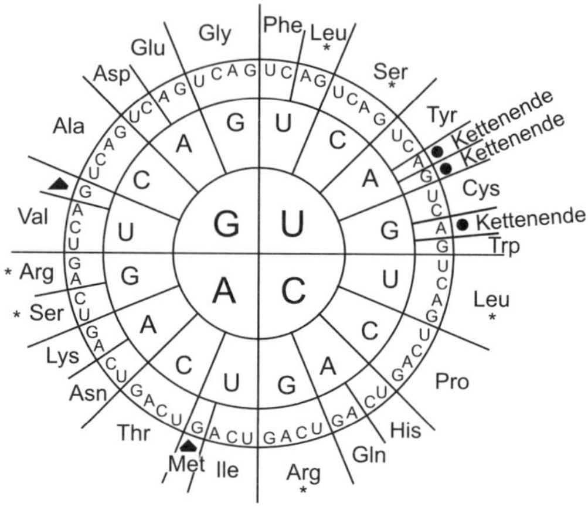

- ● Terminations-Codonen
- ▲ Starter-Codonen, die am Anfang der Translation stehend stets das Start-Methionin einbauen, in der Mitte des Messengers aber die in der Sonne angegebenen Aminosäuren.

Ala	Alanin
Arg	Arginin
Asn	Asparagin
Asp	Asparaginsäure
Cys	Cystein
Gln	Glutamin
Glu	Glutaminsäure
Gly	Glycin
His	Histidin
Ile	Isoleucin
Leu	Leucin
Lys	Lysin
Met	Methionin
Phe	Phenylalanin
Pro	Prolin
Ser	Serin
Thr	Threonin
Trp	Tryptophan
Tyr	Tyrosin
Val	Valin
*	zweimal auftretende Aminosäure

Lösungsvorschläge

- *Genexpression: DNA als Erbsubstanz, Transkription, Translation, Proteinfunktion, Merkmale*
- *Translation bei Eukaryonten im Detail: Ribosom, genetischer Code, Umgang mit der Code-Sonne, codogener DNA-Strang, Codon, Anticodon, tRNA, Enzyme*
- *Stammbaumanalyse*
- *Genmutation, Raumstruktur der Proteine*

1 *Zunächst fordert der Operator „erklären" den Sachverhalt der Genexpression auf seine wesentlichen Gesetzmäßigkeiten zurückzuführen (hier: das Gen als die in einem DNA-Abschnitt enthaltene Information für die Produktion von Proteinen, welche Stoffwechselfunktionen bzw. Strukturmerkmale bedingen). Wesentliche zu erklärende Prozesse sind die Transkription, das DNA-Processing (Eukaryonten) und die Translation. Der Operator „beschreiben" bezieht sich hier ausschließlich auf den Prozess der Translation, der im Detail dargestellt werden soll. Die Abbildung in Material 1 sollen Sie als strukturelle Grundlage für die Prozessbeschreibung unbedingt nutzen.*

Bei der Genexpression wird die Information eines Gens bei der Proteinbiosynthese in Proteine umgesetzt, die im Rahmen des Zellstoffwechsels als Enzyme Prozesse katalysieren, die zu Merkmalen führen oder die direkt als Strukturproteine Merkmale bedingen. Expression auf der DNA-Ebene entspricht bei Eukaryonten der Transkription eines Abschnitts des codogenen Stranges der DNA zu einer prä-mRNA, die dann noch im Zellkern einem *Processing* unterworfen wird *(splicing)*, bei dem Introns herausgeschnitten werden und die zusammengefügten Exons als „reife mRNA" den Kern durch die Kernporen verlassen.
Im Zytoplasma findet dann die in Material 1 dargestellte Übersetzung der in Form einer Sequenz von Basentripletts vorliegenden genetischen Information in eine Aminosäuresequenz statt. Im Detail verläuft diese Translation wie folgt (vgl. Material 1).
Die große und die kleine Untereinheit des Ribosoms (Ort der Proteinsynthese) haben sich schon zusammengesetzt. Das Ribosom bewegt sich vom 5'-Ende der mRNA zum 3'-Ende und hat das Startcodon AUG bereits hinter sich gelassen. Die dem Startcodon entsprechende Aminosäure Methionin befindet sich am Anfang einer wachsenden Polypeptidkette, die mit ihrem letzten Glied, der Aminosäure Valin über die für Valin spezifische tRNA am Codon GUU mit dem passenden Anticodon CAA der tRNA im Ausgang (P-Stelle) des Ribosoms gebunden ist. Im Eingang des Ribosoms (A-Stelle) hat eine tRNA mit dem Anticodon CCA angedockt. Sie transportiert die Aminosäure Glycin. Das letzte Glied der schon bestehenden Aminosäuresequenz, hier Valin, wird nun durch das Enzym Transferase mit der Aminosäure Glycin über eine Peptidbindung verknüpft. Rückt das Ribosom nun in 3'-Richtung um eine Position (3 Basen) weiter, so löst sich die Bindung zur tRNA in der P-Stelle. Die für Glycin spezifische tRNA rückt in die P-Stelle und trägt nun die inzwischen 4 Glieder lange Aminosäure-

kette. Die A-Stelle des Ribosoms ist nun frei und die nächste beladene tRNA mit dem passenden Anticodon kann in der A-Stelle andocken, hier die mit Threonin beladene.

Alle tRNA-Moleküle, die ihre Aminosäure im Ribosom abgegeben haben, werden mit im Zytoplasma frei verfügbaren Aminosäuren unter ATP-Verbrauch mithilfe des Enzyms Aminoacyl-Transferase neu beladen, hier gezeigt am Beispiel Cystein. Erreicht das Ribosom ein Stopp-Codon auf der mRNA, trennen sich die beiden Untereinheiten von der mRNA, die Translation des Genabschnitts ist beendet.

2 *Eine kurze, sich ständig wiederholende Sequenz aus drei Aminosäuren bildet das Polypeptid des Kollagens. Die Zuordnung dieser kurzen Aminosäuresequenz und der entsprechenden mutierten Sequenzen bei der Glasknochenkrankheit Osteogenesis imperfecta (O. i.) bzw. des Ehlers-Danlos-Syndroms (EDS) zu einem Ausschnitt aus dem codogenen Strang der DNA erfordert zunächst die Rückübersetzung der repetetiven AS-Sequenz in eine mRNA-Sequenz mithilfe der Code-Sonne (Material 4). Es wird von außen nach innen gelesen. Dabei wird deutlich, dass für jede Aminosäure 4 verschiedene Tripletts auf der mRNA in Frage kommen und somit auch 4 verschiedene DNA-Tripletts, da der Code degeneriert ist. Die Aufgabenstellung verlangt ausdrücklich nur je eine mögliche Lösung für normales Kollagen, O. i., und EDS. Nachfolgend sind, der Vollständigkeit halber, alle Möglichkeiten aufgezeigt.*

In der Tabelle unten sind alle möglichen Tripletts aufgezeigt, für die mRNA vom 5' zum 3'-Ende und für die DNA vom 3' zum 5'-Ende.

	Sequenzen für normales Kollagen			**Sequenzen für Kollagen bei O. i.**			**Sequenzen für Kollagen bei EDS**		
mRNA	GGA	GCA	CCA		GCA	CCA	UCU	GCU	CCU
	GGC	GCC	CCC	**U**GC	GCC	CCC	**A**GC		
	GGG	GCG	CCG		GCG	CCG	UCA	GCA	CCA
	GGU	GCU	CCU	**U**GU	GCU	CCU	**A**GU		
							UCG	GCG	CCG
							UCC	GCC	CCC
DNA	CCT	CGT	GGT		CGT	GGT	AGA	CGT	GGT
	CCG	CGG	GGG	**A**CG	CGG	GGG	**T**CG	CGG	GGG
	CCC	CGC	GGC		CGC	GGC	AGT	CGC	GGC
	CCA	CGA	GGA	**A**CA	CGA	GGA	**T**CA	CGA	GGA
							AGG		
							AGC		
AS	**Glycin**	Alanin	Prolin	**Cystein**	Alanin	Prolin	**Serin**	Alanin	Prolin

3 *Analysieren eines Stammbaumes bedeutet gezielte Fragestellungen an die Vererbbarkeit eines Merkmals zu stellen, Zusammenhänge am Beispielstammbaum herauszuarbeiten und die Ergebnisse darzustellen. Die Fragen sind:*

- *Wird das Merkmal (hier Glasknochenkrankheit) dominant oder rezessiv vererbt? Dies lässt sich klären, indem man prüft, ob das Merkmal von Eltern vererbt wird, die das Merkmal selbst nicht tragen. Ist dies so, so wird das Merkmal rezessiv vererbt. Bei Dominanz des Merkmals muss dieses in jeder Generation auftauchen.*
- *Liegt Kodominanz vor (intermediärer Erbgang)? Dies ist nur möglich, wenn das Merkmal in seiner Ausprägung intermediär auftritt (z. B. Blütenfarbe rosa aus rot und weiß oder Blutgruppe AB aus A und B).*
- *Liegt das Gen oder die Gene auf den Autosomen oder auf den Gonosomen (Frage nach der Geschlechtsgebundenheit der Vererbung)? Hierzu prüft man, ob Männer und Frauen gleichermaßen betroffen sind. Sind vorwiegend Männer betroffen kann ein X-chromosomaler Erbgang angenommen werden, bei dem die Frauen in der Regel nur Konduktorinnen sind. Sie können nur dann selbst Merkmalsträgerin sein, wenn die Mutter Konduktorin (heterozygot bzgl. des X-Chromosoms) und der Vater Merkmalsträger war.*
- *An welchen Stellen des Stammbaumes kann ich Belege für meine Annahmen finden? Wie müssen dann die Genotypen aussehen?*

Wenn alle Genotypen eingetragen sind und sich keine Widersprüche ergeben, so sind die Annahmen über die Erblichkeit des Merkmals richtig.

Das Merkmal Glasknochenkrankheit taucht nicht in jeder Generation auf, was auf einen dominant-rezessiven Erbgang hindeutet. Da die Eltern 5 und 6 beide gesund sind, aber zwei kranke Kinder haben, muss das Merkmal Glasknochen rezessiv vererbt werden. Dominant ist hier das Gen für die Ausbildung normalen Kollagens.
Beide Geschlechter sind gleichermaßen von der Krankheit betroffen, was eine geschlechtsgebundene Vererbung unwahrscheinlich macht. Bei X-chromosomaler Vererbung wären die kranken Frauen Nr. 12 und 14 nicht möglich, da der Vater gesund ist und in jedem Falle ein intaktes X-Chromosom weitergibt. Unter der Voraussetzung, dass die Krankheit X-chromosal vererbt würde, kann eine kranke Frau (11) in der 3. Generation nur entstehen, wenn Vater und Mutter (5/6) je ein defektes X-Chromosom vererben. Der Vater (5) müsste von der Krankheit betroffen sein.
Die Glasknochenkrankheit wird demnach autosomal-rezessiv vererbt. Dabei führt das rezessive Allel g nur bei Homozygotie (gg) zur Ausbildung der Glasknochenkrankheit, da bei heterozygoten Menschen (Gg) das dominante Allel G für normales Kollagen für die entsprechende Knochenfestigkeit sorgt.

Zuordnung der Genotypen zu den Personen im Stammbaum:
(gg) = homozygot und krank: 1, 10, 11, 12, 14 und 15
(Gg) = heterozygot und gesund: 4, 5, 6, 8 und 9
(GG oder Gg) = homozygot oder heterozygot und gesund: 2, 3, 7 und 13

4 *Hier soll zunächst der Zusammenhang zwischen Ursache und Wirkung, das heißt zwischen der intakten repetetiven und der durch Mutation in Triplett 1 veränderten DNA-Sequenz sowie dem normalen bzw. veränderten Aufbau des Kollagens hergestellt werden. Dazu ist es nötig, Kenntnisse über die Raumstruktur der Proteine anzubringen und die Informationen über den Aufbau des intakten bzw. des degenerierten Kollagens aus Material 2 zu extrahieren. Die zugehörige Frage an das System ist: Hat der Austausch der ersten Aminosäure in einer repetetiven Sequenz Wirkungen auf die Ausbildung der α-Helices oder ist die Ausprägung der Tertiärstruktur (Anordnung der Helices im Raum und zueinander) betroffen? Ist dies geklärt und erläutert, lässt sich auch eine fundierte Hypothese entwickeln, die die unterschiedliche Ausprägung der Symptome der Krankheiten erklären kann.*

Die Raumstruktur einer Kollagenfaser entscheidet mit über die Festigkeit und Brüchigkeit eines Knochens und auch über Bindegewebsschwäche, die zur Überstreckbarkeit der Gelenke führt. In jedem Falle verdreht sich die Polypeptidkette ungeachtet der AS-Sequenz aufgrund der sich bildenden Wasserstoffbrücken zwischen den Peptidbindungen zu einer Helix (Sekundärstruktur), da die Abstände zwischen den Peptidgruppen immer gleich ist. Die Sekundärstruktur kann also nicht für etwaige Veränderungen in der Eigenschaft des Kollagens verantwortlich sein. Das Problem taucht auf bei der Ausbildung von Tertiär- bzw. Quartärstrukturen, d. h. der Faltung der Helices im Raum und der Verknüpfung von Helices untereinander, welche über die Reste der Aminosäuren gebildet werden. Ändert sich die AS-Sequenz, ändern sich auch die Verknüpfungsmöglichkeiten zur Ausbildung der Tertiärstruktur.
Die Veränderung der AS-Sequenz durch das Einfügen von Cystein statt Glycin führt zur Glasknochenkrankheit (O. i.), da die Wechselwirkungen der AS-Reste zu einer veränderten Raumstruktur führen. So können schwefelhaltige Cysteinreste z. B. untereinander Disulfidbrücken ausbilden und Inhomogenitäten in den Kollagenfasern hervorrufen, wodurch die Festigkeit der Knochen ab- und deren Brüchigkeit zunimmt. Die Veränderung der AS-Sequenz durch das Einfügen von Serin statt Glycin bei der Krankheit EDS kann ebenfalls zu einer anderen Faltung der Helices im Raum durch veränderte Bindungen zwischen den AS-Resten führen. Hier ist die Wirkung auf die Eigenschaften des Kollagens eine andere und führt z. B. zur Bindegewebsschwäche. Die polaren OH-Gruppen der Aminosäure Serin können Wasserstoffbrücken ausbilden und so die Raumstruktur verändern.
Ursache für die Entstehung beider Krankheitsbilder ist eine Punktmutation (vgl. Bearbeitung Aufgabe 2, Kennzeichnung der mutativ ausgetauschten Basen) in der repetetiven Sequenz der Tripletts in der DNA.
Eine Hypothese zur unterschiedlichen Ausprägungsstärke der Knochenbrüchigkeit bei O. i. ergibt sich aus der Tatsache, dass das Polypeptid aus einer Wiederholungssequenz dreier Aminosäuren aufgebaut ist. Basenaustausch im ersten Triplett ist eine Mutation, die auch mehrfach in einer DNA vorkommen kann. Damit wird die AS Cystein häufiger eingebaut und so die Raumstruktur des Kollagens noch häufiger durch Ausbildung von Disulfidbrücken gestört. Die Knochenfestigkeit nimmt mit jedem Basenaustausch weiter ab und die Brüchigkeit nimmt zu.

Abiturprüfung 2008 Leistungskurs Biologie (Hessen)
B: Ökologie und Stoffwechselphysiologie

***Welwitschia mirabilis,* eine der eigenartigsten Wüstenpflanzen der Welt**	BE
1 Beschreiben und erläutern Sie die morphologischen Anpassungen der Pflanze an die abiotischen Faktoren ihres Standortes (Material 1).	16
2 Beschreiben Sie die Messergebnisse zum Gaswechsel eines *Welwitschia*-Blattes (Material 2) und geben Sie die vollständige Summengleichung der Fotosynthese an.	15
3 Analysieren Sie anhand von Material 3 die Anpassungen einer CAM-Pflanze an trockene heiße Standorte.	11
4 Begründen Sie anhand von Material 2 und 3, ob man *Welwitschia mirabilis* zu den CAM-Pflanzen zählen kann.	8
	50

Material 1

An dieser Pflanze ist alles ein wenig merkwürdig. Die Verwandte des „Tannenbaums" hat einen unterirdischen Stamm und nur zwei „Nadeln", die dafür aber bis zu 2,5 Meter lang werden können. Die Rede ist von *Welwitschia mirabilis* (Abb. 1.1). Entdeckt wurde dieses „lebende Fossil" vom österreichischen Forscher WELWITSCH im Jahre 1850.

Das Verbreitungsgebiet der Pflanze ist die Namib-Wüste im südwestlichen Afrika. Die Namib ist eine Küstenwüste von ca. 200 km Breite und erstreckt sich vom südlichen Wendekreis nordwärts bis nach Angola. An den Standorten von *Welwitschia* spielt der in Wüsten normalerweise bedeutsame Niederschlag in Form von Nebeln keine Rolle. Es treten seltene Regenfälle auf. Die *Welwitschia*-Vorkommen stellen an ihrem Standort z. T. die Grundlagen für kleine, eigene lokale Ökosysteme dar.

Die Pflanzen können über 1 000 Jahre alt werden; selbst ein Alter von ca. 2 000 Jahren erscheint – nach jüngsten Forschungen – nicht ausgeschlossen. *W. mirabilis* bildet lediglich zwei ca. 30 cm breite Blätter aus, eigentlich Nadeln, die immer weiter wachsen und an den Enden verwittern. Die Wachstumsgeschwindigkeit der Blätter, die vielfach auch der Länge nach aufreißen und damit Vielblättrigkeit vortäuschen, hängt stark von der Wasserversorgung der Pflanzen ab. Bei extremer Dürre können sich die Blätter von den Spitzen her soweit mechanisch abnutzen, dass nur ein kleiner Teil mit teilungsfähigem Gewebe verbleibt.

Die Blätter weisen typische Anpassungen an den heißen und trockenen Standort auf (Abb. 1.1 und 1.3). Der oberirdische, zum Teil verholzte Teil von *Welwitschia* kann bis zu 1,5 Meter hoch werden. Der Stamm ist zum Teil in den Boden verlagert und speichert große Mengen Wasser (Abb. 1.2). *Welwitschia* verfügt über ein geschichtetes und tief greifendes Wurzelsystem.

Die Einzigartigkeit dieser Pflanzenart, ihr extremer Standort und das stammesgeschichtlich vermutlich hohe Alter wecken seit vielen Jahren das Interesse von Pflanzenphysiologen. Zur Messung der Fotosyntheseaktivität am natürlichen Standort wurden Blattabschnitte mit Messkammern umschlossen und der Gaswechsel genauer untersucht (Material 2).

Abbildung 1.1

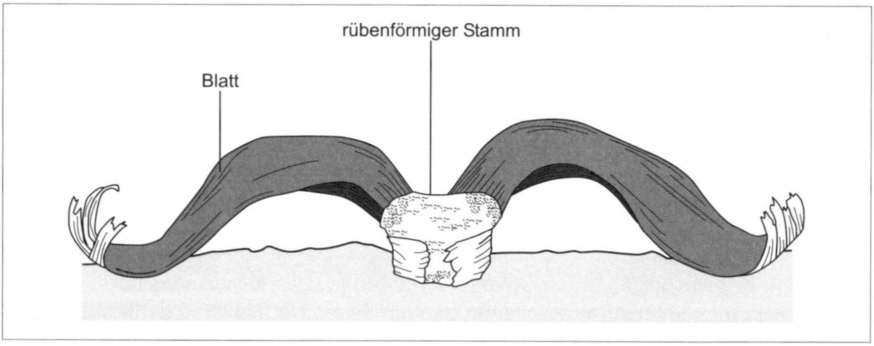

verändert nach: Walter, H., Breckle, S.-W., Ökologie der Erde Band 2, Elsevier, München 2004

Abbildung 1.2: Das Wurzelsystem von *Welwitschia*

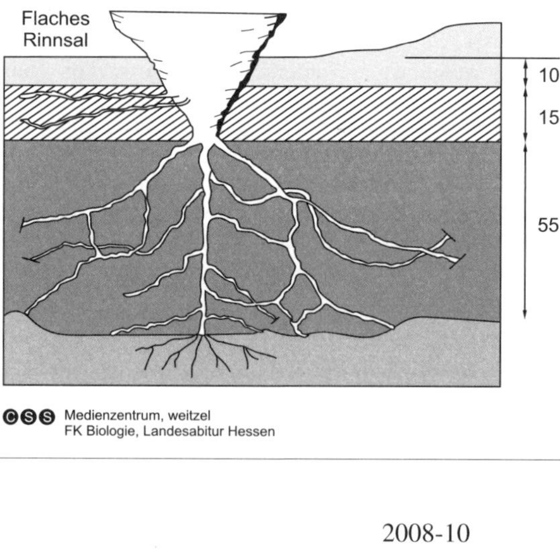

Medienzentrum, weitzel
FK Biologie, Landesabitur Hessen

Es wurde eine *Welwitschia*-Pflanze untersucht, die an einem leicht ansteigenden Hang steht, an dem sich zu Zeiten von Niederschlägen kleine Rinnsale bilden können. Die Seitenwurzeln in 10 cm Tiefe wurden bis 1,2 Meter seitwärts verfolgt, sie können mehrere Meter erreichen. Die Hauptwurzelverzweigung ist in 25 cm Bodentiefe. Zwischen 25 cm und 80 cm Tiefe wird im Boden reichlich Wasser kapillar gespeichert. (Grus: kleine, durch Verwitterung entstandene Gesteinsbrocken / Calcit: Kalkspat, ein Mineral)

Abbildung 1.3: Schematischer Querschnitt durch den oberen Blattbereich von *Welwitschia*
(Kutinisierung: Veränderung von Zellwänden, um sie wasserundurchlässiger zu machen).

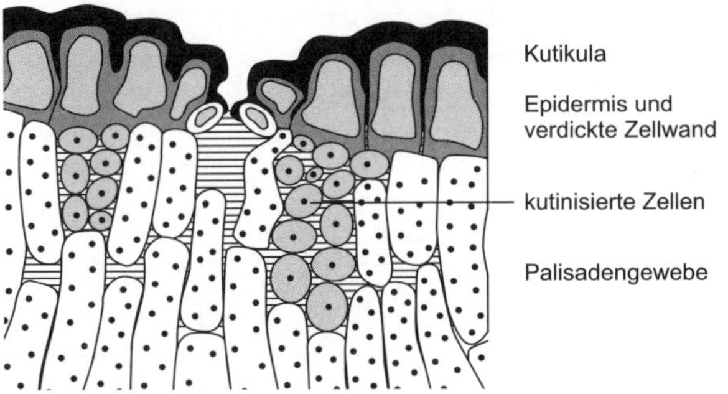

Medienzentrum, weitzel
FK Biologie, Landesabitur Hessen

Material 2

Obere Abbildung: Tagesgang der CO_2-Assimilation eines *Welwitschia*-Blattes
Zur Messung wurde das Blatt in eine Messkammer eingeschlossen.

Mittlere und untere Abbildung: Tagesgang der Messung unterschiedlicher Faktoren
(Globalstrahlung: Die auf einen Ort an der Erdoberfläche eintreffende solare Strahlung; gemessen in Watt/m²)

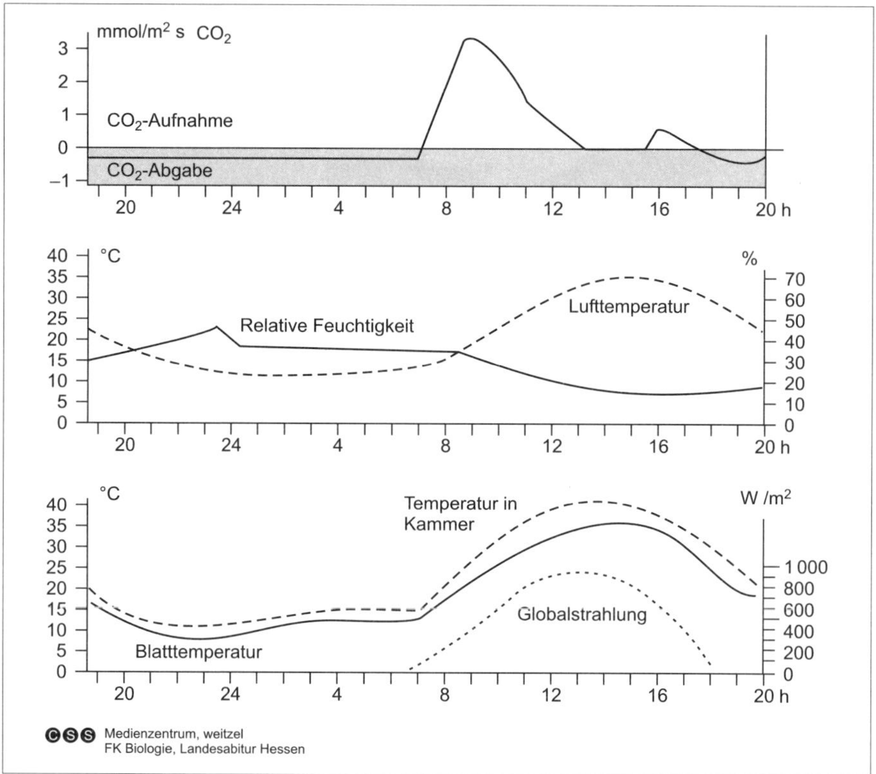

Material 3

Die Grafiken geben die Fotosynthesevorgänge einer CAM-Pflanze wieder.
(CAM: *Crassulacaeen Acid Metabolism*). CAM-Pflanzen zählen zu den C4-Pflanzen. Diese haben ihren Namen deswegen erhalten, weil bei ihnen C4-Moleküle wie zum Beispiel Malat (Äpfelsäure) eine bedeutende Rolle im Fotosyntheseprozess spielen. CAM-Pflanzen sind in der Regel dickblättrige Pflanzen, die heiße Standorte besiedeln können.

Abbildung 3.1: Fotosyntheseprozesse in einer CAM-Pflanze

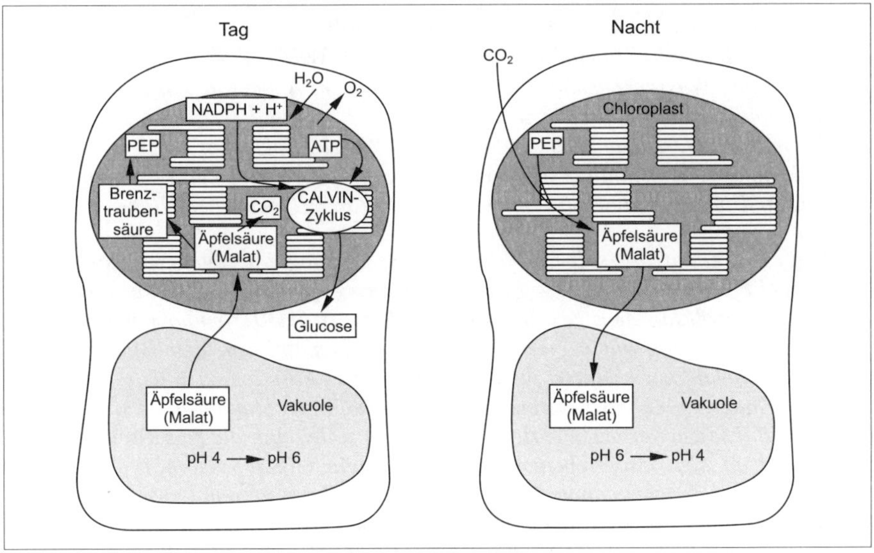

verändert nach: Scharf, K. H., Weber, W., Stoffwechselphysiologie, Materialien für den Sekundarbereich II, Schroedel-Verlag, Hannover 1999, S. 120, Abbildung 120.1

Abbildung 3.2: Tages- und Nachtgänge des Äpfelsäure(Malat)- und Stärkegehaltes einer CAM-Pflanze

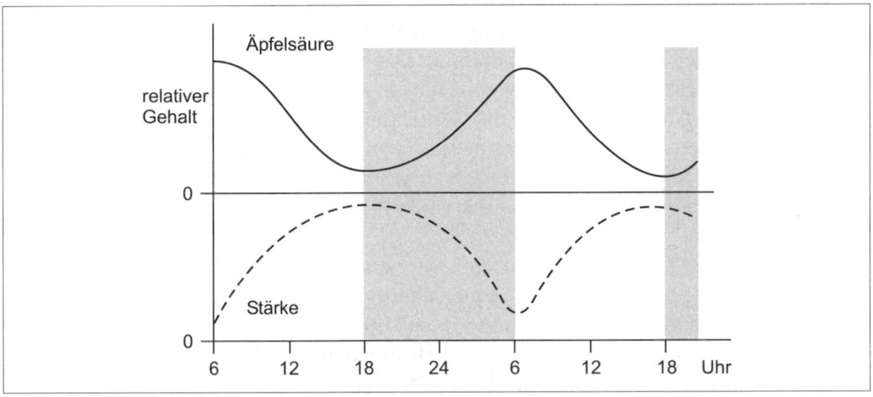

verändert nach: www.bossert-bcs.de/biologie/abientw/sukpflanze

Lösungsvorschläge

In der Aufgabe thematisierte Unterrichtsinhalte sind:

- *Wirkung abiotischer Faktoren auf Pflanzen (hier: Wasser)*
- *Aufbau und Wasserhaushalt der höheren Pflanzen; Anpassungsstrategien an trockene und heiße Standorte*
- *Xeromorphe Merkmale an Blatt, Stamm und Wurzel; Sukkulenz*
- *Fotosynthese: vollständige Summengleichung; Gaswechsel der Pflanzen; Strategien zur Überwindung limitierender Faktoren (hier: Trockenheit, Hitze)*

1 *In dieser Teilaufgabe soll eine korrekte Beschreibung des Vegetationskörpers von Welwitschia mirabilis gegeben werden. Dessen Anpassung an trockene und heiße Standorte soll aus dem Text und den Abbildungen 1.1–1.3 entnommen und fachsprachlich richtig auf der Grundlage von Vorkenntnissen über Blatt-, Wurzel- und Stammaufbau erläutert werden. Dabei ist es hilfreich, sich den Aufbau von Blatt, Stamm und Wurzel einer Pflanze gemäßigter Standorte in Mitteleuropa (z. B. Buche) zu vergegenwärtigen. Weiterhin sollte man die spezifischen Anpassungen an den beschriebenen Standort bezüglich Blatt (vgl. Abb 1.3), Wurzel (vgl. Abb. 1.2) und Stamm (siehe Abb. 1.1 und Text) getrennt zusammentragen. Texthinweise zu den Grafiken sollten Sie in Ihre Argumentation aufnehmen. Der Hinweis auf die Verwandtschaft mit Koniferen hat keine unmittelbare Bedeutung.*

Der Vegetationskörper von *Welwitschia mirabilis* besteht aus einer verdickten Wurzel mit vielen Seitenwurzeln, einem zum großen Teil im Boden steckenden, verholzten dicken Stamm und zwei daraus entspringenden großen grünen Blättern. Alle Teile der Pflanze weisen typische Anpassungen an den beschriebenen trockenen und heißen Standort auf, an dem Niederschläge selten sind.

Die Pflanze zeigt eine starke Stamm und Wurzelsukkulenz, die sie in diesem Bereich zur Wasserspeicherung befähigt. Der zum Teil in den Boden verlagerte Stamm verliert vermutlich nur wenig Wasser durch Verdunstung.

Die flächige Ausdehnung und die Schichtung des Wurzelsystems entsprechend der unterschiedlichen Bodenschichten, sichert die intensive Nutzung des Oberflächenwassers bei den seltenen Regenfällen und die Erschließung der Wasservorkommen im tiefer liegenden kapillaren System aus grobsandigem mit Ton, Gips und Granitgrus vermischtem Boden.

Der Blattaufbau ist stark xeromorph, wie aus der Beschreibung des Habitus und der Abbildung 1.3 (Teil des Blattquerschnitts) hervorgeht. Es gibt nur zwei Blätter, die eine durch dicke Zellwände in der Epidermis und eine dicke Kutikula ledrige Außenhaut besitzen und an ihrer Basis ständig nachwachsen. An den Enden verwittern diese Blätter und nutzen sich bei langer Dürre mechanisch stark ab, sodass oft nur ein kleiner Teil teilungsfähigen Gewebes übrig bleibt.

Im Blattquerschnitt sind neben der extrem dicken Kutikula und den starken Zellwänden der Epidermis weitere Anpassungen an den Standort zu erkennen. Doppeltes Palisadenparenchym, eingesenkte Stomata, wenig Interzellularen und kutinisierte Bereiche um die Stomata sind ebenfalls Anpassungen an stark besonnte, trockene und heiße Standorte.

2 *Am Anfang steht eine korrekte Beschreibung der Messkurven, wobei die obere Abbildung in Material 2 die wichtigste ist, da sie den in der Aufgabe genannten Gaswechsel zeigt. Vergegenwärtigen Sie sich: Der CO_2-Gaswechsel einer Pflanze dokumentiert ablaufende Stoffwechselvorgänge nach außen, Fotosynthese und Atmung. Hier ist eine direkte Beziehung zur Globalstrahlung herzustellen. Setzen Sie danach den Verlauf der Lufttemperatur und Luftfeuchte in Beziehung zum Verlauf des Gaswechsels. Was fällt auf? Markieren Sie ihre vergleichenden Beobachtungen (7.00 Uhr, 16.00 Uhr, 18.00 Uhr). In welcher Beziehung stehen diese Faktoren zur Globalstrahlung (Einbruch der Dunkelheit)? Zuletzt sollten die Temperatur in der Messkammer und die Blatttemperatur in Beziehung gesetzt werden.*

In den Nachtstunden von etwa 18.00 Uhr am Abend bis 7.00 Uhr am Morgen gibt *Welwitschia* kontinuierlich CO_2 ab, welches auf Atmungsvorgänge zurückzuführen ist.
Ab 7.00 Uhr am Morgen steigt die CO_2-Aufnahme der Pflanze mit zunehmender Globalstrahlung stark an. Die Pflanze betreibt Fotosynthese. Mit steigender Temperatur und gleichzeitig abnehmender Luftfeuchte nimmt die Fotosyntheseaktivität ab etwa 10.30 Uhr rapide ab und ist gegen 13.00 Uhr beendet. Nach 15.30 Uhr, bei sinkender Lufttemperatur und wieder leicht ansteigender Luftfeuchte wird *Welwitschia* noch einmal fotosynthetisch aktiv. Sie nutzt die noch vorhandene aber schwächer werdende Strahlung bis zur endgültigen Dunkelheit für eine zweite Phase der Fotosyntheseaktivität mit jedoch geringerer Intensität als in den Vormittagsstunden.
Die Kurven der Lufttemperatur und der Globalstrahlung haben am Tag einen synchronen Verlauf, wobei der Verlauf der Lufttemperatur leicht zeitversetzt ist. Relative Luftfeuchte und Lufttemperatur haben am Tag und in der Nacht einen reziproken Verlauf, die Schnittpunkte liegen bei 8.00 und 20.00 Uhr.
Grundsätzlich folgt die Blatttemperatur der Pflanze der Umgebungstemperatur im Verlauf, jedoch zeitlich verzögert, was dazu führt, dass die Blätter von *Welwitschia* in den Morgenstunden noch deutlich kühler sind als die Umgebung.

Die vollständige Summengleichung der Fotosynthese lautet:

$$6\,CO_2 + 12\,H_2O \longrightarrow C_6H_{12}O_6 + 6\,H_2O + 6\,O_2$$

3 *Analysieren ist ein anspruchsvoller Operator. Er beinhaltet, dass Sie die in Abbildung 3.1 und 3.2 vorgegebenen Materialgrundlagen zunächst untersuchen, einzelne Elemente identifizieren und Beziehungen zwischen den Elementen erfassen. Dies geht nur vor dem Hintergrund ihrer Kenntnisse über den Ablauf der lichtabhängigen und lichtunabhängigen Prozesse im Ablauf der Fotosynthese von C3-Pflanzen. Auf die Besonderheit des hier vorliegenden C4-Stoffwechsels ist im Text hingewiesen, ebenso auf die Tatsache, dass CAM-Pflanzen, ähnlich wie Welwitschia, Wasserspeicher besitzen und an trockenen und heißen Standorten zu finden sind.*

Stellen Sie sich zunächst zwei wesentliche Fragen zur Sache, um die entsprechende Sicht auf das Material zu bekommen.
1. Was ist das Hauptproblem der Pflanzen an trockenen und heißen Standorten?
2. Wie begegnen CAM-Pflanzen diesem Problem?
Vermeiden Sie bitte hier schon Bezüge zu Welwitschia herzustellen. Dies erfolgt in Teilaufgabe 4. Beachten Sie, dass in CAM-Pflanzen am Tag und in der Nacht unterschiedliche Stoffwechselaktivitäten ablaufen. Beziehen Sie sich in Ihrer Bearbeitung unbedingt auch auf Abbildung 3.2.

Beim Leben an trockenen und heißen Standorten ist das Hauptproblem der Pflanzen, dass tagsüber, wenn hohe Sonneneinstrahlung für optimale Fotosynthesebedingungen sorgt, gleichzeitig das geringste Wasserangebot vorliegt, d. h. die Luftfeuchte sehr gering ist. Öffnet die Pflanze zu dieser Zeit ihre Spaltöffnungen, um CO_2 für die Fotosynthese aufzunehmen, läuft sie Gefahr auszutrocknen, da zu viel Wasser über Transpiration verloren gehen würde.
Eine Lösung ist, den Prozess der CO_2-Aufnahme in die kühleren und feuchteren Nachtstunden zu verlegen und CO_2 zu speichern für den Tag. Tagsüber kann die CAM-Pflanze dann ihre Stomata geschlossen halten und sich aus dem CO_2-Speicher bedienen, um bei idealen Strahlungsbedingungen eine hohe Fotosyntheseleistung zu erbringen.
In der Nacht wird das CO_2 an PEP (Phosphoenolbrenztraubensäure), einen C3-Körper, gebunden und so Äpfelsäure gebildet, welche in den großen Wasser speichernden Vakuolen der Blattzellen mit Wasser zu Malat und H_3O^+ reagiert und damit den pH-Wert in der Vakuole stark absenkt.
Am Tag wird Äpfelsäure aus den Vakuolen in die Chloroplasten transportiert und dort in CO_2 und Brenztraubensäure gespalten. Brenztraubensäure wird via Phosphorylierung wieder zu PEP umgewandelt, während das CO_2 in den Calvinzyklus eingespeist wird. Das tagsüber reichlich vorhandene Sonnenlicht wird, wie auch das Wasser aus den Wasserspeichern der Pflanze, im Rahmen der Lichtreaktion zum Aufbau von ATP aus ADP + P und NADPH + H_2 aus $NADP^+$ verwendet.
Die Malat- und Stärkekonzentration im Blatt ist im Tag-Nacht-Rhythmus gegenläufig. Nachts wird Äpfelsäure gespeichert und tagsüber verbraucht. Stärke wird am Tage fotosynthetisch aus Glucose aufgebaut und in der Nacht abgebaut. Die aus dem Stärkeabbau entstehende Glucose wird entweder veratmet oder im Phloem in andere Pflanzenteile transportiert (z. B. Wurzel).

4 *Nachdem nun der Gaswechsel der CAM-Pflanzen in Teilaufgabe 3 und der von Welwitschia in Teilaufgabe 2 erfasst wurde, ist hier zu prüfen, ob Welwitschia CAM- oder C3-Stoffwechsel zeigt. Nehmen Sie zunächst an, der Lebensraum von Welwitschia lässt einen CAM-Stoffwechsel erwarten. Prüfen Sie mit Hilfe ihrer Aussagen zu Teilaufgabe 2, ob bei Welwitschia ein Tag-Nacht-Rhythmus im CO_2-Gaswechsel vorliegt. Danach stellen Sie heraus, welche Besonderheiten des Welwitschia-CO_2-Gaswechsels als besondere Anpassung an Wüstenbedingungen zu sehen ist.*

Der Lebensraum von *Welwitschia* zeigt alle Kennzeichen eines typischen CAM-Biotops: Lichtmengen, Luftfeuchtigkeit, Tagesgang der Temperatur.
Wäre *Welwitschia* eine CAM-Pflanze, so müsste sie ausschließlich oder zumindest vorwiegend in den Nachtstunden CO_2 aufnehmen. Tagsüber sollte keine CO_2-Aufnahme messbar sein, da sie nicht auf das CO_2 in der Atmosphäre angewiesen wäre und so die Stomata als Transpirationsschutz geschlossen halten könnte. Aus dem zeitlichen Gang des CO_2-Gaswechsels (vgl. Material 2) lässt sich das jedoch nicht schließen. Dieser entspricht mit Einschränkungen dem einer C3-Pflanze. Sie öffnet die Stomata am Tag und assimiliert CO_2 aus der Luft zu Zeiten der fotosynthetischen Aktivität. Sie reduziert die CO_2-Aufnahme jedoch auf die frühen Vormittagsstunden und die späten Nachmittagsstunden. Das sind die für sie günstigen Zeitfenster, in denen Fotosynthese hinreichend effizient bezüglich der Strahlungsbedingungen ist und die Wasserverluste sich bei CO_2-Aufnahme in Grenzen halten, da die Temperatur noch relativ niedrig und die Luftfeuchte noch hinreichend groß ist.

„Schamhafte" Mimose und Narkose

		BE
1	Beschreiben Sie die Entstehung und den Verlauf eines Aktionspotenzials an einem Neuron und vergleichen Sie den Graphen aus Material 1, Abbildung 1.2, zum Ruhe- und Aktionspotenzial einer pflanzlichen Zelle mit dem Ruhe- und Aktionspotenzial eines Neurons.	18
2	Erklären Sie anhand der Ionenwanderungen durch die Membran einer Pflanzenzelle die Auslösung und den Verlauf eines pflanzlichen Aktionspotenzials und entwickeln Sie eine Hypothese zur katalytischen Wirkung der daran beteiligten Calciumionen (Material 1).	18
3	Beschreiben Sie die narkotisierende Wirkung von Ether auf eine tierische Zelle und entwickeln Sie eine Hypothese zur narkotisierenden Wirkung von Ether auf erregbare pflanzliche Zellen (Material 2).	14
		50

Material 1

Wenn man die Pflanze *Mimosa pudica* (Schamhafte Mimose) berührt, reagiert die Pflanze mit dem Einknicken der Blätter. Der Volksmund hat daraus das Sprichwort entwickelt, dass ein Mensch empfindlich wie eine Mimose sei.
Das Einknicken der Mimosenblätter ist ein Beispiel für relativ schnell ablaufende Bewegungen bei Pflanzen. Die Abbildung 1.1 zeigt die Schamhafte Mimose im ungereizten und gereizten Zustand. Es handelt sich um einen etwa 30–50 cm hohen stacheligen Halbstrauch. Seine Blattbewegungen werden an seinem natürlichen Standort durch starke Winde oder heftige Regengüsse hervorgerufen.
Die Bewegungsreaktion wird durch Aktionspotenziale ausgelöst, die ähnlich wie bei tierischen Zellen auch an Pflanzenzellen auftreten können. Diese Aktionspotenziale breiten sich bei der Pflanze über die Leitbündelstrukturen mit einer Geschwindigkeit von 2–10 cm pro Sekunde aus. Ein „pflanzliches" Aktionspotenzial wird in der Abbildung 1.2 gezeigt. Calciumionen sollen – nach neuesten Forschungen – in den ersten Sekunden der Depolarisation eine Art katalytischer Wirkung für Chloridionen-Kanäle haben; Calciumionenbewegungen sind in Abbildung 1.2 nicht aufgeführt. Unterhalb der Messkurve des pflanzlichen Aktionspotenzials (Abbildung 1.2) sind die aktiven und passiven Ionenbewegungen von Chlorid- und Kaliumionen während des Aktionspotenzials wiedergegeben.

Abbildung 1.1: Schamhafte Mimose

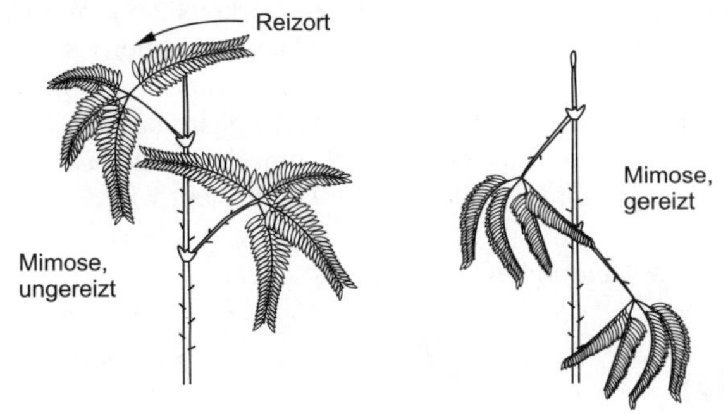

verändert nach: Jaenicke, J., Materialienhandbuch Kursunterricht Biologie, Aulis-Verlag, Köln 1999, S. 316

Abbildung 1.2: Verlauf eines pflanzlichen Aktionspotenzials und zugehöriger Ionenbewegungen

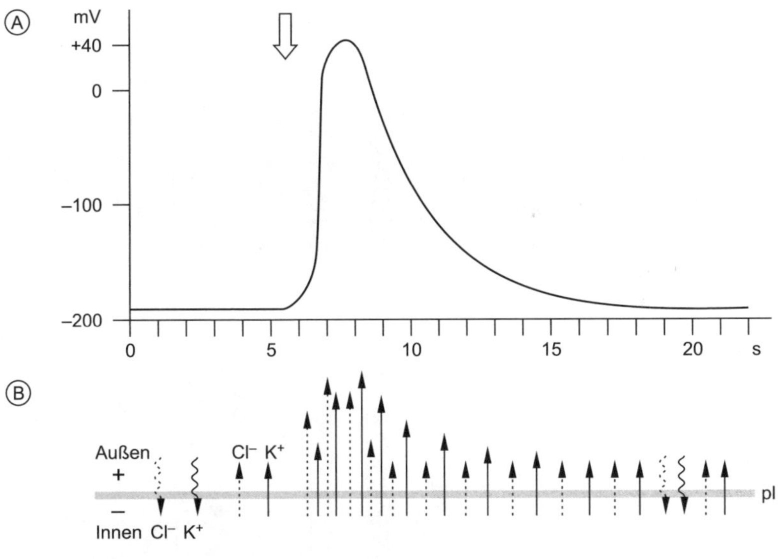

Geschlängelte Linie: aktiver Transport
Dicker Pfeil: Zeitpunkt der Reizung
pl: Plasmalemma /Zellmembran

verändert nach: Nultsch W., Allgemeine Botanik, Thieme Verlag, Stuttgart 1996, Seite 523

Material 2

Mimosen lassen sich wie tierische Lebewesen narkotisieren. Wird eine Mimosenpflanze für etwa 10 Minuten in einer Kammer mit gesättigter Ether-Atmosphäre gehalten, führt eine Berührung der Blätter nicht mehr zu der typischen Blattbewegung. Nach etwa einer halben Stunde in normaler Atmosphäre ist die Mimose wieder wie gewohnt erregbar. Bei Ether handelt es sich um eine unpolare, fettlösliche, leicht flüchtige Substanz, die nachfolgend im Modell dargestellt wird.

Abbildung 2.1: Kalottenmodell eines Ethers

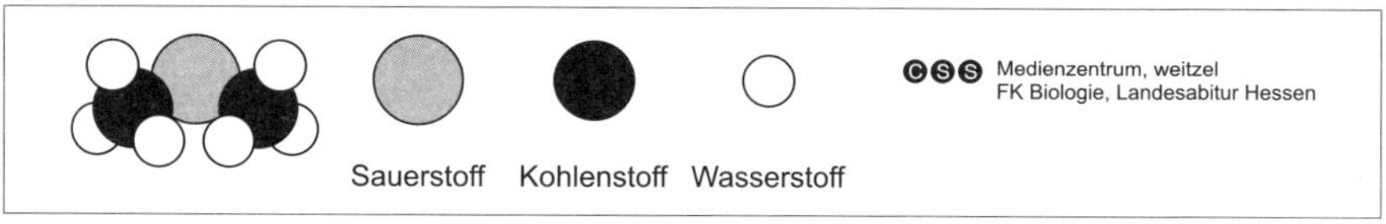

Abbildung 2.2: Wirkung des Ethers auf die Membran einer erregbaren tierischen Zelle

oben: erregte Membran im „Normalzustand“
unten: Membran nach Zugabe von Ether

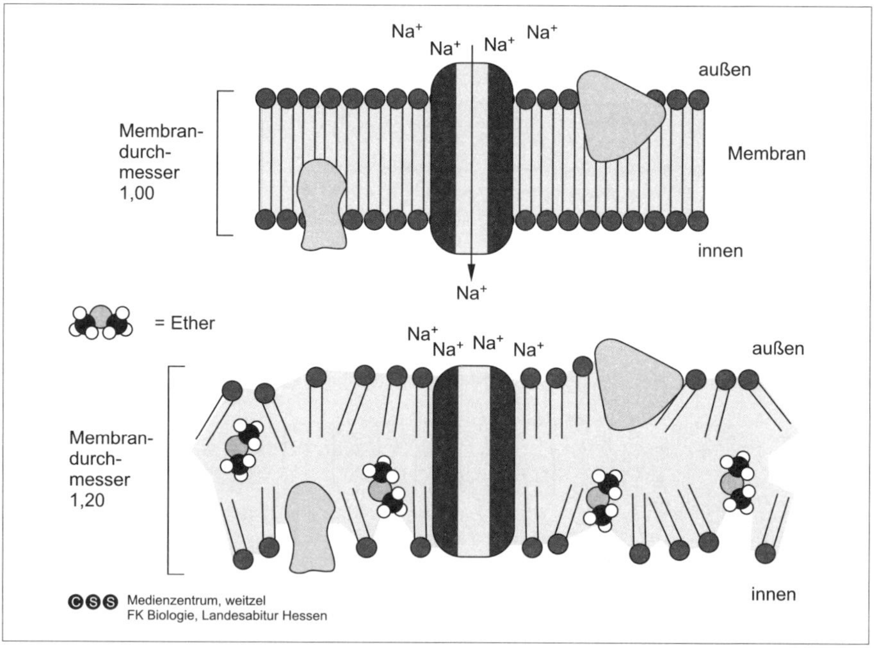

Lösungsvorschläge

In der Aufgabe thematisierte Unterrichtsinhalte sind:
- *Bau von Nervenzellen, Funktion von Nervenzellen*
- *Ionenverteilung und Ionenströme während des Ablaufs eines Aktionspotenzials*
- *Erschließung der Ionenströme an der Membran von Pflanzenzellen und Vergleich mit der Tierzelle*
- *Aufbau und Eigenschaften von Biomembranen*
- *narkotisierende Wirkung von Ether auf erregbare Biomembranen bei Pflanzen und Tieren*

1 *Diese Teilaufgabe gliedert sich in einen reproduktiven Anteil, in dem der Verlauf eines Aktionspotenzials in einem Neuron wiedergegeben werden soll und einen Teil im Anforderungsbereich II, in dem nach den in Abbildung 1.2 vorgegebenen Gesichtspunkten Gemeinsamkeiten, Ähnlichkeiten und Unterschiede ermittelt und dargestellt werden sollen. Beginnen Sie zunächst mit dem Ablauf eines Aktionspotenzials an einer Nervenzelle, da sie sich beim nachfolgenden Vergleich darauf beziehen können.*
Der Vergleich bezieht sich auf die folgenden Punkte:
Vorzeichen des Ruhepotenzials, Wert des Ruhepotenzials, Höchstwert der Depolarisation, Gesamtdauer des Aktionspotenzials.

Ein Aktionspotenzial entsteht an der Membran des Axonhügels einer Nervenzelle und wird von dort aus über das Axon fortgeleitet. Spezifische Ionenkonzentrationen zu beiden Seiten der Membran erzeugen einen Potenzialunterschied, das Ruhepotenzial (ca. –70 mV). Diese Ionenverteilung bildet die Zelle durch ionenspezifische Pumpen. Spezifische Reize lösen an der Nervenzelle Potenzialveränderungen aus, die am Axonhügel eine Depolarisation der Axonmembran bewirken, wenn ein Schwellenwert erreicht wird.
In der Axonmembran öffnen sich spannungsgesteuerte Na^+-Kanäle und ein osmotisch getriebener Einstrom von Na^+-Ionen ist die Folge. Das führt zu einer starken Depolarisation bis etwa + 30 mV. Zeitverzögert zum Beginn des Na^+-Einstroms öffnen sich spannungsgesteuerte K^+-Kanäle, die zu einer Repolarisation durch ausströmende Ionen (folgend dem Konzentrationsgefälle) führen. Diese Prozesse führen auch zu Hyperpolarisationen über das Ruhepotenzial hinaus. Anschließend pendelt sich das Ruhepotenzial ein. Diese Vorgänge dauern ca. 1 Millisekunde (10^{-3} s). In der nachfolgenden Refraktärphase ist die Membran nicht erregbar. Ionenpumpen arbeiten permanent, um die veränderte Ionenverteilung wieder in den Anfangszustand zurückzuführen.
Das Vorzeichen des Ruhepotenzials einer Pflanzenzelle entspricht dem in einer tierischen Zelle, wobei der Wert deutlich negativer als bei Neuronen (–190 mV) liegt. Ebenso ist der Höchstwert der Depolarisation bei der pflanzlichen Zelle höher (ca. +40 mV). Die Dauer des pflanzlichen Aktionspotenzials ist um ca. den Faktor 10 000 länger, eine Hyperpolarisation bzw. Nachpotenziale sind nicht erkennbar.

2 *Hier kommt es nun darauf an, die Ionenwanderung durch die Membran als Ursache der Potenzialänderung zu verstehen und „erklärend" darzustellen. Achten Sie auf die beiden Ionentypen K^+ und Cl^-.*
In Abbildung 1.2 B sind die Ionenströme/Ionenpumpen mit ihren Wirkungen im Zeitablauf gezeichnet. Diese Darstellung ist für Sie möglicherweise neu – zeichnen Sie mit zwei Farben Kurven über die jeweiligen Pfeilspitzen der beiden Ionenarten. Setzen Sie die so erhaltenen Kurven in Beziehung zum Verlauf des Aktionspotenzials der Mimosenzelle. Unterscheiden Sie dabei den Zustand vor und nach der Reizung (vorher: Erhaltung des Ruhepotenzials; nachher: Auswirkungen und später wieder Erhaltung des Ruhepotenzials). Markieren Sie die Bereiche verschiedener Prozesse. Eine ausführliche Beschreibung ist hilfreich, aber nicht Bestandteil der Aufgabe. Sie kann in den Konzeptnotizen wie folgt dokumentiert werden:
Abbildung 2.1 B ist eine Darstellung der Ionenströme an der Membran. Die Linie der Membran ist gleichzeitig eine Zeitachse und korreliert mit der Abbildung 2.1 A. Das Ruhepotenzial wird durch aktiven Transport der Ionen Cl^- und K^+ nach innen hervorgerufen und erhalten, während diese Ionen in geringem Maße (Höhe der Pfeile) nach außen diffundieren. Nach der Reizung kommt es zum Anstieg des Ausstroms der Cl^--Ionen und zeitverzögert ebenfalls zum Anstieg des Ausstroms von K^+-Ionen. Im Höhepunkt des Aktionspotenzials (Zeitpunkt 7–8 s auf der Zeitachse) sind die beiden Ströme gleich, K^+ steigt dann weiter an und Cl^- nimmt stark ab. Zeitverzögert nimmt auch der K^+-Ausstrom ab. Ab dem Zeitpunkt nach 15 s sind die beiden Ströme gleich und werden ab 19 s durch aktiven Transport nach innen kompensiert, das Ruhepotenzial wird wieder erreicht. Eine leichte Hyperpolarisation (Zeitpunkt ca. 20 s) ist zu beobachten.
Der Operator „entwickeln" bedeutet, dass Sie am Modell der Protein-Pore die Wirkung von Ca^{2+}-Ionen als Katalysator darstellen. Katalysatoren beschleunigen chemische Reaktionen, setzen die Aktivierungsenergie herab und bleiben unverändert.

Das Aktionspotenzial an den Zellen von Mimosen ist auf Ionenströme von Cl^-- und K^+-Ionen an der Zellmembran zurückzuführen. Ausgehend von einem Ruhepotenzial, das durch Ionenpumpen erzeugt wird, führt die Reizung zunächst zum (osmotisch und spannungsgetriebenen) Ausstrom von Cl^--Ionen, der zu einer Depolarisation bis + 40 mV führt. Den Cl^--Ionen folgen K^+-Ionen, die die Repolarisation einleiten. Ionenpumpen erzeugen anschließend die ursprüngliche Ionenverteilung, diese Vorgänge laufen unter Energieverbrauch ab.

Hypothese:
Diesem Ablauf vorgeschaltet ist eine Phase in der Ca^{2+}-Ionen eine katalytische Wirkung auf die K^+-Ionenkanäle ausüben. Die katalytische Wirkung beruht darauf, dass die Ca^{2+}-Ionen in den Öffnungsmechanismus der Ionenkanäle eingreifen. Eine Möglichkeit ist, dass die Ca^{2+}-Ionen als notwendige Liganden an Proteinen der Ionenkanäle andocken und somit die Öffnung ermöglichen oder erleichtern.

3 *Die Aufgabe fordert eine „Beschreibung" der narkotisierenden Wirkung auf eine tierische Zelle. Dies ist nur möglich im Vergleich der beiden Zellmembranen (Abb. 2.2). Markieren Sie in beiden Zellmembranen vergleichbare Bereiche und benennen Sie die Unterschiede (Kanäle, Anordnung der Moleküle in der Membran). Ungeordnete Grenzschichten lassen evtl. auch unkontrollierte Diffussion zu. Beachten Sie, dass im Material 2 auch das Nachlassen der Narkotisierung beschrieben wird und in die Lösung einbezogen werden muss.*

Ethermoleküle lagern sich zwischen die Moleküle in den lipophilen Bereichen der Membran. Dies führt zu ungeordeten Bereichen der Lipidmoleküle und schließlich zu einem erhöhten Membrandurchmesser. Die Na^+-Pore verringert dadurch ihren Durchmesser, Ionen können die Membran nicht mehr passieren, die Membran ist damit unerregbar.

Hypothese:
Tierische und pflanzliche Zellen haben einen grundsätzlich vergleichbaren Membranaufbau. Es ist also zu erwarten, dass Ethermoleküle auch in pflanzliche Membranen eindringen können und die Ordnung der Lipide verändern sowie vorhandene Membranporen verschließen.
In pflanzlichen Zellen sind es nun die Chloridionen-Kanäle, deren Funktion ausfällt und damit die Membran unerregbar werden lässt – sie narkotisiert.
Möglich ist auch, dass die ungeordnete Membranstruktur eine unkontrollierte Diffusion von Ionen zulässt und damit zur veränderten Erregbarkeit beiträgt. Das Nachlassen der Narkotisierung mit der Zeit ist auf Diffusion und Ausschwemmung des Ethers und die damit verbundenen Wiederherstellung der Membran zurückzuführen.

Abiturprüfung 2009 Leistungskurs Biologie (Hessen)
A: Genetik

Cystische Fibrose

		BE
1	Definieren Sie den Genbegriff und beschreiben Sie die Vorgänge der Proteinbiosynthese bei Eukaryonten.	15
2	Benennen Sie die durch das CFTR-Gen für die Positionen 506 bis 510 codierte Aminosäuresequenz bei Gesunden. Erläutern Sie die Entstehung der veränderten Nucleotidsequenz des CFTR-Gens an Position 508 und beschreiben Sie die Folgen der Veränderung (Material 1, 2 und 6).	10
3	Analysieren Sie den Vererbungsmodus von Cystischer Fibrose (CF) (Material 3 und 5) und begründen Sie Ihre Entscheidung. Werten Sie den Stammbaum bezüglich des allgemeinen Erkrankungsrisikos der Kinder in Familie A aus. Interpretieren Sie den Gelelektrophoresebefund bezüglich des Erkrankungsrisikos des ungeborenen Kindes von Familie A (Material 3 und 4).	12
4	Erklären Sie mit Hilfe des Stammbaums von Familie B die Erkrankung des Neffen. Beurteilen Sie das Erkrankungsrisiko des Fetus und die Aussagekraft eines Gentests auf ΔF508 bei dem Ungeborenen (Material 1 und 5).	13
		50

Material 1

Cystische Fibrose – eine Erbkrankheit

Die häufigste genetisch bedingte Stoffwechselkrankheit in Europa ist die Mukoviscidose, auch Cystische Fibrose (CF) genannt (Häufigkeit 1 : 2 000). Die Drüsen der Atem- und Verdauungswege der CF-Kranken produzieren ein zähes, eiweißreiches Sekret, das nicht abfließen kann und die Drüsenausgänge verstopft. Die Krankheit kommt oft erst nach mehreren Jahren zum Ausbruch und führt meistens durch Verlust der Lungenfunktion zum Tod der Erkrankten.
1989 wurde der Genort des CFTR-Gens (Cystic Fibrosis Transmembrane Conductance Regulator-Gene) gefunden. Er liegt auf dem langen Arm des Chromosoms 7 und hat eine Größe von 230 000 bp (Basenpaaren). Bei einer Mutation dieses Genortes tritt die CF auf.
Das Gen besteht aus 27 Exons. In gesunden Menschen wird ein Membranprotein aus 1 480 Aminosäuren codiert, das den Namen CFTR trägt und als Chlorid-Ionenkanal arbeitet. Dieser Kanal hat eine wichtige Funktion für den Salzgehalt des Schweißes sowie für die Zusammensetzung anderer Körpersekrete.

Die am häufigsten diagnostizierte Mutation im CFTR-Gen ist ΔF508 (Delta F508) im Exon 10. In Deutschland gehen über 70 % der Erkrankungen auf das mutierte Allel ΔF508 zurück. Bisher wurden über 1 100 weitere Mutationen im CFTR-Gen gefunden, die ebenfalls Funktionsstörungen der Chlorid-Ionenkanäle hervorrufen.

verändert nach:
www.genetik-dresden.de/Molekulargenetik/Suche ASP/omim/219700.htm

www.humangenetik.gwdg.de/Seiten/Infoblatt%20CF.html

www.ornl.gov/sci/techresources/Human_Genome/posters/chromosome/cftr.shtml

Material 2

Nukleotidsequenz des CFTR-Gens bei Gesunden und bei ΔF508 Mutation
Die Abbildungen zeigen den **nicht-codogenen** Strang der DNA. Die angegebenen Zahlen entsprechen den Triplettpositionen.
Nukleotidsequenz des CFTR-Gens bei Gesunden

Nucleotide 5' ATC ATC TTT GGT GTT 3'
(ATC = 506)

Nukleotidsequenz des CFTR-Gens bei ΔF508 Mutation

Nucleotide 5' ATC ATT GGT GTT 3'
(ATC = 506)

www.ornl.gov/sci/techresources/Human_Genome/
posters/chromosome/cftr.shtml

Material 3

Falldarstellung und Stammbaum der Familie A
Eine 29-jährige Frau sucht mit ihrem Ehemann eine genetische Beratungsstelle auf, da ihre jüngste Tochter an Cystischer Fibrose erkrankt ist und sie ein weiteres (drittes Kind) erwartet.

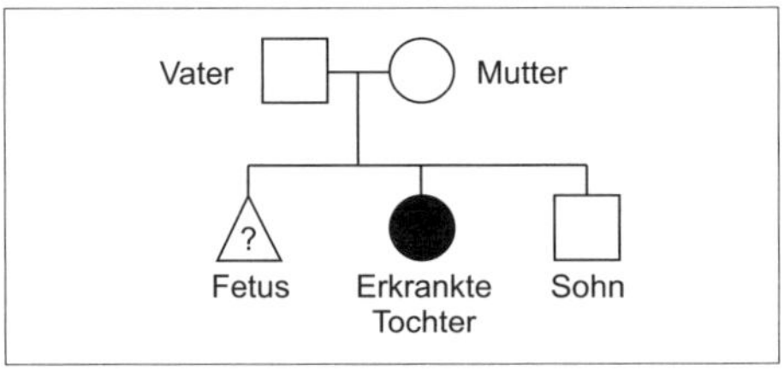

verändert nach Haas. L., Das Mukoviszidose-Gen, Unterricht Biologie 209, Nov. 95, S. 47

Material 4

Gelektrophoresemuster der Familie A

Bei den ratsuchenden Eltern der Familie A und ihren Kindern wurde mit Hilfe der Gelelektrophorese eine Genanalyse durchgeführt.

L = Marker mit DNA-Längenstandards
Bp = Basenpaare

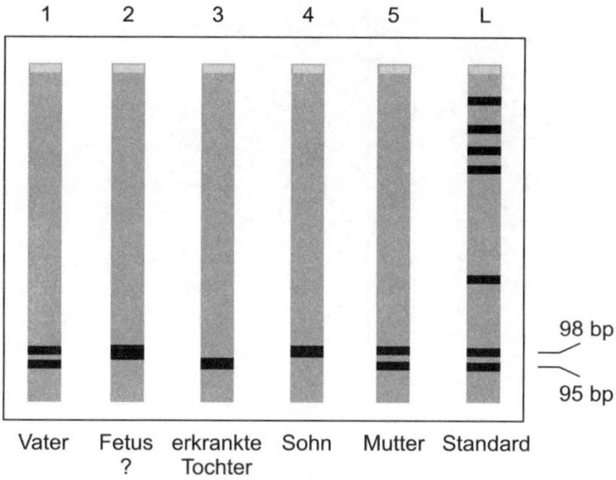

Gelelektrophoresemuster zum Nachweis des Allels ΔF508

verändert nach: Haas. L. Das Mukoviszidose-Gen, Unterricht Biologie 209, Nov. 95, S. 47

Material 5

Falldarstellung und Stammbaum der Familie B

In der zehnten Schwangerschaftswoche wird eine Frau beraten, deren Ehemann einen an Cystischer Fibrose erkrankten Neffen hat. Bei der Frau (Ratsuchende) wird das Allel ΔF508 nachgewiesen, obwohl in ihrer Familie keine Erkrankung an Cystischer Fibrose bekannt ist. Bei Schwester und Schwager des Ehemannes sowie bei ihm selbst ist das Allel ΔF508 nicht nachweisbar.

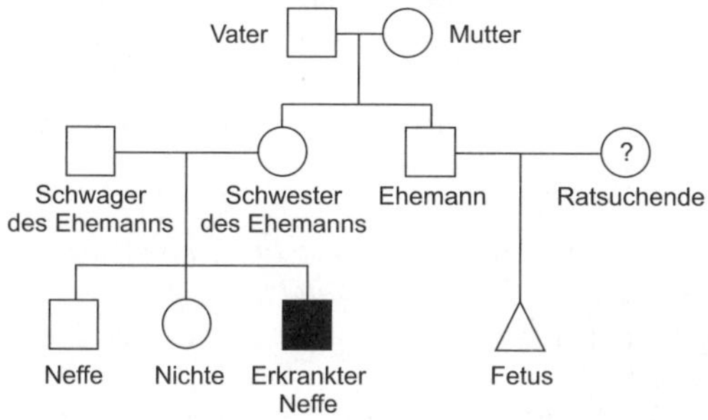

verändert nach: Haas. L., Das Mukoviszidose-Gen, Unterricht Biologie 209, Nov. 95, S. 47

Material 6

Die Code-Sonne der m-RNA

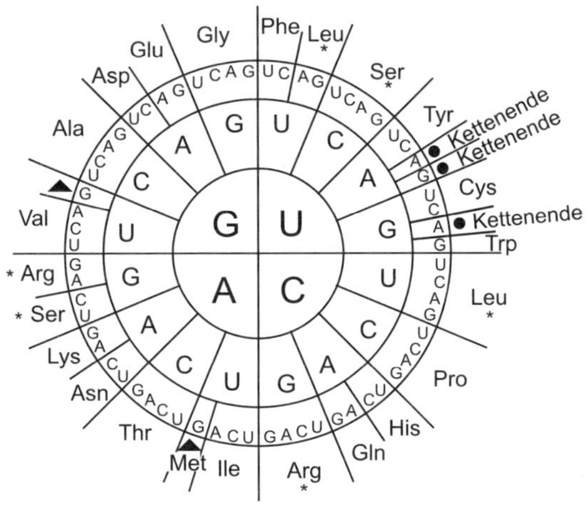

Abkürzungen der Aminosäuren

Ala	Alanin
Arg	Arginin
Asn	Asparagin
Asp	Asparaginsäure
Cys	Cystein
Gln	Glutamin
Glu	Glutaminsäure
Gly	Glycin
His	Histidin
Ile	Isoleucin
Leu	Leucin
Lys	Lysin
Met	Methionin
Phe	Phenylalanin
Pro	Prolin
Ser	Serin
Thr	Threonin
Trp	Tryptophan
Tyr	Tyrosin
Val	Valin

* zweimal auftretende Aminosäure

● Terminations-Codonen

▲ Starter-Codonen, die am Anfang der Translation stehend stets das Start-Methionin einbauen, in der Mitte des Messengers aber die in der Sonne angegebenen Aminosäuren.

Lösungsvorschläge

In der Aufgabe thematisierte Unterrichtsinhalte sind:

- *Proteinbiosynthese bei Eukaryonten*
- *Punktmutationen (Basenpaar-Substitution als Rastermutation, Missense- oder Nonsense-Mutation), Rastermutation durch Basenpaar-Deletion oder –Insertion,*
- *Stammbaumanalyse*
- *Restriktionsverdau von DNA, Analyse von DNA-Fragmenten mittels Gelelektrophorese*

1 *Da es sich hier um eine molekularbiologische Aufgabenstellung handelt ist der Genbegriff auf molekularbiologisch aktuellem Kenntnisstand darzulegen. Um die Vollständigkeit der Beschreibung der Proteinbiosynthese zu gewährleisten, sollten Sie zunächst alle daran in der Zelle beteiligten Strukturen, Stoffe und Prozesse in einer Mindmap sammeln, um sie dann in die richtige Reihenfolge*

vom Gen zum Protein zu bringen. Beachten Sie hier, dass es in der Aufgabe um Eukaryonten geht, d. h., Sie müssen Introns und Exons voneinander abgrenzen und den Vorgang des Spleißens erklären.

Als Gen bezeichnet man einen DNA-Abschnitt, der über den Zwischenschritt einer biologisch aktiven RNA für eine Aminosäuresequenz codiert.

Die Proteinbiosynthese ist in zwei verschiedene Prozesse unterteilt: die Transkription und die Translation. Die Transkription findet im Zellkern statt, wo die genetische Information in Form einer Triplett-Abfolge der Basen auf dem codogenen DNA-Strang mithilfe der RNA-Polymerase abgelesen wird. Dazu wird der DNA-Doppelstrang enzymatisch gespalten und entwunden. RNA-Nukleotide lagern sich nun komplementär an den codogenen Strang an und werden mithilfe der RNA-Polymerase miteinander verknüpft. Es entsteht eine prä-mRNA, welche noch Exons (codierende Sequenzen) und Introns (nicht codierende Sequenzen) enthält. Der Prozess des Spleißens der prä-mRNA schließt sich an, wobei die mRNA-Sequenzen der Introns herausgeschnitten und die der Exons miteinander verknüpft werden. An den Enden der mRNA erfolgt anschließend die Anlagerung einer Cap-Struktur (am 5'-Ende) und eines Poly-A-Schwanzes (am 3'-Ende), dessen Länge die Lebensdauer einer mRNA bestimmt.

Die reife mRNA wandert nun durch die Kernporen aus dem Zellkern ins Cytoplasma, wo sich der zweite Prozess, die Translation, anschließt. Dabei heften sich die beiden Untereinheiten eines Ribosoms an die mRNA an, sobald ein Startcodon erkannt wird. Innerhalb des Ribosoms gibt es zwei Bindestellen an die sich tRNA-Moleküle mit ihren Anticodons über Wasserstoffbrücken anlagern können. Freie Aminosäuren werden mithilfe des Enzyms Synthetase an die spezifischen tRNA-Moleküle gebunden, welche diese zum Ribosom transportieren. Zu Beginn der Translation lagert sich die erste tRNA an die Bindestelle A im Ribosom an. Sie trägt immer die Aminosäure Formyl-Methionin, entsprechend dem Anticodon der tRNA UAC. An die Bindestelle B heftet sich nun die zweite zum Codon der mRNA passende tRNA an. Beide von der tRNA getragenen Aminosäuren werden durch das Enzym Transferase miteinander verknüpft. Das Ribosom rückt anschließend an der mRNA um ein Triplett weiter. Die erste tRNA wird nun wieder abgespalten und die zweite gebundene Aminosäure befindet sich nun an der Bindestelle A. Bindestelle B kann mit der nächsten Aminosäure beladenen tRNA besetzt werden usw. Auf diese Weise wird nach und nach eine Aminosäurekette synthetisiert. Erreicht jedoch ein Stoppcodon (UAG oder UGA) auf der mRNA die Bindestelle, so kann dort keine passende tRNA binden und die Aminosäurekette löst sich vom Ribosom.

2 *Diese Aufgabenstellung ist komplex, da drei Operatoren zu berücksichtigen sind und Informationen aus drei verschiedenen Materialien zusammengetragen werden müssen. Beginnen Sie mit Material 2 und der Ermittlung der AS-Sequenz mithilfe der Code-Sonne (Material 6). Die Tripletts werden von innen nach außen gelesen. Achtung: Es ist der nicht-codogene Strang der DNA angegeben, dieser entspricht der Sequenz der mRNA, Sie müssen nur jeweils T durch U ersetzen.*

Rufen Sie sich anschließend die unterschiedlichen Mutations-Formen in Erinnerung. Ist die mutierte Sequenz länger oder kürzer als die ursprüngliche? Um wie viele Nukleotide handelt es sich? Markieren Sie die in beiden Sequenzen gleichen Nukleotide!
Informationen über die Folgen der Mutation finden sich in Material 1

Die in Material 2 dargestellte Nukleotidsequenz eines gesunden Menschen codiert für die folgende Aminosäuresequenz:

Ile – Ile – Phe – Gly – Val

In der Nukleotidsequenz des CFTR-Gens ist eine Genmutation durch Deletion von drei Nukleotiden (CTT) zwischen den Positionen 507 und 508 erkennbar. Es entfällt dadurch die Aminosäure Phenylalanin an der Position 508, während sich an Position 507 nichts verändert, da die Tripletts AUC und AUU aufgrund des degenerierten Codes für dieselbe Aminosäure (Ile) codieren.
Es handelt sich in diesem Fall nicht um eine Rastermutation, da sich durch die Deletion eines ganzen Tripletts (CTT) das Leseraster nicht verschiebt.
Die fehlende Aminosäure hat hier eine fatale Wirkung auf die Raumstruktur des gebildeten Proteins, welches als Chlorid-Ionenkanal fungiert. Die Funktion des Ionenkanals verändert sich derart, dass er seine wichtige Funktion zur Steuerung der Zusammensetzung von Körpersekreten (z. B. Salzgehalt des Schweißes, Eiweißgehalt und Konsistenz von Drüsensekreten der Atemwege) nicht mehr erfüllen kann.

3 *Zur Analyse des Vererbungsmodus stehen zwei Stammbäume zur Verfügung, mit deren Hilfe von Ihnen folgende Fragen beantwortet werden sollen:*
- *Wird die Cystische Fibrose dominant oder rezessiv vererbt?*
- *Liegt evtl. Kodominanz vor (intermediärer Erbgang)?*
- *Ist die Vererbung geschlechtsgebunden?*
- *An welchen Stellen der Stammbäume finden Sie Belege für Ihre Annahmen?*
- *Wie müssen die Genotypen aussehen?*

Wenn alle Genotypen eingetragen sind und sich keine Widersprüche ergeben, so sind die Annahmen über die Erblichkeit des Merkmals richtig.
Zur Auswertung bezüglich des Erkrankungsrisikos des Fetus im Stammbaum der Familie A (Material 3) rufen Sie sich die 2. Mendelsche Regel in Erinnerung (Spaltungsregel).
Zur Interpretation der Gelelektrophorese in Material 4 müssen Sie die Methode der elektrophoretischen Trennung verstanden haben. Grundsätzlich gilt: Heterozygote zeigen zwei Banden im Gel, Homozygote nur eine.

Die Cystische Fibrose wird autosomal-rezessiv vererbt, dies kann wie folgt begründet werden:
- In den beiden Stammbäumen sind beide Geschlechter betroffen, was auf einen autosomalen Erbgang hinweist.
  Außerdem wird der CFTR-Genort in Material 1 als auf dem Chromosom Nr. 7 befindlich dargestellt.

– Da das Merkmal selten auftritt und in beiden Stammbäumen die Erkrankten gesunde Eltern haben, müssen bei den Kranken beide Allele betroffen sein (Homozygotie), damit die Krankheit ausgeprägt wird. Dies weist auf einen rezessiven Erbgang hin.

Bezüglich eines Merkmals heterozygote Eltern (Aa) bekommen zu 50 % heterozygote Nachkommen. 25 % besitzen homozygot dominante Allele und 25 % homozygot rezessive. Letztere leiden an Cystischer Fibrose.

Die Auswertung des Gelelektrophoresemusters in Material 4 zeigt, dass Vater und Mutter heterozygot bezüglich des CFTR-Gens sind; es tauchen Bruchstücke mit 95 und 98 Basenpaaren auf. Das genetische Material der erkrankten Tochter enthält nur DNA-Bruchstücke mit 95 Basenpaaren (aa) (homozygot, starke Bande!). Der gesunde Sohn ist ebenfalls homozygot (AA), seine DNA-Bruchstücke sind 98 Basenpaare lang. Da die Gelelektrophorese des Fetus die gleiche Bande zeigt wie der bei dem Sohn ist ein gesundes Kind zu erwarten.

4 *Eine Prognose für das Erkrankungsrisiko des Fetus zu stellen ist zunächst einfach (vgl. Aufg. 3). Eine Erklärung für die Erkrankung des Neffen zu finden ist mit dem Stammbaum alleine nicht möglich, die notwendigen Informationen finden sich im Text von Material 5.*
Der Operator „beurteilen" verlangt von Ihnen, dass Sie ein eigenständiges Urteil zum Sachverhalt unter Verwendung von Fachwissen und Fachmethoden formulieren und dieses begründen. Dazu brauchen Sie unbedingt die Informationen im letzten Absatz des Textes in Material 1.

Der erkrankte Neffe kann die weit verbreitete Mutation ΔF508 nicht in sich tragen, da beide seiner Eltern negativ getestet sind, also das Allel nicht tragen. Da es laut Material 1 jedoch 1 100 verschiedene Mutationen im CFTR-Gen gibt, die neben der Mutation ΔF508 Funktionsstörungen der Chlorid-Ionenkanäle hervorrufen, muss es sich im Fall des Neffen um einen dieser Defekte handeln, der zum Krankheitsbild Cystische Fibrose führt.

Da der Ehemann der Ratsuchenden ebenfalls nicht das Allel ΔF508 trägt, kann für das Erkrankungsrisiko des Fetus nur bezüglich dieser Mutation eine Wahrscheinlichkeit angegeben werden: 0 %. Da der Fetus das rezessive Allel nur von der Mutter geerbt haben könnte, ist er dann entweder heterozygot oder homozygot, in beiden Fällen also phänotypisch gesund. Anhand des Stammbaumes kann nicht beurteilt werden, ob der Fetus eine der anderen 1 100 Mutationen im CFTR-Gen vom Vater geerbt hat, denn in dessen Familie ist ja der Neffe an Cystischer Fibrose erkrankt.
Um das Krankheitsrisiko des Fetus zu beurteilen, müsste er auf weitere Mutationsformen getestet werden, denn möglicherweise führt auch eine Kombination des Allels ΔF508 mit einer anderen Mutation in demselben Gen zu einer Erkrankung.

Abiturprüfung 2009 Leistungskurs Biologie (Hessen)
B1: Ökologie und Stoffwechselphysiologie

Das Große Heilige Meer

		BE
1	Skizzieren und beschriften Sie den allgemeinen Aufbau eines Süßwassersees. Beschreiben Sie den allgemeinen Prozess der Sukzession am Beispiel der drei Erdfallseen (Material 1).	12
2	Beschreiben Sie die Charakteristika eines oligotrophen und eines eutrophen Sees und analysieren Sie den jeweiligen Trophierungszustand beim Erdfallsee, dem Großen Heiligen Meer und dem Kleinen Heiligen Meer (Material 1).	12
3	Werten Sie für das Große Heilige Meer die Temperaturprofile sowie die Kohlenstoffdioxid-, die Sauerstoff- und die Ammonium-Konzentrationen aus. Ordnen Sie die Einzeltabellen A–D begründet den vier Jahreszeiten zu (Material 2).	18
4	Erläutern Sie kurz die Wirkung der bisher durchgeführten Maßnahmen zum Schutz der Gewässer im Naturschutzgebiet (Material 1). Entwickeln Sie zwei Vorschläge für weitere Maßnahmen zur Sanierung bzw. zum Gewässerschutz und begründen Sie diese.	8
		50

Material 1

Das Naturschutzgebiet „Großes Heiliges Meer"

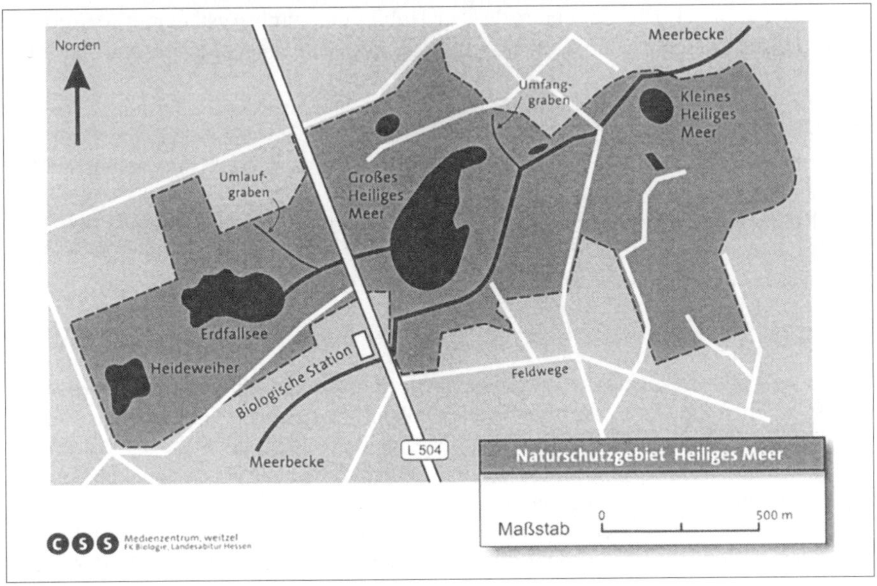

Das „Große Heilige Meer" im nördlichen Münsterland ist ein so genannter Erdfallsee. Erdfallseen bilden sich durch Einbrechen der geologischen Deckschichten in Hohlräume, die durch Ausspülen von Steinsalz- und Gipslagern entstanden sind.
Das „Große Heilige Meer" ist vor etwa 1 000 Jahren entstanden, das nicht weit entfernt liegende „Kleine Heilige Meer" ist wohl über 2 000 Jahre alt.
Beide Seen liegen zusammen mit mehreren kleineren Seen im Naturschutzgebiet „Heiliges Meer".

Südlich und nördlich des Schutzgebietes liegen intensiv genutzte landwirtschaftliche Flächen. Vor allem der Maisanbau erhöht durch große Mengen von Kunstdünger den Nährstoffgehalt des Grund- und Oberflächenwassers.
Ein kleiner Fluss, die Meerbecke, wurde 1968 verlegt und südöstlich um das „Große Heilige Meer" geleitet. Von Norden wurde ein Umlaufgraben eingeleitet; dieser sollte die landwirtschaftlichen Abwässer vom Erdfallsee fernhalten. Mit ähnlicher Schutzfunktion wurde ein Umfanggraben für das „Große Heilige Meer" angelegt. Vor Erreichen des Naturschutzstatus 1930 erhielt die Meerbecke durch bergbauliche Tätigkeiten sehr hohe Gehalte an Sulfaten und Schwermetallen.

© LWL-Museum für Naturkunde, Münster

Aus einem Zeitungsbericht von 1992:

„[...] Der Bauer traut seinen Augen kaum: zu seinen Füßen, am Weg zu seinen Feldern, klafft am Morgen des 15. April 1913 ein fast 12 Meter tiefes und mehr als 100 Meter weites Loch. Ein unterirdischer Hohlraum, durch Auslaugung wasserlöslicher Gesteinsschichten entstanden, ist plötzlich zusammengebrochen und hat einen Erdrutsch ausgelöst.
Binnen weniger Tage füllt Grundwasser den Trichter, werden Bakterien freigespült und herbeigeweht. Damit beginnt eine Besiedlung, die das öde Loch, von Einheimischen bald „Erdfallsee" genannt, in eine üppige Teichlandschaft und später in Wald verwandeln wird.
[...] Kaum einen Kilometer vom „Erdfallsee" entfernt sind vor rund 1 000 bzw. 2 000 Jahren zwei weitere Seen auf die gleiche Weise entstanden wie der „Erdfallsee" – das „Große" und das „Kleine Heilige Meer" [...].

Dem „Erdfallsee" ist seine Jugend anzusehen: magerer Uferbewuchs, klares Wasser; am Ufersaum gedeihen anspruchslose Pflanzen (mit Glockenblumen verwandte Wasserlobelien und die zu den Wegerichgewächsen zählenden Strandlinge). Ebenso bescheiden leben die etwa anderthalb Meter hohen mehrjährigen Gagelbüsche, die fast den ganzen See umsäumen. Das Ende der Lobeliengemeinschaft ist bereits abzusehen. Nach und nach wird hohes Schilfgras die lichtliebenden Wasserlobelien abschatten, wird Schlamm und Sand, der sich im Röhricht ansammelt, deren nassen Lebensraum zerstören. Ein ähnliches Schicksal erwartet den gleichfalls lichtbedürftigen Gagel. Kleinlebenwesen verwandeln das Laub der Strauchzone in Humus. Er düngt Birken, die sich etwa 20 Meter entfernt um den See angesiedelt haben und in absehbare Zeit den Gagel verdrängen werden [...].
Zudem werden im Laufe der Zeit Nährstoffe über Bäche oder die Luft in den See gespült oder geweht – Nahrung für die Wasserbewohner, die sich vermehren, absterben, von Bakterien und anderen Kleinstlebewesen zersetzt werden und den See mit ihren Zerfallsprodukten anreichern, [...] bis schließlich aus der klaren Brühe eine dicke Suppe wird, unverdauliche Reste von Tieren und Pflanzen sich am Boden ablagern und die Verlandung beginnt.

Im tausendjährigen „Großen Heiligen Meer" grünt es üppiger als im „Erdfallsee" [...] im seichten Uferbereich dominieren Schilf, Rohrkolben und Teichbinsen [...].
An der durch Algen bedingten dicksten Suppe können sich die Bewohner des 2 000 Jahre alten „Kleinen Heiligen Meer" laben. [...] Jenseits des Ufers haben nährstoffbedürftige Weiden, Faulbäume und Schwarzerlen die Gagelbüsche und Birken verdrängt. [...] Gleichzeitig verlandet der See; schon lagern am Boden meterdicke Schlammschichten. Nach weiteren 1 000 Jahren ist das „Kleine Heilige Meer" vielleicht schon ein Erlenbruchwald – verwandelt und verlandet durch tausende verschiedenartige Organismen, die in ihm gelebt haben und mit ihm untergegangen sind [...]."
Die gesamte Seenplatte ist heute als Naturschutzgebiet ausgewiesen.

verändert nach: Geo Wissen Heft 2 1992, S. 176–177

Material 2

Physikalisch-chemische Parameter im großen Heiligen Meer zu verschiedenen Jahreszeiten (A-D) (Angaben in mg/L)

A: (Sichttiefe 1,3 m)

Tiefe/m	°C	O_2	CO_2	NH_4^+
0	5,6	11,2	3,3	0,0
1	5,5	11,4	3,3	0,0
2	5,4	11,3	3,3	0,0
3	5,4	11,2	3,3	
4	5,4	10,9	3,3	
5	5,3	11,2	3,3	0,2
6	5,3	11,0	3,3	
7	5,3	10,9	3,3	
8	5,3	10,9	3,3	
9	5,3	10,9	3,3	0,4
10	5,3	11,1	3,3	0,4

B: (Sichttiefe 3 m)

Tiefe/m	°C	O_2	CO_2	NH_4^+
0	17,6	9,4	2,2	0,5
1	17,6	9,4	2,2	0,5
2	17,6	10,1	2,2	0,5
3	17,5	9,2	2,2	0,5
4	16,7	5,4	7,7	0,5
5	14,9	1,7	13,2	0,5
6	12,3	0,1	16,5	0,5
7	9,1	0,1	29,7	0,1
8	8,0	0,0	40,7	2,0
9	7,5	0,0	57,2	2,0
10	7,4	0,0	59,4	2,0

C: (Sichttiefe 1,7 m)

Tiefe/m	°C	O_2	CO_2	NH_4^+
0	7,5	8,7	4,4	0,5
1	7,5	8,9	4,4	0,5
2	7,5	9,0	4,4	0,5
3	7,5	8,8	4,4	0,5
4	7,5	8,7	4,4	0,5
5	7,5	8,7	4,4	0,5
6	7,5	8,7	4,4	0,5
7	7,5	8,8	4,4	0,5
8	7,5	8,7	4,4	0,5
9	7,5	8,7	4,4	0,5
10	7,5	8,3	4,4	0,5

D: (Sichttiefe 2,1 m)

Tiefe/m	°C	O_2	CO_2	NH_4^+
0	1,8	13,2	3,5	1,3
1	2,3	11,1	3,6	1,4
2	3,1	10,7	3,6	1,5
3	3,2	10,8	3,6	
4	3,3	10,7	3,6	1,5
5	3,4	10,8	3,6	
6	3,4	10,9	3,6	1,5
7	3,6	10,9	4,3	
8	3,6	9,7	5,8	1,5
9	3,7	8,8	7,0	
10	3,8	7,3	8,5	1,6

verändert nach: Terlutter, H., Das Naturschutzgebiet Heiliges Meer, Landschaftsverband Westfalen-Lippe, 2004

Zusatzinformationen: Bei leeren Feldern liegen keine Messwerte vor. Wasserpflanzen können für ihren Stickstoffhaushalt u. a. NH^{4+}-Ionen aufnehmen.

Lösungsvorschläge

In der Aufgabe thematisierte Unterrichtsinhalte sind:
- *Ökosystem See, Struktur und Zonierung, jahreszeitliche Effekte auf den Wasserkörper, Stagnation, Vollzirkulation, Biozönose.*
- *Sukzession im Ökosystem See, Verlandung, Klimaxstadium.*
- *Trophiezustand des Ökosystems See, Trophieebenen, oligotropher und eutropher Zustand, Kriterien für fortschreitende Eutrophierung, Messparameter für den Trophiezustand und die jahreszeitliche Situation.*
- *Maßnahmen zur Sanierung und zum Schutz von Stillgewässern.*

1 *In dieser Aufgabe ist eine Handskizze eines Süßwassersees gefordert. Am besten zeichnen Sie diesen im Schnittprofil, damit alle wichtigen Zonierungen des Sees einfach darzustellen sind.*

Je nach unterrichtsbezogenen Voraussetzungen kann die Skizze sehr einfach bis detailliert gestaltet sein. Die folgende Abbildung zeigt eine Gliederung des Sees nach trophischen und topografischen Gesichtspunkten.

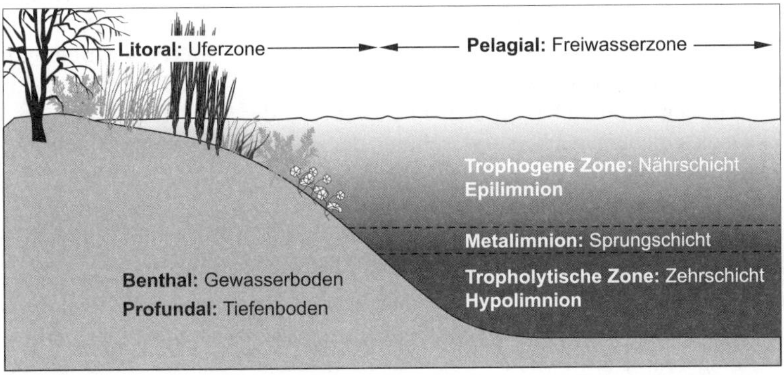

Eine Ergänzung der Skizze durch die Darstellung einer genaueren Pflanzenzonierung ist möglich:
Das Litoral wird aufgrund der unterschiedlichen Lebensgemeinschaften in einzelne Zonen unterteilt (vom Land in Richtung Freiwasserzone):
Die Weiden- und Erlenzone, welche nicht überschwemmt ist, aber einen hoch anstehenden Grundwasserspiegel (Epilitoral) hat, stellt einen Lebensraum für die Pflanzen dar, die mit einem feuchten Boden zurechtkommen, z. B. Hygrophyten, wie die Sumpfdotterblume, Seggen und Binsen.
Nachfolgend schließen sich die Spritzwasser- und die Brandungszone an
Im Sublitoral siedeln schließlich größere Pflanzen, die an einen ständig überfluteten Boden angepasst sind. Dieser Bereich wird weiter unterteilt in die:

a) Röhrichtzone deren häufigste Pflanzen das Schilfrohr und der Rohrkolben sind.

b) Schwimmblattzone, in der Blätter von Wasserpflanzen an der Wasseroberfläche schwimmen. Beispiele dafür sind die Seerose, Teichrose und der Wasserknöterich.
c) Laichkrautzone, für die das Laichkraut (*Potamogeton spec.*) namensgebend ist. Die in dieser Zone lebenden Wasserpflanzen haben oft auf und unterhalb der Wasserlinie Blätter.
d) Die Zone der untergetaucht lebenden Pflanzen (Characeenzone), in der z. B. Hornblatt, Tausendblatt, Wasserpest, Quellmoose und Algen (*Characeen* = Armleuchteralgen) bis in 30 m Tiefe vorkommen können.

Die Beschreibung der Sukzession wird hier materialbezogen eingefordert. Das heißt, der lange Text in Material 1 muss zunächst gelesen und auf Aussagen zum Thema Sukzession untersucht werden. Dann können Sie in geeigneter Weise (Fließtext, Tabelle, Mindmap) die Daten erfassen. Beim Vergleich der Beobachtungen an den Seen wird deutlich, dass der beschriebene Zustand der zu unterschiedlichen Zeiten entstandenen Seen eine Sukzessionsreihe unter den gegebenen Bedingungen darstellt.

Sukzession im biologischen Sinne bedeutet allgemein die Änderung eines Ökosystems in einer zeitlichen Abfolge unterschiedlicher Zustände von Pflanzen- und Tiergesellschaften. Dabei strebt das System unter den gegebenen Bedingungen einem Endstadium (Klimax) entgegen. In diesem Fall begann die Sukzession bei allen drei Seen mit dem beschriebenen Erdfall, der durch das Einbrechen geologischer Deckschichten nach Auswaschung der darunter liegenden Steinsalz- und Gipslager entstand. Das unterschiedliche Alter der Seen (2000, 1000 und 96 Jahre) bedingt ihren jeweiligen Sukzessionsstatus.
Der Erdfallsee steht ganz am Anfang der Sukzession. 1913 war er ein noch unbelebtes Loch, welches sich mit Grund- und Regenwasser füllte.

Eine Besiedelung erfolgt allgemein zunächst mit Bakterien und Kleinlebewesen über eingespültes Wasser und Windverdriftung. Das Wasser ist klar und es gibt einen mageren Uferbewuchs mit anspruchslosen Pflanzen (Wasserlobelien, Strandlingen und Gagelbüschen). Bald nimmt der Nährstoffgehalt im See durch abgestorbene Pflanzen und eingewehte Blätter zu. Destruenten finden nun ausreichend Nahrung und produzieren Mineralstoffe, wodurch ein üppigeres pflanzliches Leben im Wasser und am Ufer möglich wird. Eingeschlepptes Phytoplankton kann gedeihen und zieht Zooplankton nach sich, welches als weiteres Glied im Nahrungsnetz fungiert. Schilf verdrängt mit der Zeit die lichtliebenden Wasserlobelien, und Birken die Gagelbüsche. Im weiteren Verlauf werden auch über die Bäche und die Luft weitere Nährstoffe in den See eingebracht: Nahrung für die Wasserbewohner, die sich vermehren, absterben und von Bakterien und anderen Kleinlebewesen unter Sauerstoffverbrauch zersetzt werden.

Das Große Heilige Meer hat diesem Entwicklungszustand erreicht. Hier dominieren schon Schilf, Rohrkolben und Teichbinse.
Werden noch mehr Nährstoffe in den See eingetragen, bildet sich an der Oberfläche eine dicke Algensuppe, die viele Pflanzenfresser ernährt, welche wiederum

viele Fleischfresser und deren Räuber mit Nahrung versorgen. Riesige Mengen abgestorbener Pflanzenmasse und Tierkörper können aufgrund des hohen Sauerstoffverbrauchs der Zersetzer in den unteren Wasserschichten irgendwann nicht mehr vollständig abgebaut werden. Es sammelt sich dann Faulschlamm an, der langsam zur Verlandung des Sees führt und am Ufer setzen sich nährstoffbedürftige Weiden, Erlen und Faulbäume durch. In diesem Zustand befindet sich das bereits 2000 Jahre alte Kleine Heilige Meer. Setzt sich die Entwicklung so fort, wird die Sukzession in Zukunft wahrscheinlich zur Entstehung eines Erlenbruchwaldes aus dem heutigen Gewässer führen.

2 *Da sich die Beschreibung der zwei Seentypen auf kein zusätzliches Material bezieht, ist die Bearbeitung eine Reproduktion von Kenntnissen aus dem Unterricht und Elementen aus Material 1. Bei der Analyse des Trophierungszustandes kann auf schon gemachte Aussagen in Aufgabe 1 zurückgegriffen werden.*

Das Trophiesystem gibt das Nährstoffangebot eines stehenden Gewässers wieder und wird in vier Trophiestufen untergliedert, von denen hier zwei charakterisiert werden sollen. Parameter, die eine Einordnung zulassen sind der Sauerstoffgehalt, die Sichttiefe, die Wasserfärbung und der Gehalt des Wassers an den Elementen P (Phosphor; meist als Phosphat vorliegend), N (Stickstoff; meist in Form von Nitrat vorkommend), C (Kohlenstoff; in organischem Material) und S (Schwefel). Leitarten am Ufer und im Wasser sowie die Dicke der Schlammschicht geben weitere Hinweise auf den Trophiezustand.
Als oligotroph wird ein Gewässer bezeichnet, wenn die Uferstrukturen grobkörnig sind und nur spärlichen Pflanzenwuchs aufweisen. Das Plankton ist artenreich, aber individuenarm, sodass das Wasser klar ist (d. h. es enthält wenig Phytoplankton) und eine Sichttiefe von mindestens 3 m, meist noch mehr, hat. Es gibt nur eine geringe Ansammlung von Detritus und Schlamm am Grund des Sees und die Sauerstoffsättigung ist auch am Ende der Sommerstagnation noch hoch (ca. 70 %).
Eutroph ist ein Gewässer, wenn ein hoher Nährstoffgehalt (u. a. Phosphat) eine starke Biomasse-Produktion bewirkt (Minimumfaktor). Das Hypolimnion dieser Seen wird im Sommer durch den Abbau von organischer Substanz (Atmungsprozesse) arm an Sauerstoff, dagegen ist das Epilimnion durch eine hohe Fotosyntheserate der Algen mit Sauerstoff übersättigt. Der Grund des Gewässers ist mit einer dicken Faulschlammschicht bedeckt, das Wasser ist trüb und durch unterschiedliche Algen meist grün oder gelb-braun gefärbt. Die Sichttiefe ist gering, in der Regel weniger als 2 m, und auch die Sauerstoffsättigung im Hypolimnion beträgt am Ende der Sommerstagnation kaum über 30 %.

Der Erdfallsee ist noch als oligotroph einzustufen, da der Uferbewuchs (vgl. Aufgabe 1) noch spärlich ist und die Pflanzenarten anspruchslos sind; sein Wasser ist klar.

Das Große Heilige Meer kann schon als eutroph bezeichnet werden. Der Uferbewuchs mit den auf Nährstoffversorgung angewiesenen Pflanzen Schilf, Rohrkolben und Teichbinsen weist darauf hin. Außerdem ist das Wasser von Algen grün gefärbt.

Das Kleine Heilige Meer ist noch stärker eutrophiert als das Große Heilige Meer. Man könnte es aufgrund der dicken Algensuppe (geringe Sichttiefe) und der meterdicken Schlammschichten sogar schon als polytroph oder hypertroph bezeichnen.

3 *Mithilfe von vier Parametern wird im Material 2 die Situation im Großen Heiligen Meer zu den vier Jahreszeiten dargestellt. Da es nicht möglich ist, die vielen Daten in den Tabellen gleichzeitig im Blick zu haben, ist es notwendig die Daten entsprechend aufzubereiten und zu visualisieren. Am besten stellen Sie die vier Parameter jeder Tabelle in je einem Diagramm grafisch dar, um ihre Veränderungen mit zunehmender Tiefe direkt vergleichen zu können. Die Temperaturangabe gibt Ihnen anhand der Dichteanomalie des Wassers bereits einen deutlichen Hinweis darauf, welche Tabelle welcher Jahreszeit zuzuordnen ist. Die übrigen Parameter geben weitere Anhaltspunkte und helfen Ihnen dabei eine begründete Gesamtaussage treffen zu können.*

Die Temperaturprofile in **Tabelle A und C** zeigen keine Schichtung an, es ist von einer Durchmischung des Wassers (Zirkulation) auszugehen Es kann sich deshalb nur um die Frühjahrs- bzw. Herbstzirkulation handeln, die von zwei Faktoren angetrieben wird: Einerseits durch die Frühjahrs- und Herbststürme, andererseits durch den Effekt, wenn das Wasser nach dem Auftauen oder vor den Winterfrösten in den oberen Schichten die gleiche Temperatur annimmt wie das Tiefenwasser. Denn unter dieser Voraussetzung ist die Dichte des Wassers überall gleich und eine Durchmischung ist möglich. Welche Tabelle eindeutig der Frühjahrs- bzw. Herbstsituation zugeordnet werden kann, muss nur über die Auswertung weiterer Parameter entschieden werden.

Tabelle A → Frühjahr: Durch dic Frühjahrszirkulation sind die Sauerstoff– und Kohlenstoffdioxidkonzentrationen in allen Messungen gleich. Im Gegensatz zur Tabelle C sind hier die Ammoniumwerte in den unteren Wasserschichten gering und in den oberen gehen sie gegen Null. Dies ist auf die Oxidation von Ammonium zu Nitrit und Nitrat bei guter Sauerstoffversorgung und die Aufnahme dieser Stoffe durch Pflanzen in den oberen Wasserschichten zu erklären.

Tabelle C → Herbst: Auch hier liegt eine vollständige Durchmischung vor, wie alle vier Parameter belegen. Im Vergleich zum Frühjahr ist die Temperatur insgesamt noch höher, da das Wasser nach dem Sommer erst langsam abkühlt. Die Sauerstoffwerte sind niedriger als im Frühjahr, da im Herbst eine Menge organischen Bestandsabfalls von Destruenten aerob abgebaut wird, dies ist auch an den höheren Kohlenstoffdioxidwerten erkennbar.

Tabelle B → Sommer: Eine warme Wasserschicht von geringerer Dichte (Epilimnion) liegt auf einer kälteren Schicht mit größerer Dichte (Hypolimnion). Dazwischen gibt es einen Temperatursprung (Metalimnion). Die Schichten unterschiedlicher Dichte durchmischen sich im Sommer nicht. Die Sichttiefe ist im Sommer am größten, da das Wasser nicht zirkuliert und kein Schlamm vom Boden aufgewirbelt wird. Im Licht durchfluteten Epilimnion ist die Fotosyntheserate hoch, wie die Sauerstoffübersättigungen und die geringen CO_2-Werte zeigen. Unterhalb der Sprungschicht, in ca. 6 m Tiefe, geht der Sauerstoffgehalt gegen Null und der CO_2-Gehalt steigt auf ein Vielfaches. Hier erlauben die Lichtverhältnisse keine Sauerstoffproduktion mehr durch Fotosynthese, ein Eintrag aus der Luft ist wegen der Stagnation nicht möglich. Aerobe Zersetzungsprozesse verbrauchen den Sauerstoff vollständig. Stark ansteigende Ammoniumgehalte (für Fische giftig!) sind die Folge, da die Nitrifizierung (zu Nitrat) ohne Sauerstoff nicht ablaufen kann. Fehlende Durchmischung verhindert den vertikalen Stofftransport.

Tabelle D → Winter: Die Dichteanomalie hält das Wasser mit 3.8°C in der Tiefe und das wärmere und weniger dichte Wasser von 1,8°C oben. Das Oberflächenwasser sinkt deshalb nicht ab und bildet eine Deckschicht, die bei größerer Kälte zu einer Eisdecke wird. Der Sauerstoffgehalt ist nach der Vollzirkulation im Herbst und dem Eintrag aus der Luft recht hoch. In der Deckschicht ist dieser durch den Luftkontakt und die geringere Temperatur höher, in der Tiefe durch immer noch ablaufende aerobe Zersetzung und Atmung der Fische etc. geringer. Dementsprechend nimmt auch der CO_2-Gehalt in der Tiefe zu. Stickstoff wird aus der Eiweißzersetzung als Ammonium frei und kann gemäß der niedrigen Temperatur teilweise nitrifiziert werden.

4 *Zur Lösung dieser Aufgabe müssen Sie zunächst die bisherigen Gewässerschutzmaßnahmen erfassen, die laut Text der fortlaufenden Eutrophierung der Seen im Naturschutzgebiet „Großes Heiliges Meer" entgegenwirken sollten und danach ihre Wirkung darstellen. Anschließend sollen Sie zwei Maßnahmen zur Sanierung bzw. zum Gewässerschutz entwickeln und deren Wirkung auf das System begründen. Dabei ist festzustellen, dass Maßnahmen zur Sanierung bzw. gegen eine weitere beschleunigte Eutrophierung grundsätzlich unterschieden werden müssen. Deshalb führt der Lösungsvorschlag ein Beispiel für eine Sanierungs- und eine prophylaktische Maßnahme aus.*

Die Verlegung des Fließgewässers Meerbecke hat zur Folge, dass der Eintrag von Schadstoffen aus den ehemaligen Bergbaugebieten als auch von Düngemitteln aus den umliegenden Feldern in die drei Seen verhindert oder zumindest verringert wird. Der Beschreibung in Material 1 ist zu entnehmen, dass die Fließrichtung der Meerbecke von Nord-Ost nach Süd-West verläuft, sodass der Umfanggraben Dünger führende Abwässer aus den landwirtschaftlich intensiv genutzten Gebieten nördlich der Seen in die Meerbecke ableitet. Der Umlaufgraben soll laut Material 1 landwirtschaftliche Abwässer vom Erdfallsee fernhalten. Er kann deshalb nur in die Verbindung zwischen ihm und dem Großen Heiligen Meer einfließen, wodurch die Eutrophierung des Großen Heiligen Meeres beschleunigt wird.

Insgesamt soll der Eintrag an düngerreichen landwirtschaftlichen Abwässern vermindert oder völlig gestoppt werden, da diese das Algen- und Pflanzenwachstum im See fördern, wodurch wiederum die Biomasse erhöht wird und es zu anaeroben Zuständen in der Sommerstagnation kommt. Dies beschleunigt die Verlandung des Sees durch Schlammbildung.

Maßnahmen zur Sanierung eines eutrophierten Sees können folglich immer nur die Verringerung der Biomasse im Wasser zum Ziel haben. Die stetige Entnahme von Biomasse in Form von Pflanzen (Ernte), die an anderer Stelle kompostiert werden, ist eine Möglichkeit dafür. Ein regelmäßiges Abernten der Algen könnte im frühen Stadium der Eutrophierung den Prozess stoppen (nur beim Erdfallsee möglich).Gleichzeitig müsste schon angesammelter Schlamm vom Grund des Sees abgepumpt werden. Man könnte diesen z. B. als natürlichen Dünger auf landwirtschaftlich genutzten Flächen ausbringen.

Eine prophylaktische Maßnahme zur Verlangsamung der Eutrophierung der drei Erdfallseen wäre, das Naturschutzgebiet zu erweitern, indem man seenahe Flächen von Landwirten erwirbt und einer extensiven Bewirtschaftung zuführt. Extensiv bewirtschaftete Mähwiesen zur Gewinnung von Heu als hochwertiges Winterfutter wären z. B. eine Lösung, da kein Dünger mehr auf diese Flächen aufgetragen werden müsste.
Die Klärung des belasteten Wassers aus der Landwirtschaft durch einen künstlich angelegten Schilfklärteich würde das Problem der weiteren Überfrachtung der Seen mit organischen Stoffen und des damit verbundenen Sauerstoffdefizits lösen. Die im aeroben Abbau gebildeten Salze, wie Nitrate und Phosphate, würden jedoch als Pflanzennährstoffe weiterhin einen ungünstigen Einfluss auf das System der Seen ausüben, da verstärkt Biomasse gebildet wird. Diese müsste am Ende jeder Vegetationsperiode entnommen werden (vgl. Sanierungsmaßnahmen). Desweiteren könnten zusätzliche Schutzgräben das noch anorganisch belastete Wasser von den Seen fernhalten und über die Meerbecke ableiten.

Abiturprüfung 2009 Leistungskurs Biologie (Hessen)
B2: Ökologie und Stoffwechselphysiologie

Leben ohne Licht BE

1 Geben Sie die Summengleichung der Fotosynthese grüner Pflanzen an und beschreiben Sie den Verlauf der lichtabhängigen Reaktionen der Fotosynthese unter Einbezug der beteiligten zellulären Strukturen, der Lichtsammelfalle und des Protonengradienten. 15

2 Beschreiben Sie detailliert die Energiegewinnung und den Stofftransport im Körper des Röhrenwurms *Riftia pachyptila* (Material 1 und 2). Vergleichen Sie diese Form der Energiegewinnung mit der Fotosynthese. 17

3 Stellen Sie die Trophieebenen im Ökosystem „Tiefsee" dar. Analysieren Sie die ökologische Beziehung zwischen den schwefeloxidierenden Bakterien und den Röhrenwürmern und erläutern Sie die Bedeutung der Bakterien für das gesamte Ökosystem (Material 1 und 2). 12

4 Erklären Sie, wie die Röhrenwürmer im Vergleich zu den Wirbeltieren mit dem starken Zellgift Schwefelwasserstoff umgehen und gleichzeitig die Bakterien mit Schwefelwasserstoff versorgen können (Material 1, 2 und 3). 6

50

Material 1

Leben in der Tiefsee

Bodenproben aus einer Welt völliger Dunkelheit zeigen normalerweise nur wenig lebende Organismen. Deshalb überraschten die 1977 auf einer Exkursion mit einem Forschungs-U-Boot in 2 600 m Tiefe im pazifischen Ozean gemachten Funde. Die Forscher fanden eine Oase überquellenden Lebens: Riesige Röhrenwürmer mit bis zu 1 m Länge, 30 cm große Muscheln, Trauben von Miesmuscheln, Garnelen, Krabben, Fischen und Tintenfischen.

Miesmuscheln, Krabben und Garnelen ernähren sich von Bakterien und Detritus (Schwebeteilchen aus abgestorbenem organischem Material). Tintenfische ernähren sich räuberisch von Krebsen, Muscheln und einigen Fischarten. Räuberische Fischarten ernähren sich von anderen Fischen und Tintenfischen.

Das Besondere dieser Tiefseestandorte sind Lavaspalten mit heißen Tiefseequellen oder „Black Smoker". Durch diese Spalten dringt Wasser in den Meeresboden ein, wird in der Erdkruste stark erhitzt und schießt in dicken, pechschwarzen Wolken als über 300 Grad heißes Wasser wieder hinaus. In dem Wasser ist neben vielen Mineralien vor allem ein starkes Zellgift gelöst: Schwefelwasserstoff. In Wasser zerfällt Schwefelwasserstoff (H_2S) teilweise in Sulfid-Ionen (S^{2-}) und H^+-Ionen (Protonen). Schwefelwasserstoff ist durch seinen Geruch nach faulen Eiern allgemein bekannt.

In der Nähe der hier lebenden Röhrenwürmer (*Riftia pachyptila*) konnten keine Nahrungspartikel gefunden werden, diese Tiere weisen keinen Mund oder Teile eines Verdauungssystems auf. Der größte Teil des Körpers besteht aus einem Organ (Trophosom), in dem die Zellen mit schwefeloxidierenden Bakterien voll gepackt sind. Auffallend sind bei den Würmern die Kiemenbüschel, über die sie Sauerstoff und Kohlendioxid austauschen sowie auch Schwefelwasserstoff aus dem Meerwasser aufnehmen können. Transportiert werden Sauerstoff und Schwefelwasserstoff durch Hämoglobinmoleküle.

Schwefelwasserstoff ist energiereich, aber für die meisten Lebewesen äußerst giftig. Bei uns Menschen verdrängt er z. B. den Sauerstoff vom Hämoglobin.

Die Energiegewinnung der schwefeloxidierenden Bakterien vollzieht sich als Chemosynthese, die auf einer zweimaligen Oxidation des Schwefels beruht:

$$2\,H_2S + O_2 \longrightarrow 2\,H_2O + 2\,S$$
$\Delta G = -420$ kJ/mol

$$2\,S + 2\,H_2O + 3\,O_2 \longrightarrow 2\,SO_4^{2-} + 4\,H^+$$
$\Delta G = -988$ kJ/mol

Die hierbei frei werdende Energie (ΔG) wird unter anderem für die Bildung von ATP und $NADPH + H^+$ genutzt.

Es folgt eine zweite Stufe der Synthese von Stoffen, die identisch mit den lichtunabhängigen Reaktionen bei grünen Pflanzen ist.

verändert nach: Bickel, Horst et al: Natura , Biologie für Gymnasien, Oberstufe, Klett 2005, Seite 107

Material 2

Bau des Röhrenwurms *Riftia pachyptila*

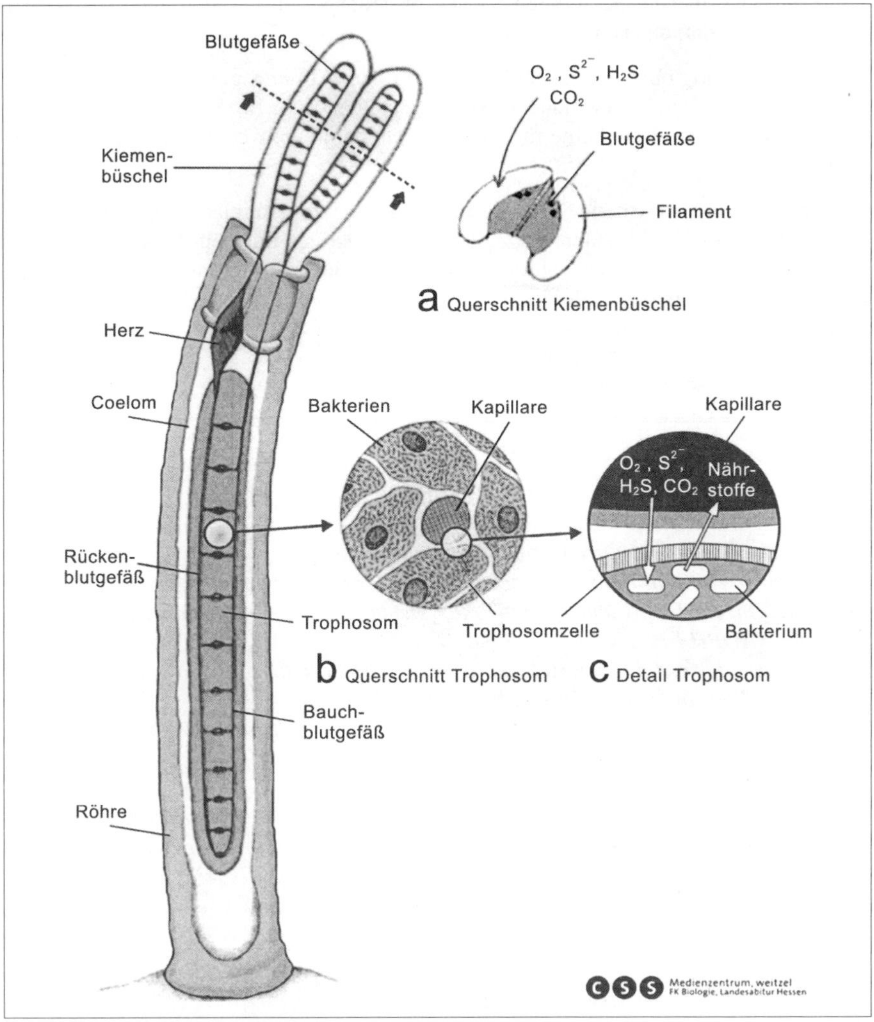

verändert nach: Leibniz-Institut für Meereswissenschaften, Kiel, ftp://ftp.ipn.uni-kiel.de/pub/SystemErde/09_Begleittext_oL.pdf

Filament: blattförmige Organstruktur
Coelom: Leibeshöhle
Trophosom: Organ in der Leibeshöhle, welches mit schwefeloxidierenden Bakterien angefüllt ist
Kapillare: haardünnes Blutgefäß

Material 3

***Riftia*-Hämoglobin**
Die Röhrenwürmer besitzen einen Sauerstoff-Transporter, der sich auch bei Wirbeltieren bewährt hat, das Hämoglobin.

Das *Riftia*-Hämoglobin unterscheidet sich von dem Atmungspigment unseres Blutes. Es verfügt über zwei verschiedene Bindungsstellen, eine für Sauerstoff (am Eisen-Ion der Häm-Gruppe) und eine für Sulfid-Ionen, nämlich zwölf fest gebundene Zink-Ionen am Hämoglobinmolekül.

Schwefelwasserstoff ist ein Nervengift, das rasch zur Atemlähmung führen kann. Das Sulfid-Ion (S^{2-}) blockiert die Zellatmung, indem es mit dem Sauerstoffmolekül um seine Bindung am Eisen-Ion der Häm-Gruppe des Hämoglobinmoleküls konkurriert und den Sauerstoff verdrängt.

verändert nach:
http://g-o.de/dossier-detail-66-11.html,
http://www.chemieunterricht.de/dc2/abgas/h2s.htm

Lösungsvorschläge

In der Aufgabe thematisierte Unterrichtsinhalte sind:

- *Stoffwechselphysiologie: Summengleichung der Fotosynthese, Lichtreaktion der Fotosynthese: Lichtsammelfalle, Fotosysteme I + II, Redoxsysteme, Protonengradient, NADPH+H+,*
- *Chemosynthese der Schwefel oxidierenden Bakterien, Transport von Sauerstoff und S^{2-} über angepasste Hämoglobinmoleküle,*
- *Ökologie: Trophieebenen im Lebensraum Tiefsee (Schwarze Raucher), Symbiose zwischen autotrophen Bakterien und Röhrenwürmern.*

1 *In Aufgabe 1 werden nur reproduktive Leistungen erwartet, die sich auf den zurückliegenden Unterricht beziehen. Um die Vollständigkeit der Beschreibung der Lichtreaktion zu gewährleisten, sollten Sie zunächst die beteiligten Strukturen in einer Skizze darstellen und anschließend die zugehörigen chemischen und physikalischen Abläufe zuordnen (Mindmap, Clustering) bevor Sie Ihre Lösung formulieren..*

Summengleichung der Fotosynthese:

$$6\,CO_2 + 12\,H_2O \longrightarrow C_6H_{12}O_6 + 6\,H_2O + 6\,O_2$$

In den Chloroplasten der Zellen grüner Blätter befinden sich Antennenpigmente, auch akzessorische Pigmente genannt, die aus dem sichtbaren Spektrum des Lichts selektiv bestimmte Wellenlängen absorbieren und an das Chlorophyll a im Zentrum einer jeden Lichtsammelfalle weiterleiten können. Diese Lichtsammelfallen sind in die Thylakoidmembran der Chloroplasten eingebettet. Die im Zen-

trum der Lichtsammelfallen befindlichen Chlorophyll a-Moleküle gehören jeweils zu den Fotosystemen I und II (FS I, FS II).
Im FS II werden Elektronen durch die aufgenommene Lichtenergie auf ein höheres Energieniveau angehoben. Benachbarte, in der Thylakoidmembran eingelagerte Redoxsysteme übernehmen diese Elektronen und übertragen sie nach Durchlaufen einer Elektronentransportkette auf das Fotosystem I. Die im Fotosystem II entstandene „Elektronenlücke" wird durch Elektronen aus der Spaltung von Wasser in Sauerstoff und Wasserstoff-Protonen gefüllt:

$$2\,H_2O \longrightarrow O_2 + 4\,H^+ + 4e^-$$

Im FS I werden die vom FS II übernommenen Elektronen durch Lichtenergie erneut auf ein höheres Energieniveau angehoben und über ein zweites Redoxsystem dem Akzeptor $NADP^+$ zugeleitet. $NADP^+$ nimmt neben den Elektronen auch noch zwei Wasserstoff-Protonen aus der Wasserspaltung auf und wird zu $NADPH + H^+$ reduziert. Die Energie, die während des Elektronentransports vom FS II zum FS I entsteht, wird dazu genutzt, Protonen in den Thylakoid-Innenraum zu transportieren. Gemeinsam mit den Protonen aus der Wasserspaltung führen sie zu einem starken Protonengradienten (innen gegenüber außen). Entsprechend ihrem Konzentrationsgefälle wandern die Protonen wieder nach außen ins Stroma, wobei sie die in die Thylakoid-Membran eingebettete ATP-Synthase antreiben, die aus ADP + P ATP herstellt.
Die Endprodukte der Lichtreaktion sind Sauerstoff, ATP und $NADPH + H^+$.

2 *Material 1 (Text) und Material 2 (Bildmaterial) müssen aufeinander bezogen werden, um diese Aufgabe lösen zu können. Als erstes sollten Sie deshalb anhand von Material 2 den Stoffaustausch von Riftia mit seiner Umwelt und mit seinen Symbionten beschreiben. Danach können Sie die hier vorliegende Art der Energiegewinnung näher beleuchten. Für den Vergleich dieser mit der Fotosynthese ist es hilfreich, wichtige Fakten (z. B. Reaktionsorte, Herkunft der Energie, synthetisierte Moleküle) in einer Tabelle zu sammeln und anhand dieser Ihre Lösung zu verfassen.*

Der spezielle Bau der Kiemenbüschel von *Riftia* ermöglicht die Aufnahme von Sauerstoff, Kohlenstoffdioxid, Schwefelwasserstoff und Sulfid-Ionen in den Blutkreislauf. Das im oberen Teil der Röhre gelegene Herz transportiert das Blut zunächst in die Kiemenbüschel, wo es mit den oben genannten Stoffen aus dem Meerwasser angereichert wird. Dann fließt es weiter über das Bauch- und das Rückenblutgefäß zurück ins Herz. Im Trophosom sorgen Kapillaren zwischen Bauch- und Rückenblutgefäß für den Stoffaustausch mit den symbiontischen Schwefelbakterien. Diese befinden sich in den Zellen des Trophosoms. Die Schwefelbakterien werden dort mit Sauerstoff, Kohlenstoffdioxid, Schwefelwasserstoff und Sulfid-Ionen versorgt und geben im Austausch dafür Nährstoffe an das Blut ab.

Energiegewinnung und Nährstoffaufbau in den Schwefelbakterien laufen, wie folgt, ab:
Zunächst wird der aus dem Meerwasser aufgenommene Schwefelwasserstoff mit Sauerstoff zu Schwefel und Wasser oxidiert. Der elementare Schwefel wird dann weiter zu Sulfat oxidiert:

$$2\,H_2S + O_2 \longrightarrow 2\,H_2O + 2\,S$$
$\Delta G = -420$ kJ/mol

$$2\,S + 2\,H_2O + 3\,O_2 \longrightarrow 2\,SO_4^{2-} + 4\,H^+$$
$\Delta G = -988$ kJ/mol

Dabei wird eine Menge von 1 408 kJ/mol Energie frei, die zum Aufbau von ATP aus ADP + P und für die Bildung von NADPH + H^+ aus $NADP^+$ genutzt wird. In einem zweiten Schritt erfolgt der Aufbau von Traubenzucker in der Abfolge der Reaktionen, wie sie aus dem Calvin-Zyklus bekannt sind.

Beide oben genannten Reaktionen laufen, im Gegensatz zur Fotosynthese, völlig lichtunabhängig ab und werden als Chemosynthese bezeichnet, da sie die zum Nährstoffaufbau benötigte Energie aus chemischen Reaktionen (s. o.) beziehen. Bei der Fotosynthese der grünen Pflanzen dagegen wird Lichtenergie zur fotolytischen Wasserspaltung und Bereitstellung von Energie (ATP) und Reduktionsäquivalenten (NADPH + H^+) genutzt (vgl. Aufgabe 1); Lichtenergie wird also in chemische Energie umgewandelt. Gemeinsam haben die beiden Energiegewinnungswege die Übertragung von Elektronen und Protonen zum Aufbau von ATP und NADPH + H^+ und den Aufbau von Kohlenhydraten im Rahmen des Calvin-Zyklus.

3 *Informationen über die verschiedenen Trophieebenen der Tiefsee finden sich in Material 1. Der Operator „darstellen" fordert von Ihnen einen „fachsprachlich einwandfreien Text", der mit einer Skizze kombiniert werden kann. Die ökologische Beziehung zwischen Riftia und den Schwefel oxidierenden Bakterien wurde bezüglich der stofflichen Abhängigkeit z. T. schon in Aufgabe 2 beschrieben und muss hier nochmal zusammengefasst werden.*

Die Trophieebenen beziehen sich auf die Ernährungsweise der Organismengruppen eines Ökosystems. Die Schwefel oxidierenden Bakterien sind im lichtlosen Lebensraum Tiefsee die Primärproduzenten, Konsumenten 1. Ordnung stellen Krabben, Garnelen und Muscheln dar, die sich von organischen Resten (Detritus und Schwebstoffen) sowie Bakterien ernähren. Konsumenten 2. Ordnung sind räuberische Fische und Tintenfische.

Die Tiefsee kann nicht als isoliertes Teilsystem betrachtet werden, da sie auch immer in Wechselwirkung mit anderen Teilsystemen steht (z. B. dem lichtdurchfluteten Epipelagial des Meeres), aus denen totes organisches Material (Tierkörper und Algen) eingetragen wird.

Die Beziehung zwischen Schwefel oxidierenden Bakterien und Röhrenwürmern bezeichnet man als Endosymbiose. Die Schwefelbakterien werden im Körper des

Röhrenwurms über dessen Blutkreislauf mit den zur Chemosynthese notwendigen Stoffen (vgl. Aufgabe 2) versorgt und die Zellatmung des Wurms liefert zusätzlich CO_2 für den Kohlenhydrataufbau. Außerdem bietet das Trophosom des Wurms den Bakterien einen geschützten Lebensraum. Die Schwefelbakterien liefern dem Röhrenwurm im Austausch Kohlenhydrate (z. B. Glucose) als Stoffwechselprodukt der Chemosynthese. Die Symbiose ist für den Wurm lebensnotwendig, da er sich aufgrund fehlender Verdauungsorgane nicht selbstständig ernähren kann.

Die Bedeutung der der Bakterien für das ganze Ökosystem besteht in ihrer Funktion als Produzenten und Lieferanten von energiereichen Kohlenhydraten. Ohne sie wäre ein artenreiches Leben in der Tiefsee nicht möglich.

4 *Für diese Aufgabe müssen Sie mit dem Sauerstofftransport im Blut von Wirbeltieren vertraut sein. Auf dieser Basis sollen Sie erläutern wie der Transport unter den für Wirbeltiere tödlichen Bedingungen (Gegenwart von H_2S) stattfindet. Hinweise dazu finden sich in Material 1 und 3.*

Im Blut von *R. pachyptila* findet man, im Vergleich zu Wirbeltieren, ein abgewandeltes Hämoglobin, welches über zwei getrennte Bindestellen verfügt: eine für Sauerstoff am Eisen-Ion der Häm-Gruppe und eine für Sulfid-Ionen (zwölf fest gebundene Zink-Ionen am Eiweißkörper des Hämoglobins). So konkurrieren Sauerstoff und Sulfid-Ionen aus der Dissoziation der schwachen Säure H_2S im Wasser nicht um die Bindestelle am Häm und können im Blut von *Riftia* gleichzeitig über die Kapillaren zu den Schwefelbakterien transportiert werden.

Abiturprüfung 2009 Leistungskurs Biologie (Hessen)
C: Verhaltensbiologie

TTX: Gaumenkitzel für Gourmets

BE

1 Beschreiben Sie den Verlauf einer Instinkthandlung und erläutern Sie die Elemente der Instinkthandlung am Beispiel des Beutefangverhaltens des Kugelfisches (Material 1). 11

2 Beschreiben Sie Bau und Funktion eines potenzialgesteuerten Natriumionenkanals in einer Axonmembran sowie die Entstehung und den Phasenverlauf eines Aktionspotenzials an diesem Axon (Material 2). 14

3 Entwickeln Sie eine Hypothese zum Wirkmechanismus von TTX, mit der sich die Versuchsergebnisse aus Material 5 erklären lassen.
Erklären Sie die beschriebenen Vergiftungsphänomene an natürlichen Feinden des Kugelfisches sowie an Menschen, die eine Fugu-Vergiftung erlitten haben (Material 2, 3, 4 und 5). 19

4 Entwickeln Sie **zwei** Fragestellungen, die mit Hilfe von TTX gezielt in der neurobiologischen Grundlagenforschung untersucht werden könnten. 6

50

Material 1

Kugelfisch von vorne und seitwärts, im aufgepumpten und normalem Zustand (abgebildet ist der Perlhuhn-Kugelfisch *(Arothron meleagris)*, ca. 50 cm lang)

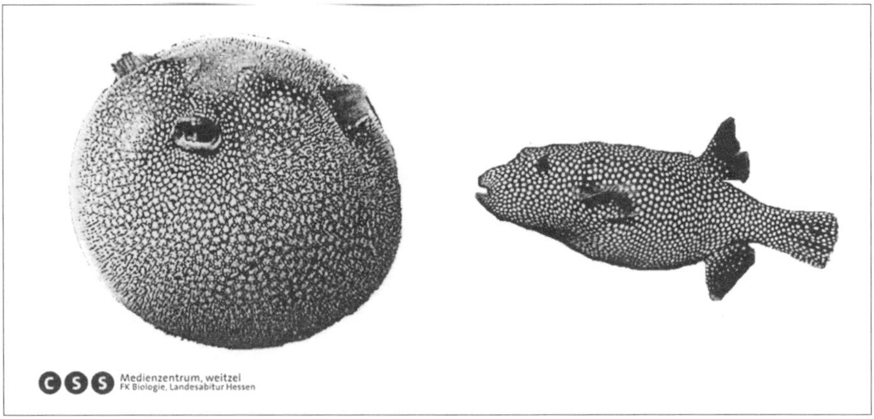

Kugelfische

Kugelfische besitzen die Fähigkeit, ihren Körper bei Gefahr oder in Revierkämpfen stark aufzublähen, indem sie zeitweise Wasser in Seitenkammern ihres Magens saugen. Greift ein Feind den Kugelfisch an, führt der Kontakt mit dem Kugelfisch zu einer Lähmung, die je nach Kontaktlänge entweder wieder verschwindet oder aber zum Tode führt. Die meisten Kugelfischarten sind relativ aggressive Einzelgänger.
Wenn sie – beispielsweise nach längerer Hungerzeit – kleine Fische, Schnecken und Garnelen erbeuten wollen, gehen sie wie folgt vor: Gut getarnt zwischen Steinen oder manchmal eingegraben im sandigen Untergrund lauern sie oft längere Zeit ihrer Beute auf. Bewegt sich diese auf sie zu oder ist sie in erreichbarer Nähe, richten die Kugelfische ihre Körper aus und fixieren ihre Beute. Bei ausreichender Nähe der Beute schießen die Kugelfische hervor und verbeißen sich blitzschnell in ihre Beute. Ist die Beute klein, wird sie ganz verschluckt. Ist die Beute größer, wird sie in kleinere Teile zerlegt und dann verzehrt.

verändert nach: Arendt, Kai (2000): Raubkugelfische, Aquaristik Fachmagzin, Bissendorf, Nr. 154 (Jahrgang 32 (4)), 22–27

Material 2

Längsschnitt durch einen potenzialgesteuerten Natriumionenkanal aus der Axonmembran in verschiedenen Situationen

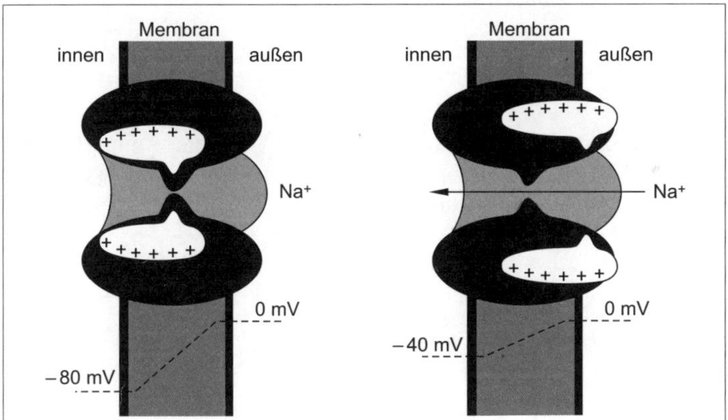

Material 3

Tetrodotoxin – Vorkommen und Wirkungsweise

Tetrodotoxin (TTX) ist bekannt als extrem tödliches Gift von Amphibien und bestimmten Kugel- und Igelfischarten. Dennoch wird in Japan der Kugelfisch („Fugu") in staatlich lizensierten Lokalen als Delikatesse in den Monaten Oktober bis März angeboten. Eine „Fugu"- Mahlzeit beschränkt sich auf kleine Mengen; der Gaumenkitzel – im wahrsten Sinne des Wortes – ist ein leicht brennendes und prickelndes Gefühl im Mund, das schließlich in ein Taubheitsgefühl übergeht. Dies sind erste Anzeichen einer kontrollierten Vergiftung. Es kommt also auf eine richtige Dosierung der Mahlzeit an, weil schon 0,5 bis 1,5 Milligramm TTX ausreichen, um innerhalb von etwa 20 Minuten den Tod des Gourmets herbeizuführen. Dabei erlebt das Opfer seinen Tod durch Atemlähmung und Kreislaufversagen bei vollem Bewusstsein.

In den Fischen schwankt der Gehalt des wasserlöslichen und hitzestabilen TTX. Das Gift ist überall im Körper des Fisches zu finden, wobei die Haut und innere Organe den höchsten Gehalt aufweisen. Wenn sich ein Kugelfisch bedroht fühlt, scheidet er sein Gift über die Haut aus, wobei der Vorrat aber relativ schnell erschöpft ist. Der Kontakt mit diesem Gift führt beim Angreifer zu einer mehr oder weniger starken Lähmung.

verändert nach: www://chm.bris.ac.uk/webprojects2006/Macgee/Web%20Project, www.dr-bernhard-peter.de/Apotheke/Gifte/Tetrodotoxin

Material 4

Tetrodotoxin

Das Molekül TTX ist ein Zwitter-Ion. Es enthält die positiv geladene Amino-Gruppe, die in der Grafik mit einem grauen Kreis markiert ist, und den negativ geladenen Sauerstoff. Die Amino-Gruppe ahmt Natrium-Ionen nach.

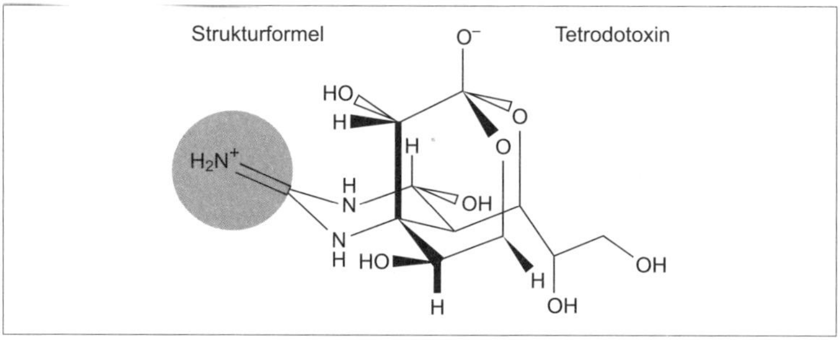

verändert nach: www.dr-bernhard-peter.de/Apotheke/Gifte/Tetrodotoxin

Material 5

Auswirkungen einer TTX Vergiftung (Kontrollgruppe (K) und vergiftete Tiere (V))

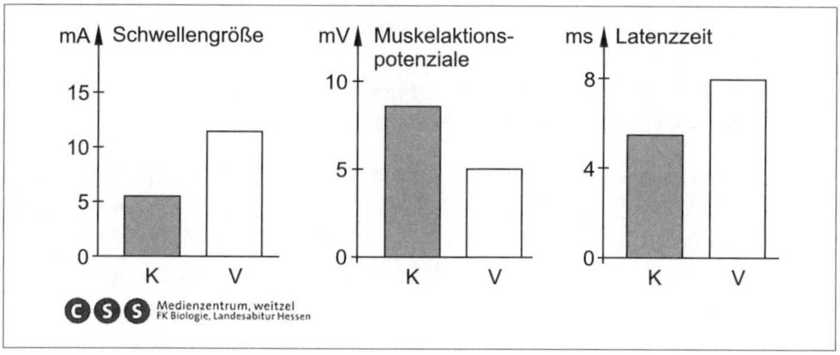

verändert nach: www://mja.com.au/public/issues/177

Schwellengröße: Reizgröße (in milli-Ampere = mA), die gerade noch zur Erregung eines Neurons führt

Latenzzeit: Zeit der Unerregbarkeit

Lösungsvorschläge

In der Aufgabe thematisierte Unterrichtsinhalte sind:
- *Ablauf einer Instinkthandlung*
- *Bau und Funktion potenzialgesteuerter Ionenkanäle in der Axonmembran*
- *Ionenverteilung im Zustand des Ruhepotenzials*
- *Ablauf eines Aktionspotenzials inklusive der Ionenbewegungen*
- *Bau des Nervensystems, Gliederung in afferente und efferente Bahnen*

1 *Der Verlauf einer Instinkthandlung ist mit ethologischen Fachbegriffen genau zu beschreiben. Stellen Sie sich zunächst eine Sammlung der entsprechenden Fachbegriffe zusammen und bringen Sie diese in eine zeitliche Reihenfolge. Identifizieren Sie nun die Elemente der Instinkthandlung in dem in Material 1 beschriebenen Beutefangverhalten des Kugelfischs.*

Eine Instinkthandlung wird immer durch eine äußere Reizsituation in Gang gesetzt, d. h. es erfolgt zunächst eine Reizaufnahme (Sinnesorgane), dann eine Verarbeitung der Erregungen (Nervensystem) und zuletzt eine erbkoordinierte (formstarre) Endhandlung.
Endogene Faktoren, wie z. B. Hunger erhöhen die Handlungsbereitschaft des Kugelfischs bezüglich des Beutefangverhaltens. Ein zunächst ungerichtetes Such- und Annäherungsverhalten (Kinese) erhöht die Wahrscheinlichkeit auf Beute zu treffen. Der Fisch lauert seiner Beute auf, d. h. er wartet getarnt oder eingegraben auf Nahrung. Spezifische Reize, sich bewegende Objekte, erhöhen die Aufmerksamkeit. Der Fisch zeigt nun ein gerichtetes Annäherungsverhalten mit anschließender Ausrichtung und Fixierung auf mögliche Beutetiere (Taxis). Bewegt sich ein Beutetier in geeigneter Entfernung, dient dies als Schlüsselreiz für den weiteren Ablauf. Es erfolgt die instinktive Endhandlung, in diesem Fall ein Vorschießen und sich Verbeißen (Erbkoordination). Kleine Beutetiere werden komplett, größere Beutetiere in Teile zerlegt verschlungen.

2 *Beachten Sie bei der Beschreibung des Natriumionenkanals die mV-Angaben innerhalb der Zelle und im Außenmedium.*
Denken Sie daran, dass ein Potenzial immer zwischen zwei Elektroden im Außen- bzw. Innenmedium gemessen wird, wobei der Wert im Außenmedium willkürlich gleich Null gesetzt wird.

Bei dem in Material 2 dargestellten Ionenkanal handelt es sich um ein integrales Kanalprotein, welches in seinem Inneren eine veränderbare Verengung aufweist, die durch die Anordnung der Ladungen im Inneren des Proteinkomplexes zustande kommt. Diese Tatsache weist auf einen spannungsgesteuerten Ionenkanal hin. Während des Ruhepotenzials (–80 mV) macht die Verengung den Kanal für Natrium-Ionen undurchlässig. Bei ausreichender Depolarisation durch einen Reiz (–40 mV) verschieben sich die Ladungen im Proteinkomplex in Richtung des extrazellulären Raumes, sodass sich der Engpass im Ionenkanal verändert und Natrium-Ionen passiv entlang ihres Konzentrationsgefälles den Kanal nach innen passieren können.

Die Ionenverteilung während des Ruhepotenzials sieht im Axon folgendermaßen aus:
Die Natrium- und Chlorid-Ionen-Konzentration ist im Außenmedium sehr hoch und im Innenmedium gering. Dagegen ist die Konzentration der Kalium-Ionen und der großen Eiweiß-Anionen im Innenmedium sehr viel höher als außen.
Übersteigt die Stärke eines am Axonhügel ankommenden Reizes durch die Depolarisation einen bestimmten Schwellenwert (z. B. –40 mV), so wird ein Aktionspotenzial als autoregenerativer Prozess ausgelöst und fortgeleitet. Infolge dessen öffnet sich der Na^+-Ionenkanal (vgl. Material 2) und Na^+-Ionen strömen passiv, dem Konzentrationsgefälle folgend, ins Zellinnere ein. Das Membranpotenzial geht dabei erst gegen Null und erreicht schließlich ca. + 30 mV. Während dieser Depolarisation öffnen sich zeitversetzt ebenfalls spannungsgesteuerte K^+-Ionenkanäle und die Na^+-Ionenkanäle schließen sich wieder. Der K^+-Ausstrom kompensiert durch die Ladungsverschiebung den Na^+-Einstrom und das Potenzial nähert sich wieder dem Ruhepotenzial an (Repolarisation). Das zeitlich verzögerte Schließen der K^+-Ionenkanäle führt sogar zu einer leichten Hyperpolarisation. Die Ladungsverteilung entspricht jetzt wieder der des Ruhepotenzials, die veränderte Verteilung der Na^+- und K^+-Ionen wird durch die ATP verbrauchende Na^+/K^+-Pumpe wieder in die ursprüngliche Form zurückgeführt.

3 *Sehen Sie sich als erstes die Materialien 4 und 5 ganz genau an. Um eine passende Hypothese für die Wirkung von TTX aufstellen zu können, machen Sie sich bewusst, an welchen Stellen im Körper, aufgrund der Struktur der zugrunde liegenden Na^+-Kanäle, Aktionspotenziale ausgelöst werden können.*

Eine mögliche Hypothese lautet: TTX blockiert ganz oder nur teilweise die potenzialgesteuerten Natriumkanäle der Axone in Sensorik und Motorik einschließlich der Muskelfasern. Die positiv geladene Aminogruppe des TTX ahmt dabei das Na^+-Ion nach und besetzt die Einlassstelle des Na^+-Ionenkanals. Der große Rest des Moleküls verstopft den Kanal und kann aufgrund seiner negativen Ladung am Sauerstoff in längere Wechselwirkung mit den Ladungen des Kanalproteins treten. Die Wirkung dieser Blockade ist konzentrationsabhängig.

Die Versuchsergebnisse aus Material 5 lassen sich für diese Hypothese folgendermaßen erklären:

- **Schwellengröße:** Eine Teilblockade der Na^+-Kanäle erfordert stärkere Reize, damit eine Fortleitung der Erregung möglich wird. Die Schwellengröße liegt bei vergifteten Tieren deshalb deutlich höher als bei der Kontrollgruppe.
- **Muskelaktionspotenziale:** TTX blockiert auch die Natriumkanäle der Muskelfasern, was die schwächeren Muskelaktionspotenziale erklärt.
- **Latenzzeit:** Die Teilblockade der Natriumkanäle dauert eine Weile an bis sich die TTX-Moleküle wieder lösen. Diese Blockadezeit verursacht die höheren Latenzzeiten, da die Zelle währenddessen zu keiner Depolarisation fähig ist.

Durch das Verstopfen der Na^+-Kanäle kommt es also, je nach Konzentration, zur Störung oder kompletten Unterbindung der Erregungsfortleitung. Es können entweder gar keine Aktionspotenziale gebildet und fortgeleitet werden oder nur in geringerer Frequenz.

Die in Material 3 beschriebenen Vergiftungs-Symptome lassen sich durch eine sensorische (Taubheitsgefühl) bzw. motorische (Motoneurone und Muskelfasern) Lähmung infolge der Blockade der Na^+-Kanäle erklären. Sind die Atemmuskeln betroffen, tritt der Tod durch Atemlähmung ein.

4 *Der Operator „entwickeln" bezieht sich auf die Bildung von Hypothesen. Fragestellungen führen im naturwissenschaftlichen Erkenntnisweg letztlich zu solchen Hypothesen, die auf ihre Gültigkeit überprüft werden können. Achten Sie darauf, sorgfältig zu argumentieren.*

Die Fähigkeit von TTX, Natriumkanäle gezielt zu blockieren, könnte u. a. für die Untersuchung folgender Fragestellungen genutzt werden:

Lässt sich durch die Anwendung von TTX die genaue Lage von Na^+-Kanälen an Zellmembranen lokalisieren?
Hypothese: Durch Kopplung mit einem Marker (Farbstoff, Isotop) lässt sich mit TTX die Lage und Häufigkeit von Na^+-Kanälen in Membranen lokalisieren.

- Die genaue Anzahl der Na^+-Kanäle in verschiedenen Bereichen von Neuronen und Muskeln könnte dadurch bestimmt werden.
- Das Auffinden und Nachweisen von Na^+-Kanälen an bisher noch nicht untersuchten Potenziale ausbildenden Strukturen, wie z. B. pflanzlichen Membranen, wäre möglich.

Lassen sich Moleküle finden, die mit TTX konkurrieren ohne an die Na^+-Kanäle zu binden?
Hypothese: Ein Molekül, dass mit TTX konkurriert, aber nicht an die Na^+-Kanäle bindet kann als Gegengift verwendet werden.

Abiturprüfung 2010 Leistungskurs Biologie (Hessen)
A1: Genetik

Glucokinase – Defekte und MODY 2

		BE
1	Benennen Sie den Vererbungsmodus, der der Krankheit MODY 2 zugrunde liegt. Begründen Sie Ihre Entscheidung (Material 1).	7
2	Ordnen Sie in Material 2 den in der Tabelle angegebenen DNA-Sequenzausschnitten einer gesunden und einer an MODY 2 erkrankten Person jeweils die entsprechenden m-RNA-Ausschnitte und Aminosäuresequenzen zu (Material 6). Benennen Sie den in der Tabelle erkennbaren Mutationstyp.	7
3	Beschreiben Sie alle Strukturebenen von Proteinen und ordnen Sie diese soweit wie möglich dem Protein aus Material 3 zu.	9
4	Erklären Sie die unterschiedlichen Glucokinaseaktivitäten der einzelnen MODY 2-Erkrankungsformen (Material 3).	12
5	Beschreiben und erklären Sie auf der Grundlage von Material 4 die veränderte Insulinausschüttung der an MODY 2-Erkrankten in Abgrenzung zum Normalfall. Stellen Sie durch grafische Ergänzungen in der Abbildung von Material 5 dar, wie Sulfonylharnstoff-Präparate auf die Insulinfreisetzung einwirken könnten (Bearbeitung in Material 5).	15
		50

Material 1

Diabetes mellitus (Zuckerkrankheit) und MODY 2

Diabetes mellitus (Zuckerkrankheit) ist eine Stoffwechselerkrankung, die allein in Deutschland rund sechs Millionen Menschen betrifft. Der Blutzuckerspiegel ist erhöht und der Körper kann Kohlenhydrate, wie z. B. Zucker, nur ungenügend verwerten. MODY 2 (Maturity Onset Diabetes of the Young) ist als spezielle Unterform des Diabetes mellitus anzusehen und charakterisiert eine Gruppe von familiär auftretenden Hyperglykämien (vermehrter Blutzuckergehalt). Diese Hyperglykämie entwickelt sich meist in der Kindheit, der Adoleszenz (Lebensabschnitt zwischen Pubertätsbeginn und Erwachsenenalter) oder im jungen Erwachsenenalter[1] und ist in den meisten Fällen mild, oft ohne klassische Diabetessymptome.

geändert nach:
http://www.netdoktor.de/Krankheiten/Diabetes/Wissen/Diabetes-mellitus-Typ-2-Zuckerk-119.html (abgerufen 19. 09. 2009).
http://www.medizinische-genetik.at/DNA-Analysen/DNA-Analysen/DNA-Analysen/MODY.html (abgerufen 19. 09. 2009).

1 Die Ursache für den Zeitpunkt des Auftretens von MODY 2 ist nicht Gegenstand der Aufgabenstellung.

Stammbaum einer Familie mit MODY 2

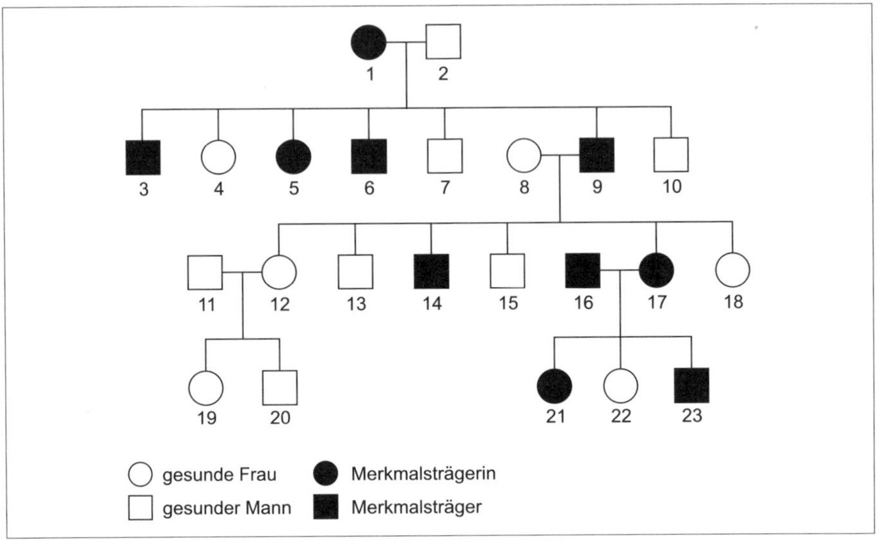

geändert nach: http://www.standardsicherung.schulministerium.nrw.de/abitur (abgerufen 12. 12. 2009).

Material 2

Ausschnitt einer DNA-Sequenz des Glucokinase-Gens

DNA-Ausschnitt aus dem nicht codogenen Strang einer gesunden Person (A)	DNA-Ausschnitt aus dem nicht codogenen Strang einer Person mit MODY 2 (B)
5' … –CCA–GGC–ACG–GGC– … 3'	5' … –CCA–GGC–ATG–GGC– … 3'

Material 3

Häufigkeit und Ursachen von MODY 2

MODY 2-Diabetes tritt bei etwa 1 bis 5 % der Diabetiker auf. Mutationen im Glucokinase-Gen kommen beim Menschen jedoch häufiger vor. Jede dieser Mutationen hat einen ganz unterschiedlichen Einfluss auf den oxidativen Abbau von Glucose und erzeugt ein spezifisches Krankheitsbild, das unterschiedliche Ausprägungen der Erkrankung bewirkt. Exemplarisch ist dies für drei Mutanten in Tabelle 3 aufgeführt.

Räumliche Struktur eines Glucokinase-Moleküls

Glucokinase ist ein Enzym, das eine wesentliche Rolle bei der Blutzuckerregulation spielt. Die Zahlen an dem Molekül bezeichnen Veränderungen der Proteinabschnitte, die den Mutanten 5, 6 und 7 aus Tabelle 3 zuzuordnen sind.

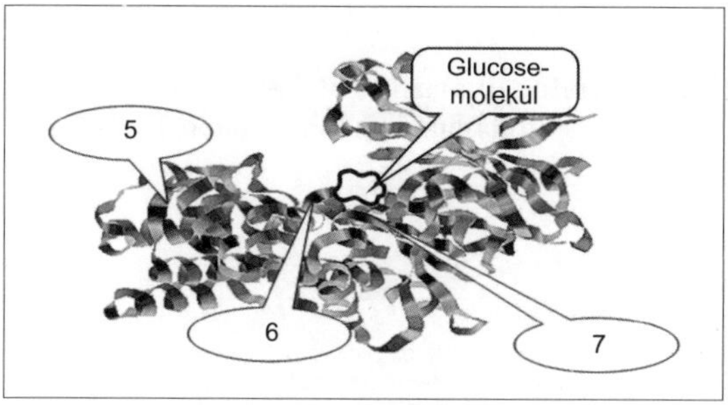

geändert nach: http://www.schule-bw.de/unterricht/faecher/biologie/standards/um/bilder/enzy.gif (abgerufen 14. 03. 2009).

Tabelle 3
Aktivität des Enzyms Glucokinase

Mutantentyp	Glucokinase-Aktivität in %
unverändert	100
Mutante 5	50
Mutante 6	0,5
Mutante 7	0,5

Material 4

Mechanismus der Insulinfreisetzung durch Glucose in den β-Zellen der Bauchspeicheldrüse: Normalfall (Abb. 4.1) und Zustand bei Glucokinase-Mutation (Abb. 4.2)

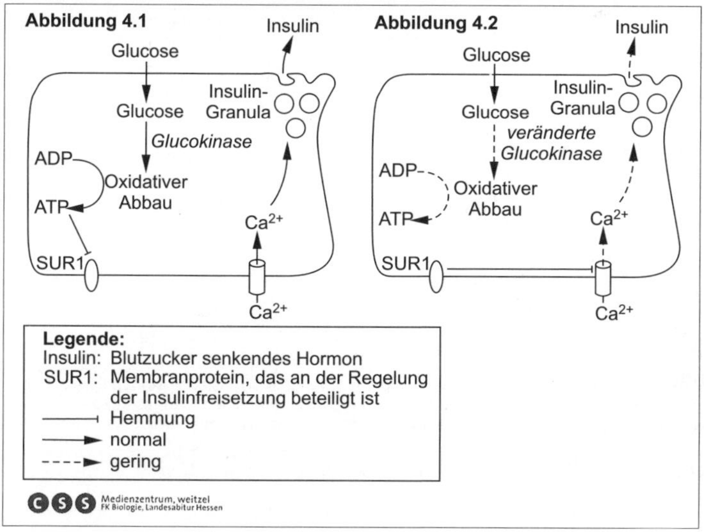

geändert nach: http://wpcontent.answers.com/wikipedia/en/thumb/2/21/Glucose-insulin-release.png/400px-Glucose-insulin-release.png (abgerufen 19. 09. 2009).

Material 5

Behandlung von Diabetes MODY 2 mit Sulfonylharnstoff-Präparaten

Unvollständig dargestellter Wirkweg von Sulfonylharnstoff-Präparaten in β-Zellen der Bauchspeicheldrüse

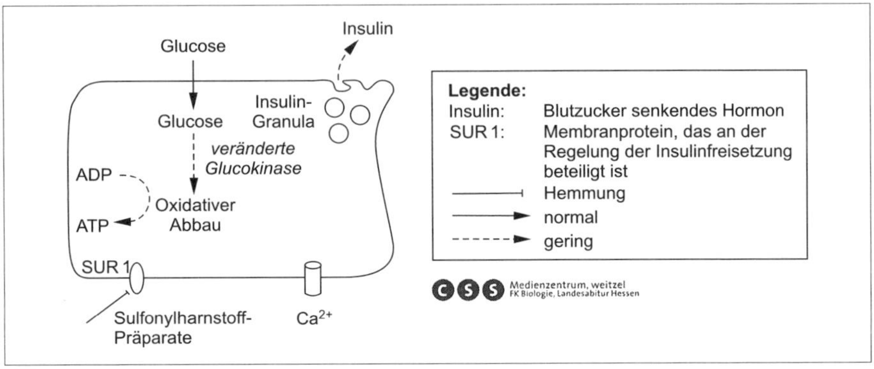

geändert nach: Bielfeld Ackermann, A.: Therapie von Typ 2 Diabetes In: Praxis der Naturwissenschaften Biologie, Heft 5 2005, S. 23–25.

Material 6

Die Code-Sonne der m-RNA

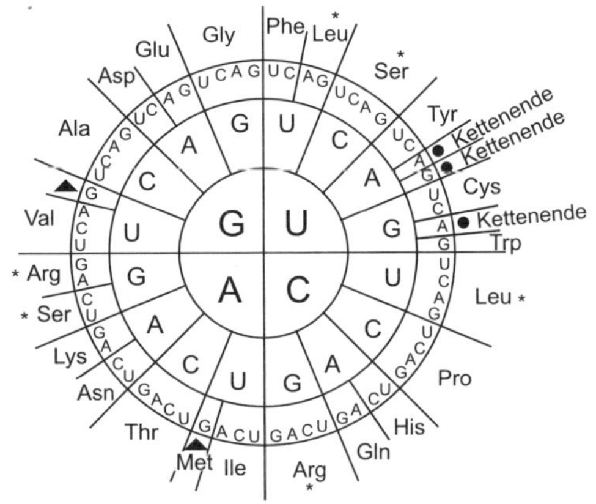

Abkürzungen der Aminosäuren

Ala	Alanin
Arg	Arginin
Asn	Asparagin
Asp	Asparaginsäure
Cys	Cystein
Gln	Glutamin
Glu	Glutaminsäure
Gly	Glycin
His	Histidin
Ile	Isoleucin
Leu	Leucin
Lys	Lysin
Met	Methionin
Phe	Phenylalanin
Pro	Prolin
Ser	Serin
Thr	Threonin
Trp	Tryptophan
Tyr	Tyrosin
Val	Valin

* zweimal auftretende Aminosäuren

● Terminations-Codonen

▲ Starter-Codonen, die am Anfang der Translation stehend stets das Start-Methionin einbauen, in der Mitte des Messengers aber die in der Sonne angegebenen Aminosäuren.

geändert nach: Bayrhuber, H., Kull, U. (Hrsg.): Linder, Biologie Arbeitsbuch, Metzler Verlag 1983, S. 331.

Lösungsvorschläge

In der Aufgabe thematisierte Unterrichtsinhalte sind:
- *Stammbaumanalyse, Mendelsche Regeln*
- *DNA-, mRNA- und Aminosäuresequenzen, Mutation*
- *Struktur von Proteinen, Enzymaktivität, aktives Zentrum,*
- *Regulation, Hemmung, Stoffwechselschritte, Exozytose, Freisetzung von Hormonen, Diabetes, Membranbau, -proteine, -permeation*

1 *In dieser Aufgabe geht es darum, den Vererbungsmodus zu erschließen, zu benennen und zu begründen. Setzen Sie z. B. ausgehend von den Personen 22, 16 und 17 Markierungen für die Merkmale (z. B. M+ für „merkmalsfrei" und M für „Merkmalsträger"; bei einem X-chromosomalen Erbgang X_M bzw. X_{M+}). Begründen Sie Ihre Entscheidung mit diesen Zuordnungen.*

Ein X-chromosomal (geschlechtsgebundener) rezessiver Erbmodus scheidet als Möglichkeit für die Vererbung von MODY2 aus. Die Mutter (1) ist an MODY2 erkrankt und müsste demnach homozygot für das Merkmal sein (X_MX_M). Trotzdem hat sie aber zwei merkmalsfreie Söhne (7, 10), die im hypothetischen Fall von ihr ein defektes X-Chromosom erhalten hätten und somit auch Merkmalsträger sein müssten (X_MY).
Ein X-chromosomal (geschlechtsgebundener) dominanter Modus scheidet ebenfalls aus, da der Sohn (14) als Merkmalsträger (X_MY) die Anlage für MODY2 über das X-Chromosom seiner Mutter (8) erhalten haben müsste. Sie müsste demnach aber selbst Merkmalsträgerin sein (X_MX_M oder X_MX_{M+}).
In den vier Generationen des Stammbaums treten Merkmalsträger in beiden Geschlechtern auf. Da also auch Frauen von der Krankheit betroffen sind, kommt ein Y-gonosomaler Erbgang als Grundlage für die Vererbung von MODY2 nicht infrage.

Ein autosomal-rezessiver Modus kann ausgeschlossen werden, da die Eltern 16 und 17 beide Merkmalsträger und somit homozygot für das die Krankheit auslösende Allel (MM) sind, aber eine merkmalsfreie Tochter (22) haben (M+M+ oder MM+). Im Falle eines rezessiven Modus müsste die Tochter also auch krank sein.
Der Vererbungsmodus der Anlage für MODY2 beruht auf einer autosomal (geschlechtsunabhängigen) dominanten Vererbung.

2 *In dieser Aufgabe ist zunächst Ihr Verständnis des Aufbaus der DNA und der Details bei der Transkription und der Translation gefordert.*
Bei der angegebenen DNA-Sequenz in Material 2 handelt es sich um den nicht codogenen Strang. Ergänzen Sie also zuerst den codogenen Strang und identifizieren Sie die Veränderung, die auf der DNA der kranken Person stattgefunden hat. Denken Sie bei der Ermittlung der Aminosäuren (AS) daran, dass die Codesonne in 5'–3'-Richtung von innen nach außen abgelesen wird.
Im zweiten Schritt sollen Sie den Mutationstyp, also die Art der festgestellten DNA-Veränderung, benennen.

Gesunde Person (A)	Person mit MODY 2 (B)
nicht codogener Strang (= Code-Strang) 5' ... –CCA–GGC–ACG–GGC–... 3'	nicht codogener Strang (= Code-Strang) 5' ... –CCA–GGC–ATG–GGC–... 3'
codogener Strang 3' ...–GGT–CCG–TGC–CCG–... 5'	codogener Strang 3' ...–GGT–CCG–TAC–CCG–... 5'
mRNA 5'...–CCA–GGC–ACG–GGC–...3'	mRNA 5'...–CCA–GGC–AUG–GGC–...3'
AS-Sequenz im Protein Pro–Gly–**Thr**–Gly	AS-Sequenz im Protein Pro–Gly–**Met**–Gly

Es handelt sich bei dem hier vorliegenden Mutationstyp um eine Punktmutation. Die Veränderung des mittleren Nukleotids im dritten Basentriplett der gezeigten Teilsequenz des nicht codogenen Stranges führt bei einer an MODY 2 erkrankten Person zum Einbau einer anderen Aminosäure in die Sequenz des Proteins.

3 *Hier wird Ihr Wissen über die Struktur von Proteinen (Primär-, Sekundär-, Tertiär- und Quartärstruktur) abgefragt. Sie sollen die jeweiligen Strukturebenen dem in Material 3 gezeigten Protein zuordnen.*

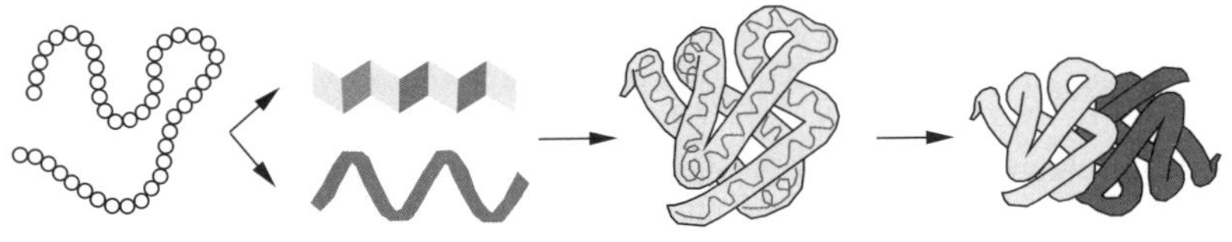

Unter der Primärstruktur des Proteins versteht man die Abfolge der einzelnen Aminosäuren in der Polypeptidkette, die in der Abbildung in Material 3 als glattes Band dargestellt ist.
Die Anordnung dieser Polypeptidkette (Primärstruktur) in Form einer stabilen Wendel (α-Helix) und/oder eines β-Faltblatts wird als Sekundärstruktur bezeichnet. In der Proteinstruktur der Glucokinase sind beide Motive erkennbar.
Sind diese Strukturen wiederum zu einer komplexen dreidimensionalen Struktur (Knäuel) verwoben, spricht man von der Tertiärstruktur des Proteins.
Besteht ein Protein aus mehr als einer AS-Sequenz (z. B. wenn es aus mehreren Untereinheiten zusammengesetzt ist) oder lagern sich mehrere Proteine zu einem Komplex aneinander, spricht man von der Quartärstruktur. In der Abbildung im Material 3 ist nur die Tertiärstruktur, nicht aber eine Quartärstruktur erkennbar.

4 *Diese Aufgabe führt in den Bereich „Anwendung und Problemlösen". Sie sollen die unterschiedlichen Glucokinaseaktivitäten erklären, d. h. den aufgezeigten Sachverhalt unter Verwendung der Fachsprache auf fachliche Grundprinzipien zurückführen. Fachsprache bedeutet hier, dass Sie die Begriffe „Substrat", „Enzym", „Molekül", „aktives Zentrum", „Tertiärstruktur", „Bindung" etc. verwenden. Beachten Sie, dass die Tabelle die* ***Aktivität*** *der verschiedenen Formen des Enzyms angibt. Eine geringe Aktivität bedeutet deshalb eine große Störung der eigentlichen Funktion. Die Entfernung der von Mutationen betroffenen Stellen des Proteins vom aktiven Zentrum ist mit absteigender Zahlenfolge bezeichnet, in der Tabelle ist die Reihenfolge umgekehrt. Sie müssen nicht auf die Funktion des Glucokinase-Moleküls eingehen, lediglich die Veränderungen der Tertiärstruktur und ihre Auswirkungen auf das aktive Zentrum sind bedeutsam. Es ist hilfreich, wenn auch nicht in der Aufgabe verlangt, die Abbildung zunächst sorgfältig zu beschreiben. Danach können Sie die Analyse durchführen und schließlich die geforderte Erklärung formulieren.*

Das Enzymmolekül (Glucokinase) bindet das Substrat (Glucose) in seinem aktiven Zentrum. Die drei untersuchten Mutationen befinden sich in der Tertiärstruktur in unterschiedlichen Abständen davon.

Liegt die Glucokinase im unveränderten Zustand vor, wird eine Enzymaktivität von 100 % gemessen. Mutation 7 in unmittelbarer Nähe des aktiven Zentrums führt zu einer Reduktion der Aktivität um 95 %. Mutation 6, die in ähnlicher Entfernung zum aktiven Zentrum auftritt, hat ebenfalls eine Reduktion der Enzymaktivität um 95 % zur Folge. Die Mutation 5, die ca. dreimal so weit vom aktiven Zentrum entfernt auftritt wie die Mutation 6, führt nur zu einer Reduktion der Enzymaktivität um 50 %. Sie betrifft einen Bereich der Tertiärstruktur, der nicht unmittelbar am aktiven Zentrum liegt.
Eine Erklärung für die extreme Auswirkung der Mutationen 6 und 7 ist, dass die Bindungen zwischen den Aminosäureresten, und damit die Tertiärstruktur, im Bereich des aktiven Zentrums gestört sind. Mutationen, die in der DNA auftreten, führen in den meisten Fällen zu einer Veränderung des Triplettcodes, infolge derer andere Aminosäuren in das Protein eingebaut werden. Daraus resultieren Veränderungen in der Sekundär- und Tertiärstruktur des Proteins, die z. B. Auswirkungen auf die Positionierung des Substratmoleküls (Substratbindungsbereich) haben können. Auch solche Veränderungen, die weiter vom aktiven Zentrum entfernt liegen, haben einen geringen, aber immerhin messbaren Einfluss auf die Aktivität.

5 *In dieser Aufgabe stehen die Regulation der Enzymaktivität und ihre Beeinflussung durch einen externen Wirkstoff, ein Medikament, im Mittelpunkt. Sie müssen keine Details zum Insulinstoffwechsel oder dem Medikament kennen, alle Informationen sind in den Abbildungen vorhanden. Lediglich das allgemeine Prinzip der Regulation soll hier auf einen speziellen Fall angewendet werden. Gefordert wird neben der Beschreibung der Abbildungen auch eine Erklärung für die dargestellten Vorgänge bei einer Glucokinase-Mutation. D. h., Sie sollen die Vorgänge unter Verwendung der Fachsprache auf fachliche Grundprinzipien (Moleküle, Ionen, Reaktionen) zurückführen. Dazu müssen Sie die einzelnen Elemente in ihren Beziehungen zueinander analysieren.*

Abb. 4.1

In Abb. 4.1 ist schematisch eine Zelle dargestellt, die aus dem Außenmedium Glucose aufnimmt. In der Zelle findet durch das Enzym Glucokinase (Katalyse) der oxidative Abbau von Glucose statt, bei dem ATP gebildet wird. ATP bewirkt eine Blockierung des integralen Membranproteins SUR 1. Durch Tunnelproteine findet ein Calciumionen-Einstrom in die Zelle statt. Dies bewirkt die Freisetzung von Insulin aus Granula an das Außenmedium.

Abb. 4.2

Der normale Prozess des Glucoseabbaus wird durch eine veränderte Glucokinase in der Weise beeinflusst, dass weniger ATP gebildet wird. Das Membranprotein SUR 1 ist nun in der Lage, den Calciumionen-Einstrom in die Zelle zu blockieren. Die Folge davon ist eine verringerte Abgabe von Insulin in das Außenmedium.

Für die grafischen Ergänzungen in Material 5 konzentrieren Sie sich auf den rechten und unteren Teil der Grafik. Zu ergänzende Elemente sind in der folgenden Abbildung schwarz dargestellt.

Material 5

Der Wirkstoff Sulfonylharnstoff hemmt das Membranprotein SUR 1 von außen. Im Fall des verringerten Glucoseabbaus durch eine veränderte Glucokinase und einer entsprechend geringeren ATP-Produktion, bewirkt die Behandlung mit dem Medikament, dass der Calciumionen-Einstrom nicht mehr beeinträchtigt wird. Die Insulinabgabe der Zelle kann ungehindert stattfinden.

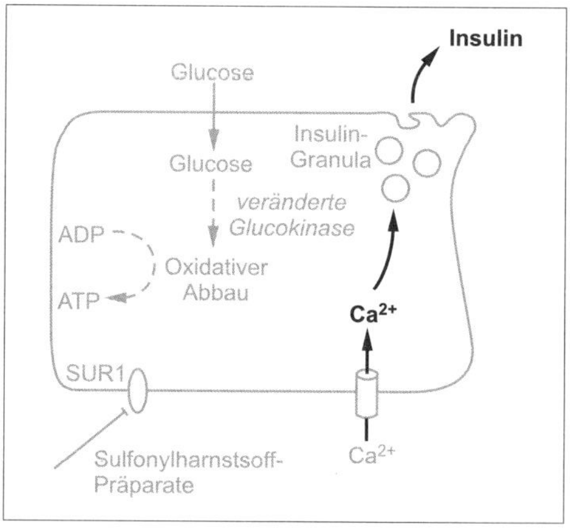

Abiturprüfung 2010 Leistungskurs Biologie (Hessen)
A2: Genetik

Regulation der Phagenvermehrung BE

1 Skizzieren Sie die Genregulation durch Endproduktrepression nach dem Jacob-Monod-Modell, beschreiben Sie die wesentliche Funktion der einzelnen Modell-Elemente und den Regulationsprozess. 15

2 Erläutern Sie die Ursachen für die Kontroverse zwischen den Wissenschaftlern d'Herelle und J. Bordet in den 30er Jahren des vorigen Jahrhunderts (Material 1 und 2). 8

3 Erklären Sie die Funktionsweise des genetischen Schalters beim Lambda-Phagen. Stellen Sie dar, wie es dem Phagen Lambda gelingt, den lysogenen Zyklus über lange Zeit aufrechtzuerhalten. Analysieren Sie, wie und wodurch der lytische Zyklus ausgelöst werden kann (Material 2 bis 6). 21

4 Entwickeln Sie **eine** Hypothese, unter welchen Voraussetzungen Bakterien im Lambda-lysogenen Zustand gegen die Lyse durch weitere Lambda-Phagen geschützt sind (Material 2 bis 6). 6

50

Material 1

Frühe Phagenforschung

In den 30er Jahren des vorigen Jahrhunderts fand eine wissenschaftliche Kontroverse statt zwischen d'Herelle, dem Entdecker der Bakteriophagen, und Bordet, dem Direktor des Pasteur-Instituts. D'Herelle vertrat aufgrund seiner Forschungen den Standpunkt, dass Bakteriophagen Partikel sind, die Bakterien befallen, in diese eindringen und die Bakterien zerstören. Dagegen hatte Bordet durch eigene Untersuchungen belegt, dass in Abwesenheit von Bakteriophagen die Zerstörung von Bakterien (Lyse) ihre Ursache im Inneren dieser Zellen hat. Durch Experimente mit dem Bakteriophagen Lambda konnte später nachgewiesen werden, dass beide im Recht waren.

geändert nach:
http://www2.uni-jena.de/biologie/mikrobio/lehre/sommer/phage1/phage1.html (abgerufen 11. 11. 2008).
http://www.wissenschaftsforschung.de/JB98_153–194.pdf (abgerufen 11. 11. 2008).

Material 2

Lytischer und Lysogener Zyklus

Lambda-Phagen zählen ebenso wie die T-Phagen zu den Viren, die Bakterien, wie das Darmbakterium *Escherichia coli (E. coli)*, befallen. Lambda-Phagen besitzen ebenso wie T-Phagen einen Kopf und einen Schwanzteil. Die Phagen heften sich bei der Infektion einer *E. coli*-Zelle an die Bakterienzellwand und bringen ihre DNA in die Bakterienzelle ein.

Die DNA des T-Phagen veranlasst sofort nach einer Infektion das Bakterium, neue T-Phagen zu bilden. Dadurch wird das Bakterium schließlich unter Freisetzung der neuen Phagen selbst zerstört (Lyse), dies nennt man einen lytischen Vermehrungszyklus.

Anders als beim T-Phagen wird bei Lambda-Phagen neben dem lytischen (Zustand A) ein lysogener Vermehrungszyklus (Zustand B) beobachtet.

Zustand A: Der Lambda-Phage durchläuft ebenfalls einen lytischen Vermehrungszyklus, der wie bei T-Phagen zu einer Zerstörung (Lyse) des Bakteriums führt (siehe auch Material 4).

Zustand B: Die DNA des Lambda-Phagen kann als Prophage alternativ in die DNA der Wirtszelle integriert werden. Als Prophage ist sie dann Teil des Bakterienchromosoms und wird bei der Bakterienvermehrung mit vermehrt. Durch diesen lysogenen Vermehrungszyklus tragen alle aus einem infizierten Bakterium hervorgehenden Nachkommen den inaktiven Prophagen in sich.

Im lysogenen Zustand ist als Teil eines genetischen Schalters nur ein einziges Gen des Prophagen aktiv, das *cI*-Gen. Das von ihm codierte Protein, der *cI*-Repressor, stellt das Genom des Phagen ruhig (siehe auch Material 5). Durch Stress, bedingt durch Nahrungsmangel des Bakteriums, UV-Licht oder die Wirkung von Chemikalien, welche die DNA oder Proteine schädigen, kann sich das Virusgenom aus dem Bakterienchromosom herauslösen. Die Phagen-DNA veranlasst nun die Bildung neuer Lambda-Phagen und ihre Freisetzung unter Zerstörung (Lyse) des Bakteriums. Dieser Vorgang ist nicht rückgängig zu machen, weil der cro-Promotor nicht mehr blockiert werden kann.

geändert nach:
Kronberg, I.: Natura Biologie für Gymnasien, Genetik und Immunologie, Klett 2005, S. 42 ff.
Baron, D. (Hrsg.): Genetik, Materialien SII, Schroedel 2004, S. 98 ff.
Jaenicke, J. (Hrsg.): Materialien-Handbuch Kursunterricht Biologie Band 5/II 1997, S. 571 ff.

Material 3

Vereinfachte Darstellung des genetischen Schalters des Lambda-Phagen in der Wirts-DNA von *E. coli*

Abbildung 3.1

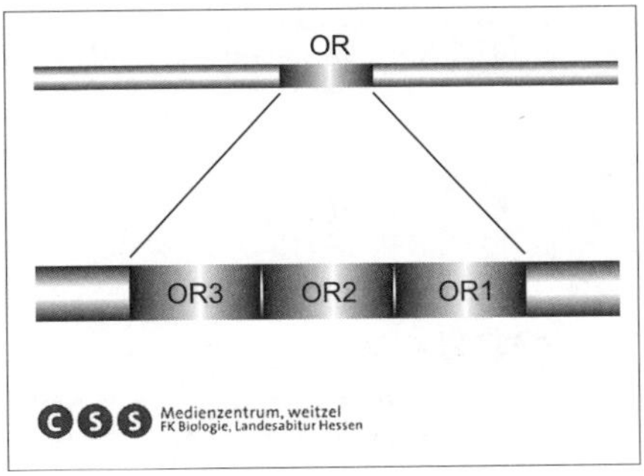

Der Lambda-Phage besitzt einen Operatorbereich (OR) aus drei Operatoren OR 1, OR 2 und OR 3

Abbildung 3.2

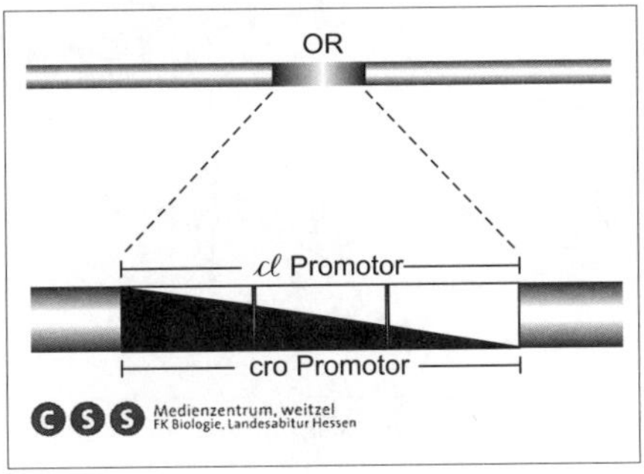

Die Keildicken symbolisieren die Affinitäten der regulatorischen Proteine cI (weißer Keil) und cro (schwarzer Keil) an den jeweiligen Operatorregionen OR 3, OR 2 und OR 1 (Affinität = Bindungsbestreben).

Material 4

Genetischer Schalter beim Phagen im lytischen Zyklus (Zustand A)

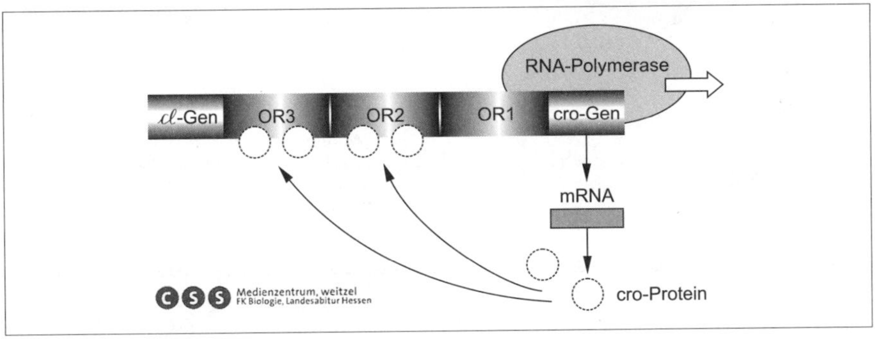

Neben dem cro-Protein werden weitere Proteine zum Aufbau neuer Phagen und zur Lyse des Bakteriums gebildet.

Material 5

Genetischer Schalter des Phagen im lysogenen Zyklus (Zustand B)

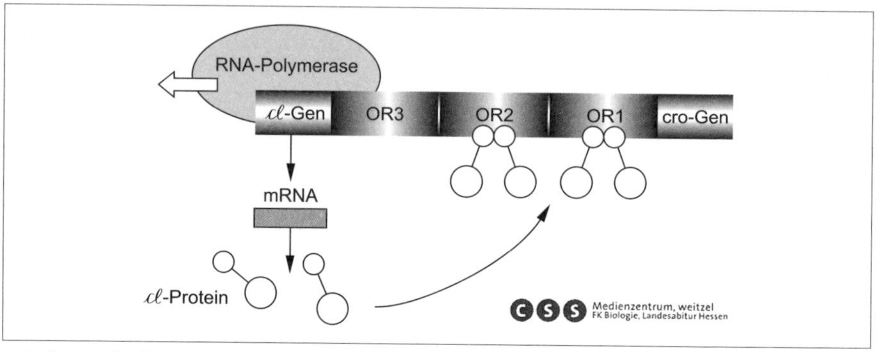

geändert nach: Unterricht Biologie, Friedrich Verlag , Heft 221, 21. Jahrg./Januar 1997, S. 50.

Material 6

Einfluss von UV-Licht auf das cI-Protein

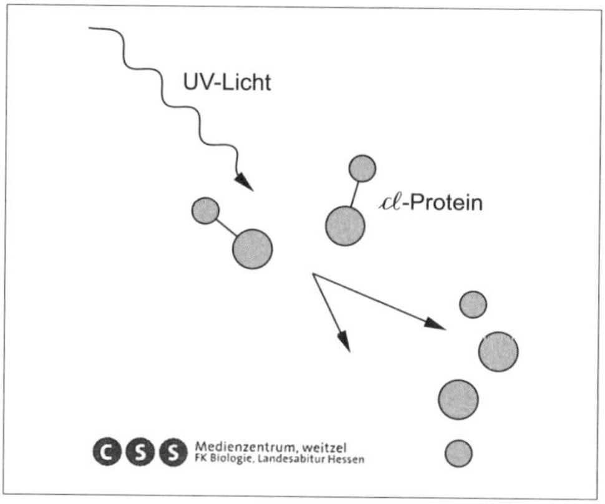

geändert nach: http://www.callutheran.edu/Academic_Programs/Departments/BioDev/omm/cro/frames/cro_rep.htm (abgerufen 11. 11. 2008).

Lösungsvorschläge

In der Aufgabe thematisierte Unterrichtsinhalte sind:
- *Genregulation: das Operon-Modell von Jacob und Monod zur Endproduktrepression*
- *Lytischer und lysogener Zyklus bei der Phagenvermehrung am Beispiel der T-Phagen und Lambda-Phagen.*

1 *Die verwendeten Operatoren „skizzieren" und „beschreiben" verlangen eine zweiteilige rein reproduktive Leistung. Am einfachsten ist es, Sie stellen die Steuerung der Genexpression nach dem Modell von Jacob und Monod an dem Beispiel dar, das in Ihrem Unterricht behandelt wurde. Dazu fertigen Sie eine aussagekräftige Skizze des Operons an und beschreiben dann die Dynamik des Systems, also den Ablauf der Endproduktrepression im aufbauenden Stoffwechsel einer Zelle. Hier wird die Endproduktrepression am Beispiel einer Aminosäuresynthese beschrieben, wie sie z. B. bei E. coli vorkommt, einem Bakterium, das Aminosäuren wie Histidin, Arginin und Tryptophan selbst synthetisieren kann.*

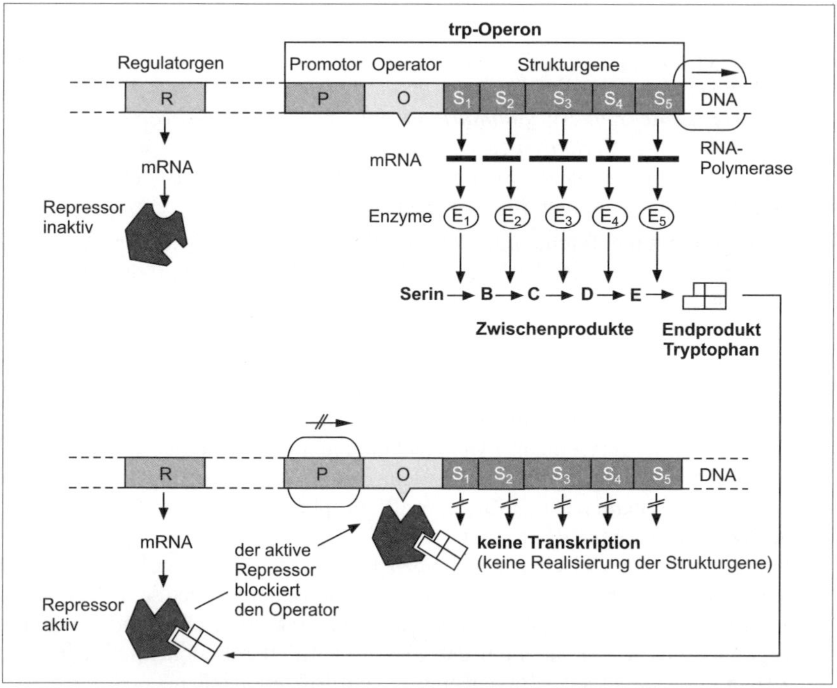

Das trp-Operon besteht aus dem Promotor (der Ansatzstelle für die RNA-Polymerase), dem Operatorgen (einem DNA-Abschnitt vor den Strukturgenen, der dem Repressor zur Anlagerung dient) und den Strukturgenen, die für bestimmte

Enzyme codieren, die zur Katalyse der fünfstufigen Synthese des Tryptophans aus Serin nötig sind und deren Aktivität geregelt werden soll.
Ist kein Tryptophan in der Zelle vorhanden, ist der vom Regulatorgen codierte und synthetisierte Repressor inaktiv. Die RNA-Polymerase kann am Promotor andocken und mit der Transkription der Strukturgene (mRNA) beginnen. An den Ribosomen findet mithilfe der tRNA-Moleküle, die mit Aminosäuren beladen sind, die Translation der mRNA in die entsprechenden Enzyme E_1 bis E_5 statt. Diese Enzyme katalysieren die Synthese von Tryptophan aus Serin in fünf Schritten. Dadurch nimmt die Tryptophan-Konzentration in der Zelle zu.
Ist ausreichend Tryptophan (Endprodukt) in der Zelle vorhanden, bindet es an einer bestimmten Stelle des Repressorproteins, welches dadurch eine Konformationsänderung (Änderung der Raumstruktur) erfährt und an den Operator binden kann. Geschieht dies, wird das Operon blockiert, da die RNA-Polymerase nicht mehr binden kann. Sinkt die Konzentration des Endprodukts durch Verbrauch oder Export aus der Zelle, löst sich die Bindung zwischen Endprodukt und Repressor und dieser wird inaktiv. Die Produktion von Tryptophan läuft wieder an. Bei der Endproduktrepression handelt es sich um eine Gleichgewichtsreaktion, denn die Bindung des Endprodukts an den Repressor ist konzentrationsabhängig.

2 *Der Operator „erläutern" verlangt von Ihnen, einen Sachverhalt so darzulegen und zu veranschaulichen, dass er verständlich wird. In diesem Fall finden Sie in Material 2 die Hintergrundinformationen, um die Kontroverse zwischen den beiden Forschern erklären zu können. Arbeiten Sie deshalb zunächst Material 2 gründlich durch. Grenzen Sie den lysogenen gegen den lytischen Zyklus ab und ordnen Sie die jeweiligen Phagentypen zu.*

T-Phagen durchlaufen bei einem Befall von *E. coli* einen lytischen Zyklus. Nach der Infektion (Injektion der Phagen-DNA in das Bakterium) produziert die Bakterienzelle nur noch Phagenproteine. Sie zerfällt schließlich unter Freisetzung vieler neuer Phagen (Lyse).
Lambda-Phagen können neben einem lytischen auch einen lysogenen Zyklus durchlaufen. Die Phagen-DNA wird dabei nach der Injektion als sogenannter Prophage in das Genom der Bakterienzelle integriert und bei Vermehrung durch Zellteilung mit vervielfacht. Alle Nachkommen der infizierten Zelle tragen folglich einen inaktiven Prophagen in sich. Durch Nahrungsmangel, UV-Licht oder den Einfluss chemischer Stoffe kann der Prophage wieder aktiviert und die Lyse der Wirtszelle eingeleitet werden.
Die Kontroverse zwischen den beiden Forschern bestand darin, dass d'Herelle und Bordet durch ihre Untersuchungen jeweils unterschiedliche Vorstellungen zur Rolle der Phagen bei der Zerstörung von Bakterienzellen entwickelten. Ihre Ergebnisse basierten dabei auf der wissenschaftlichen Beobachtung der Wirkung zweier unterschiedlicher Bakteriophagen auf Bakterienzellen.
T-Phagen – die Partikel, die d'Herelle beobachtete – rufen eine Lyse der befallenen Bakterienzellen hervor (lytischer Zyklus). D'Herelle identifizierte aus diesem Grund die Phagen als Auslöser der Zerstörung der Bakterienzellen.

Die DNA des Lambda-Phagen – der Partikel, den Bordet untersuchte – wird dagegen als Prophage in das Genom der Bakterienzelle integriert (lysogener Zyklus). Durch äußere Einflüsse ausgelöst wird die Lyse ohne eine aktuelle Anwesenheit von Phagen initiiert. Bordet interpretierte diesen Vorgang als einen im Inneren der Zelle (endogen) ausgelösten Prozess.

3 *Diese Aufgabe ist sehr umfangreich und komplex, da sie drei Operatoren enthält. Dies erfordert eine systematische Vorgehensweise:*
Klären Sie zunächst die ***Funktionsweise des genetischen Schalters*** *beim Lambda-Phagen, indem Sie der Frage nachgehen, was an diesem Schalter zur Steuerung der Aktivität der Phagen-Gene anders ist als bei der bekannten Steuerung nach Jacob und Monod (vgl. Aufgabe 1). Die Schwierigkeit dabei ist, die gesamten Materialien 2–6 zu überblicken und relevante Daten miteinander in Beziehung zu setzen.*
- *Benennen Sie zunächst die an diesem genetischen Schalter beteiligten Strukturen und erklären Sie deren Funktion.*
- *Ergänzen Sie in Material 4 und 5 jeweils rechts vom cro-Gen die viralen Strukturgene S1, S2, S3, dadurch wird die Abbildung verständlicher.*

Erklären Sie nun die ***Wirkungsweise des Schaltmechanismus*** *unter Berücksichtigung der beiden festzustellenden Besonderheiten: Die RNA-Polymerase kann die Nukleotidsequenzen in beide Richtungen transkribieren und zwei Promotoren können sich mit unterschiedlicher Affinität an die drei Operatoren des Operatorbereichs anlagern.*
Um zu analysieren, ***wie und wodurch der lytische Zyklus ausgelöst*** *werden kann, benötigen Sie Material 6. Exemplarisch für den Faktor „Stress" ist hier die Wirkung des UV-Lichts auf das cI-Protein dargestellt.*

Funktionsweise des genetischen Schalters beim Lambda-Phagen:

cI-Gen: Strukturgen für das cI-Protein, welches als aktiver Repressor vorwiegend an die Operatoren OR 1 und OR 2 bindet
cro-Gen: Strukturgen für das cro-Protein, welches als aktiver Repressor vorwiegend an die Operatoren OR 2 und OR 3 bindet
OR 2, OR 3: Operatoren und bevorzugte Anlagerungsstellen für das cro-Protein
OR 2, OR 1: Operatoren und bevorzugte Anlagerungsstellen für das cI-Protein
cI-Protein: Repressor für das rechte Operon
cro-Protein: Repressor für das linke Operon

S_1–S_n: Strukturgene, die für virale Proteine codieren (Enzyme, Hüllproteine etc.). Sie sind in den Materialien 3–5 nicht dargestellt.

Wirkungsweise des Schaltmechanismus:
- Der Lambda-Phage hat als Prophage einen Operatorbereich, der in drei Promotorstellen gegliedert ist.
- Vom Promotorbereich aus ist eine Transkription durch die RNA-Polymerase in beide Richtungen möglich. Nach links wird das cI-Gen und nach rechts das cro-Gen transkribiert.

- Das cI- und das cro-Protein binden als Gegenspieler jeweils an den gleichen DNA-Abschnitten des Operatorbereichs, besitzen aber eine unterschiedliche Affinität für die Regionen des Operatorbereichs.
- Besetzt das cI-Protein (Repressor) den Operatorbereich, können das cro-Gen und die Strukturgene zum Aufbau neuer Viren nicht abgelesen werden ⇒ lysogener Zustand.
- Besetzt das cro-Protein den Operatorbereich, so werden die Strukturgene für den Aufbau neuer Viren exprimiert ⇒ Herauslösen des Provirus aus dem Bakteriengenom und Lyse der Bakterienzelle.

Auslösen des lytischen Zyklus:

Dem Lambda-Phagen gelingt es, den lysogenen Zustand so lange aufrechtzuerhalten, wie das cI-Gen aktiv ist und das cI-Protein laufend gebildet wird. Es bindet in den Operatorbereichen OR 1 und OR 2 und blockiert dadurch die Bindung der RNA-Polymerase, die das cro-Gen abliest, am Promotor. Für das cI-Operon steht daher kein Repressor zur Verfügung und das cI-Gen wird ständig exprimiert. Die Strukturgene des Virus können folglich nicht in mRNA und entsprechende Funktionsproteine umgesetzt werden.

Der lysogene Zyklus kann so lange aufrechterhalten werden, bis die cI-Repressormoleküle durch einen äußeren Einfluss, in Material 6 am Beispiel von UV-Licht aufgezeigt, zerstört werden. Für das cro-Operon steht nun kein Repressor mehr zur Verfügung, der Promotor für das cro-Gen wird frei. Das cro-Protein kann nun gebildet werden und bindet als Repressor an die Operatorbereiche OR 3 und OR 2. Der Promotorbereich für das cI-Gen ist blockiert. Durch das Ablesen der viralen Strukturgene wird nun die Phagenvermehrung und damit die Lyse eingeleitet. Dieser Vorgang ist unumkehrbar, da die Neubildung des cI-Proteins durch das nun vorhandene cro-Protein verhindert wird. Die Lyse der Bakterienzelle kann ablaufen.

4 *Es gilt hier weniger, eine Hypothese zu entwickeln, als die Erkenntnisse aus Aufgabe 3 auf eine neue Situation, die Zweitinfektion eines im lysogenen Zustand befindlichen Bakteriums mit dem gleichen Phagen (Lambda-Phage), anzuwenden. Diese Aufgabe ist nur zu lösen, wenn die Aufgabe 3 richtig bearbeitet wurde. Rufen Sie sich dazu den Zustand des genetischen Schalters im lysogenen Zustand in Erinnerung.*

Eine Zweitinfektion bedeutet, dass erneut virale DNA in das Genom des Bakteriums integriert wird. In dem Bakterium, das sich im lysogenen Zustand befindet, ist jedoch die Transkription der Strukturgene und des cro-Gens durch eine hohe Konzentration an cI-Repressoren abgeschaltet. Vorhandene freie cI-Repressormoleküle besetzen sofort nach dem Einbau der neuen DNA die Operatorbereiche OR 1 und OR 2 und erzwingen bei den neu hinzugekommenen Prophagen weiter den lysogenen Zustand. Infolgedessen durchläuft das Bakterium weiter den lysogenen Zyklus.

Abiturprüfung 2010 Leistungskurs Biologie (Hessen)
B: Ökologie und Stoffwechselphysiologie

Purpurbakterien – Lebewesen mit spezieller Anpassung BE

1 Geben Sie die Summengleichung der Fotosynthese grüner Pflanzen an und beschreiben Sie die wesentlichen Vorgänge der lichtabhängigen Reaktionen unter Berücksichtigung der daran beteiligten Zellstrukturen. 13

2 Beschreiben Sie die Absorptionsspektren von Purpurbakterien und Wasserlinsen (Material 2). Erläutern Sie, warum die Purpurbakterien unter der Wasserlinsendecke Fotosynthese betreiben können (Material 1 und 2). 7

3 Erläutern Sie Bau und Funktion des Fotosyntheseapparates der Purpurbakterien und vergleichen Sie tabellarisch die in Material 3 dargestellten lichtabhängigen Reaktionen der Purpurbakterien mit den lichtabhängigen Reaktionen grüner Pflanzen. Stellen Sie die Summengleichung dieser Bakteriofotosynthese formelmäßig dar. 18

4 Stellen Sie die Besonderheiten des betrachteten Ökosystems kurz dar (Material 1 und 2). Analysieren Sie unter Berücksichtigung dieser Besonderheiten die ökologische Stellung und Funktion der Purpurbakterien und der Wasserlinsen in diesem Ökosystem. Erklären Sie die Koexistenz beider Arten. 12

50

Material 1

Gewässer im Sommer

Ein stehendes, flaches Gewässer ist von einem Gürtel aus Schilf und Sträuchern umgeben. Am Boden des Gewässers bildet sich bei der Zersetzung toter Lebewesen Faulschlamm, aus welchem neben anderen Gasen Schwefelwasserstoff (H_2S) und Kohlenstoffdioxid (CO_2) aus Gärungsprozessen als Gasblasen entweichen. Schwefelwasserstoff ist in bestimmten Konzentrationen giftig. Die beiden Gase führen zur Massenentwicklung von Purpurbakterien, welche den Faulschlamm und das reichlich vorhandene, in Zersetzung befindende Pflanzenmaterial als roten Belag überziehen. In diesem Faulschlamm kommen anaerob lebende Tubifexarten (Schlammröhrenwürmer) vor, die sich u. a. von Purpurbakterien ernähren. Untersuchungen haben ergeben, dass die Purpurbakterien bei einfallendem Sonnenlicht, das sie in der Regel in ausreichender Menge trifft, neben Glukose und Wasser beträchtliche Mengen an Schwefel herstellen.
Die Purpurbakterien können auch dann in diesem Gewässer existieren, wenn die Wasseroberfläche von einer geschlossenen Pflanzendecke aus grünen „Wasserlinsen“

(Lemna minor) überzogen ist. Dabei handelt es sich um eine Pflanze, die auf der Wasseroberfläche treibt und im Sommer ein Gewässer innerhalb weniger Wochen komplett bedecken kann.
Wasserlinsen bestehen aus einem oder mehreren 3 bis 5 mm großen „Blättchen“, die luftgefüllte Hohlräume enthalten, mithilfe derer sie auf der Wasseroberfläche frei schwimmen. Von der Wasseroberfläche senkt sich eine bis 10 mm lange Wurzel ins Wasser (s. Abbildung 1.1). Über diese Wurzel nimmt die Pflanze Mineralien auf.

geändert nach:
S. Parker u. a.: Teiche & Flüsse, Gerstenberg Verlag, Hildesheim 1992, S. 6, 9, 13, 44.
D. Aichele: Was blüht denn da?, Franckh'sche Verlagshandlung, Stuttgart 1975, S. 370.

Abbildung 1.1
Frei schwimmende Wasserlinsen *(Lemna minor)*

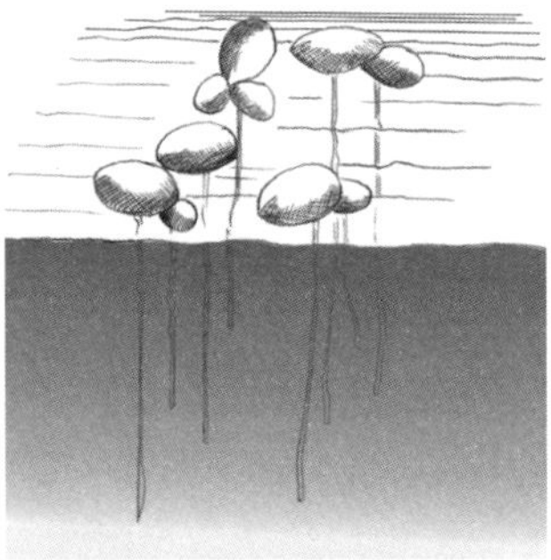

geändert nach:
Manfred Schacke:
Wasserlinsen:
Spezialisten stiller Gewässer,
In: Natur- und Umweltschutz in Filderstadt (Hrsg.), Filderstadt 2007, S. 70.

Abbildung 1.2
Schematischer Schnitt durch ein ca. 1 m tiefes Gewässer mit Purpurbakterien und Wasserlinsen

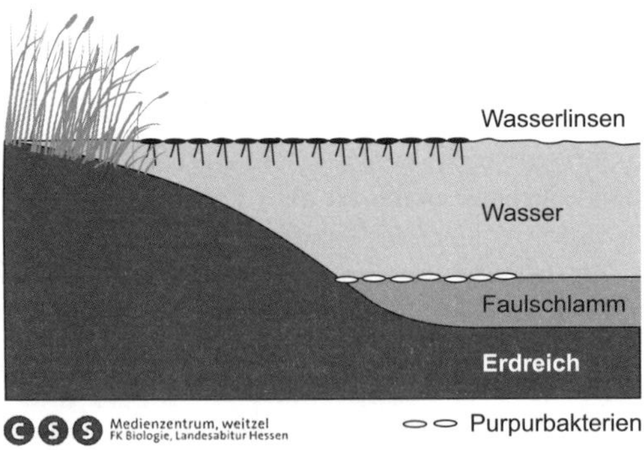

geändert nach:
Schlegel, H. G.: Allgemeine Mikrobiologie, Thieme Verlag, Stuttgart 1985, S. 381.

Material 2

Licht-Absorptionsspektrum von Purpurbakterien und Wasserlinsen

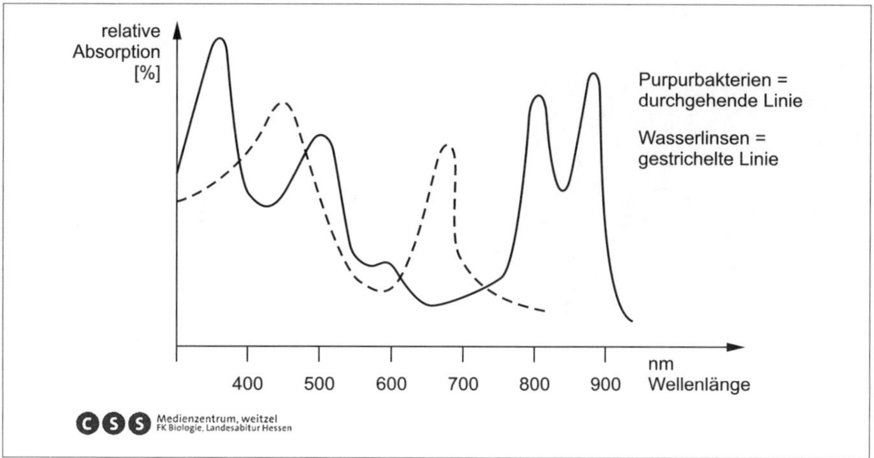

geändert nach: Schlegel, H. G.: Allgemeine Mikrobiologie, Thieme Verlag, Stuttgart 1985, S. 375.

Material 3

Fotosynthese bei Purpurbakterien

Für die lichtabhängigen Reaktionen der Fotosynthese von Purpurbakterien zeigt die folgende, vereinfachte Darstellung einen Ausschnitt einer innercytoplasmatischen Membran (Thylakoid). Diese Membranen bilden Einstülpungen, sodass dabei Innenräume entstehen. Purpurbakterien besitzen besondere Fotosynthesepigmente, die Bakteriochlorophylle.

Der Fotosyntheseapparat der lichtabhängigen Reaktionen ist bei Purpurbakterien hauptsächlich in und an diesen innercytoplasmatischen Membranen, die verschiedene Formen haben können, lokalisiert. Zu diesem Fotosyntheseapparat gehören ein Pigment-Proteinkomplex (Antennenkomplex A I) mit Carotinoiden und Bakteriochlorophyllen, Redoxsysteme (RS) und der ATP-Synthase-Komplex. In Abhängigkeit von der Lichtintensität wird bei den meisten Purpurbakterien zusätzlich noch ein Antennenkomplex II (A II) gebildet.

Die Bereitstellung von Protonen und Elektronen erfolgt durch H_2S.*

Als ein Produkt der lichtabhängigen Reaktionen wird $NADH + H^+$ über die folgende Reaktion hergestellt:

$$NAD^+ + 2\,H^+ + 2\,e^- \longrightarrow NADH + H^+ \,*$$

Im Anschluss an die lichtabhängigen Reaktionen betreiben die Purpurbakterien eine den lichtunabhängigen Reaktionen grüner Pflanzen vergleichbare Fotosynthese.

* Der Prozess der Bereitstellung von Protonen und Elektronen sowie der Bildung von $NADH + H^+$ ist für die Aufgabenstellung nicht relevant.

Wesentliche Vorgänge der lichtabhängigen Reaktionen bei Purpurbakterien

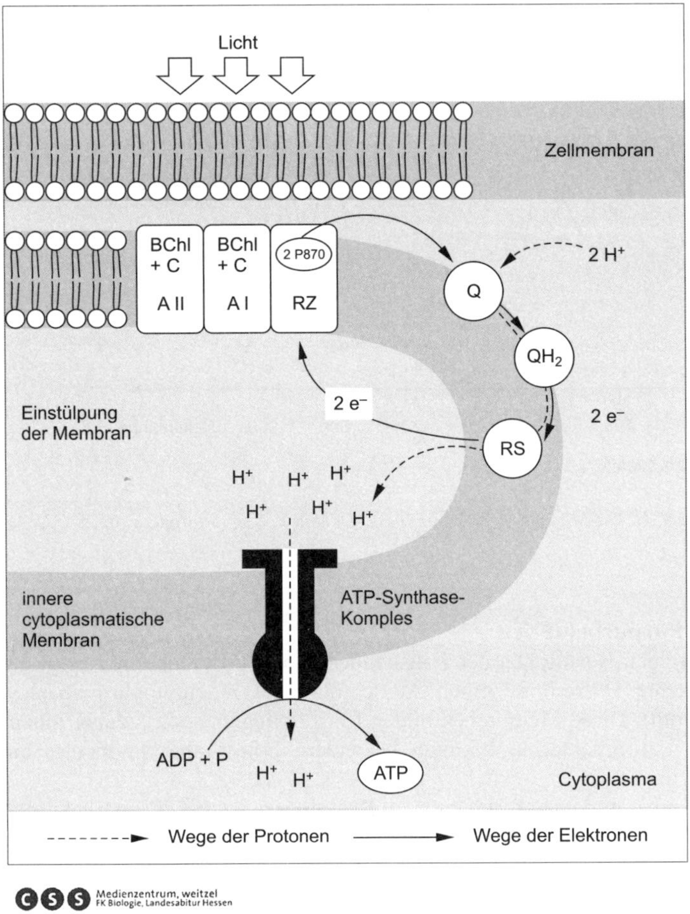

A I	=	Antennenkomplex I	A II	=	variabler Antennenkomplex II
BChl	=	Bakteriochlorophyll	C	=	Carotinoide
e^-	=	Elektron	P	=	Pigmentmolekül/Farbstoffmolekül
870	=	Wellenlänge in nm	Q	=	Chinone (Q und QH_2 symbolisieren verschiedene Zustände des Chinons, keine Ortsveränderungen)
QH_2	=	reduziertes Chinon			
RS	=	Redoxsysteme			
			RZ	=	Reaktionszentrum

geändert nach: Freudig, Doris, Sauermost, Rolf: Lexikon der Biologie in 14 Bänden, 11. Band, Spektrum Akademischer Verlag, Heidelberg 2003, Seite 56.

Lösungsvorschläge

In der Aufgabe thematisierte Unterrichtsinhalte sind:

- *Fotosynthese grüner Pflanzen, Summengleichung*
- *Lichtabhängige Reaktionen der Fotosynthese und die ihr zugrunde liegenden Strukturen, Bau des Fotosyntheseapparates*
- *Absorptionsspektren*
- *Gegenüberstellung von Fotosystemen*
- *Anpassungsleistungen von Organismen an die Bedingungen des Lebensraumes (Lichtqualität und anaerobe Umgebung)*
- *Einordnung von Organismen in ein Ökosystem anhand ihrer Stoffwechselspezialität*

1 *Der Operator „angeben" verlangt hier lediglich die reproduktive Wiedergabe der Fotosynthesegleichung. Sollten Sie diese nicht mehr auswendig wissen, lässt sie sich auch leicht erschließen. Schreiben Sie dazu die Edukte der Fotosynthese (CO_2 und H_2O) auf die linke Seite und die Produkte (O_2 und $C_6H_{12}O_6$) auf die rechte Seite des Blattes. Gleichen Sie die Anzahl der beteiligten Atome ausgehend von der Zusammensetzung des Zuckers aus. Traubenzucker hat die Summenformel* $\boldsymbol{C_6H_{12}O_6}$*. Da er als Produkt sechs C-Atome enthält, bedarf es entsprechend sechs Kohlenstoffdioxidmoleküle auf der Seite der Edukte. Damit in der Lichtreaktion sechs Sauerstoffmoleküle entstehen, muss die entsprechende Menge Wasser (12 H_2O) gespalten werden. Da zur Zuckerbildung 12 H- und 6 O-Atome benötigt werden, sind auf der Produktseite nun noch sechs Wassermoleküle zu ergänzen.*

$$6\,CO_2 + 12\,H_2O \longrightarrow C_6H_{12}O_6 + 6\,H_2O + 6\,O_2$$

Der Operator „beschreiben" verlangt eine reproduktive Leistung, die komplette Darstellung der wesentlichen Schritte des Ablaufs der lichtabhängigen Reaktionen der Fotosynthese. Dazu sollten Sie eine Skizze der beteiligten Strukturen anfertigen und anschließend den Stoff- und Energiefluss im System aufzeigen. Auch hier ist es hilfreich, die Edukte und Produkte des Geschehens zu notieren bzw. in die Skizze einzutragen.

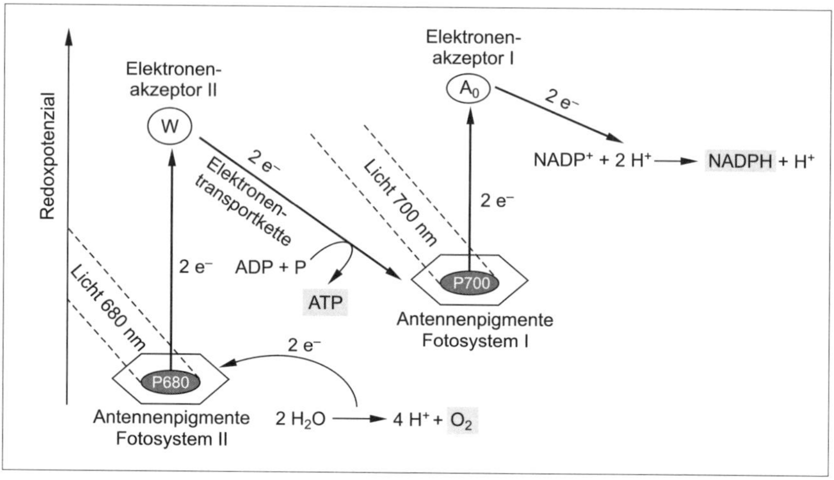

Lichtenergie aus dem sichtbaren Wellenbereich des Lichts wird durch Antennenpigmente (Chlorophyll b und Carotinoide) der Lichtsammelfallen in der Thylakoidmembran der Chloroplasten absorbiert und an das Reaktionszentrum (Chlorophyll a) weitergeleitet. Zunächst werden durch die absorbierte Energie Elektronen des Chlorophyll a im Fotosystem II auf ein höheres Energieniveau gebracht. Über mehrere Redoxsysteme, welche alle benachbart in der Thylakoidmembran eingelagert sind, werden diese energiereichen Elektronen in einer Elektronentransportkette auf das Fotosystem I (benachbart in der Thylakoidmembran) übertragen. Durch Spaltung von zwei Wassermolekülen in 4 H^+ und O_2 wird die „Elektronenlücke“ am Fotosystem II bei jeder Anregung des Chlorophylls a wieder aufgefüllt. Der Sauerstoff ist das erste nachweisbare Fotosyntheseprodukt (vgl. Gesamtgleichung). Bei der Anregung des Fotosystems I durch Licht werden die übertragenen Elektronen erneut auf ein höheres Energieniveau angehoben und über eine zweite Elektronentransportkette in der Membran geleitet. Durch die sich im Thylakoidinnenraum durch die Wasserspaltung und den aktiven Transport nach innen anreichernden Protonen entsteht ein Protonengradient. Ihrem Konzentrationsgefälle folgend können die Protonen über das Enzym ATP-Synthase in das Stroma transportiert werden, wobei es zur ATP-Synthese kommt. Der endgültige Akzeptor für Elektronen und Protonen ist das im Stroma befindliche $NADP^+$, welches zum NADPH + H^+ reduziert wird.

NADPH + H^+ und ATP werden in der lichtunabhängigen Reaktion der Fotosynthese zur Reduktion des CO_2 zu Zucker benötigt (vgl. Gesamtgleichung).

2 *Die Beschreibung der Absorptionsspektren muss eng am Material 2 geführt werden. Erinnern Sie sich an das Absorptionsspektrum einer Landpflanze (nicht nur das der einzelnen Pigmente). Was erkennen Sie wieder? Relevant für eine hohe Fotosyntheserate sind die Absorptionsmaxima. Ergänzen Sie auf der y-Achse die Skala 0–100. Bedenken Sie, dass Licht, welches nicht absorbiert wird, transmittiert wird. Es geht also durch die fotosynthetisch aktiven Organe der Pflanze hindurch. Eine Absorption von 50 % bedeutet damit, dass weitere 50 % hindurchgelassen werden. Mit „Zellstrukturen" sind hier die beteiligten Moleküle gemeint und nicht Organellen, wie die Chloroplasten und deren Membranen.*

Wasserlinsen zeigen ein ähnliches Absorptionsspektrum wie die meisten höheren Pflanzen. Ihre Absorptionsmaxima liegen im Wellenlängenbereich sichtbaren Lichts bei ca. 450 nm (blaues Licht) und bei 680 nm (rotes Licht), wo vorwiegend Chlorophylle absorbieren. In der sogenannten „Grünlücke" zwischen 480 und 600 nm (vorwiegend grünes und gelbes Licht) wird zwar über die Antennenpigmente (Carotinoide) auch Licht absorbiert, aber in viel geringerem Maße.
Dem stehen die Absorptionsmaxima der Purpurbakterien im nahen UV-Bereich bei ca. 360 nm, in der „Grünlücke" der höheren Pflanzen bei ca. 510 nm und mit zwei Maxima im Infrarotbereich bei 800 und 880 nm gegenüber.
Setzt man in Material 2 einen Absorptionswert von 100 % beim höchsten dieser Maxima an, so wird deutlich, warum Purpurbakterien auch unter einer dichten Wasserlinsendecke noch ausreichend Fotosynthese betreiben können. Die Absorptionsmaxima von Wasserlinsen und Purpurbakterien sind jeweils gegeneinander verschoben. Die von den Pigmenten der Purpurbakterien absorbierten Wellenlängen liegen in den Bereichen, in denen Wasserlinsen nur geringe oder keine Anteile der Strahlung absorbieren. Purpurbakterien nutzen also mithilfe ihrer Bakteriochlorophylle Spektralbereiche der Strahlung, die auch noch in tiefere Wasserschichten reichen.

3 *Diese Aufgabe beinhaltet eine Bearbeitung in drei Teilen:*

Zunächst sollen Sie ***Bau und Funktion des Fotosyntheseapparates der Purpurbakterien erläutern****, d. h. den Ablauf der Fotosynthese bei den Purpurbakterien auf der Grundlage von Vorkenntnissen so darlegen und veranschaulichen, dass er verständlich wird. Dazu benötigen Sie Material 3 (Text und schematische Darstellung). Ergänzen Sie das Schema um die Informationen über die Funktion von H_2S und die Bildung von $NADH + H^+$, das macht die Darstellung verständlicher.*

Für den ***Vergleich der Fotosynthese bei Purpurbakterien und grünen Pflanzen*** *fertigen Sie eine Tabelle mit den beiden Spalten „grüne Pflanzen" und „Purpurbakterien" an. Vergleichen Sie alle im Material auffindbaren Aspekte der Lichtreaktion, ergänzend sollten Sie auch Material 2 heranziehen.*

Eine ***Summengleichung der Bakteriofotosynthese*** *lässt sich am besten im Vergleich mit der Summengleichung der Fotosynthese grüner Pflanzen erstellen. Auch wenn dies in der Aufgabenstellung nicht angegeben ist, benötigen Sie dazu die Informationen aus Material 1.*

Bau und Funktion des Fotosyntheseapparates bei Purpurbakterien:
Einstülpungen der Bakterienmembran erfüllen die Funktion der Granathylakoide bei den grünen Pflanzen. Sie erzeugen abgeschlossene, durch Membranen getrennte Innen- und Außenräume. In den Membranen sind die Antennenkomplexe A I und A II, bestehend aus Bakteriochlorophyll und Carotinoiden eingelagert. Sie führen dem Reaktionszentrum, in dem Pigmentmoleküle bei 870 nm absorbieren (vgl. Absorptionsspektrum in Material 2), Energie zur Elektronenanregung zu (vgl. Abb. in Material 3). Elektronen werden angeregt und auf Chinone übertragen, welche außerdem Protonen aufnehmen und diese auf weitere Redoxsysteme übertragen. Letztendlich werden Protonen und Elektronen ins Innere der Membraneinstülpung überführt, wobei die Elektronen wieder dem Reaktionszentrum zugeführt werden und die Protonen sich in den Einstülpungen anreichern. Der dadurch entstehende Protonengradient über der inneren zytoplasmatischen Membran wird zur ATP-Bildung durch die ATP-Synthase genutzt. In der Abbildung ist die Übertragung der Protonen und Elektronen auf den Akzeptor NAD^+, welcher zu $NADH + H^+$ reduziert wird, nicht dargestellt.

Vergleich der Fotosynthese bei Purpurbakterien und grünen Pflanzen:

grüne Pflanzen	Purpurbakterien
Aufbau eines Protonengradienten ⇒ ATP-Synthese mithilfe der ATP-Synthase	
Nutzung von Licht als Energiequelle	
Wellenlängenbereiche des sichtbaren Spektrums	Wellenlängenbereiche innerhalb und außerhalb des sichtbaren Spektrums
Fotosystem fungiert als Lichtsammelfalle	
Chlorophylle und Carotinoide	zwei unterschiedliche Antennenkomplexe aus Bakteriochlorophyll und Carotinoiden
zwei Fotosysteme, in denen ein azyklischer Elektronentransport abläuft	ein Fotosystem, in dem die angeregten Elektronen zyklisch zum Reaktionszentrum zurückgeführt werden
Thylakoidmembran der Chloroplasten, in der die Antennenkomplexe und Fotosysteme sitzen	Einstülpungen der Zellmembran, in denen die Lichtsammelfallen und Fotosysteme sitzen
$NADP^+$ als Wasserstoffakzeptor in den lichtabhängigen Reaktionen	NAD^+ als Wasserstoffakzeptor in den lichtabhängigen Reaktionen
Wasser als Protonen- und Elektronenquelle, elementarer Sauerstoff wird frei	Schwefelwasserstoff als Protonen- und Elektronenquelle, elementarer Schwefel wird gebildet

Summengleichung der Bakteriofotosynthese:

$$12\,H_2S + 6\,CO_2 \longrightarrow C_6H_{12}O_6 + 12\,S + 6\,H_2O$$

4 *Die ökologische Fragestellung dieser Aufgabe ist mit den Operatoren „darstellen", „analysieren" und „erklären" ebenfalls dreiteilig. Zunächst sind die Besonderheiten des betrachteten Ökosystems darzustellen. Alle Informationen dazu finden Sie in Material 1. Fertigen Sie eine strukturierte Zusammenfassung an, auch eine Mindmap ist evtl. nützlich. Die Analyse der ökologischen Stellung und Funktion der Purpurbakterien und der Wasserlinsen lässt sich aus den Besonderheiten des Ökosystems und den beiden Fotosynthesegleichungen (vgl. Aufgaben 1 und 3) ableiten. Aus dem Vergleich der ökologischen Nischen erklärt sich die mögliche Koexistenz der beiden Arten.*

Besonderheiten des betrachteten Ökosystems:
Bei dem betrachteten Ökosystem handelt es sich um ein flaches Gewässer, welches sich im Sommer stark aufheizt. Dichter Uferbewuchs bedingt einen hohen Biomasseeintrag durch Blätter und abgestorbene Pflanzenteile. Beide Faktoren führen zu Sauerstoffmangel im Wasser, da die Löslichkeit des Sauerstoffs in warmem Wasser gering ist und die Stoffwechseltätigkeit (Atmung) der Konsumenten und aeroben Destruenten viel Sauerstoff verbraucht und CO_2 produziert. Die in der Folge daraus entstehenden anaeroben Verhältnisse, bei denen nur noch ein unvollständiger Stoffabbau durch Gärungsprozesse möglich ist, führen dazu, dass sich Faulschlamm am Grunde des Gewässers anreichert. Beim Abbau schwefelhaltiger organischer Stoffe, wie Proteinen, entsteht unter diesen Bedingungen H_2S als Stoffwechselprodukt.

Ökologische Stellung und Funktion der Purpurbakterien und Wasserlinsen:
Wasserlinsen und Purpurbakterien zählen in diesem Ökosystem beide zu den Produzenten, da sie Assimilation über Fotosynthese betreiben (vgl. Gleichungen in Aufgabe 1 und 3). Die auf dem Wasser frei schwimmenden Wasserlinsen, die zuweilen die Wasseroberfläche vollständig bedecken, sind Nahrung für Konsumenten 1. Ordnung (z. B. Vögel: Wasserlinsen werden aus diesem Grund auch „Entengrütze" genannt). Die anaerob lebenden Purpurbakterien dienen den anaerob lebenden Tubifexarten (Primärkonsumenten) als Nahrung. Diese wiederum werden von Fischen als Konsumenten 2. Ordnung gefressen. Die Purpurbakterien tragen durch ihren Stoffwechsel außerdem dazu bei, dass die Menge des giftigen Schwefelwasserstoffs, der aus dem Faulschlamm entweicht, reduziert wird.

Erklärung der Koexistenz der beiden Arten:
Wasserlinsen schwimmen auf der Wasseroberfläche, nehmen aus der Luft CO_2 auf, produzieren Sauerstoff und entnehmen mit den frei ins Wasser hängenden Wurzeln Wasser und Mineralien. Der Lebensraum der Purpurbakterien über dem Faulschlamm enthält keinen Sauerstoff, jedoch reichlich H_2S und CO_2 aus dem Stoffwechsel der Destruenten. Die beiden Arten unterscheiden sich außerdem durch den von ihnen für die Fotosynthese genutzten Spektralbereich des Lichts. Purpurbakterien nutzen das Licht, das von den Wasserlinsen nicht absorbiert wird (vgl. Aufgabe 2). Beide Arten können sich in ihrem jeweiligen Gewässerbereich stark vermehren. Durch die jeweilige ökologische Einnischung erfolgt hier eine Konkurrenzvermeidung zwischen den zwei Produzenten, ihre Koexistenz wird dadurch ermöglicht.

Abiturprüfung 2010 Leistungskurs Biologie (Hessen)
C: Verhaltensbiologie

Wirkungsweise körpereigener Cannabinoide

BE

1 Beschreiben Sie das Zustandekommen eines Ruhepotenzials an einer Nervenzelle unter Berücksichtigung von Material 1. 12

2 Beschreiben Sie die in Material 2 und 3 dargestellten Prozesse synaptischer Übertragung in unterschiedlichen Erregungssituationen (Zustand A und B) und erklären Sie die Bedeutung der Ca^{2+}-Ionenkonzentration bei diesen Prozessen. 16

3 Entwickeln Sie je **eine** begründete Hypothese, wie man mithilfe von Medikamenten den Aktivitätszustand des Endocannabinoidsystems verringern und erhöhen könnte. 8

4 Analysieren Sie die in Material 4 beschriebene Lernform und stellen Sie die Besonderheit des Lernvorgangs in diesem Experiment dar. Analysieren Sie die Bedeutung des CB 1-Rezeptors bei diesem Lernprozess. 14

50

Material 1

Konzentrationen von Ionen und Permeabilität der Neuronenmembran während des Ruhepotenzials

Ion	**Na^+**	**K^+**	**Cl^-**	**Protein-Anionen**
Intrazelluläre Konzentration [mmol /ℓ]	50	400	108	460
Extrazelluläre Konzentration [mmol/ℓ]	440	20	560	–
Permeabilität [$cm \cdot s^{-1} \cdot 10^{-7}$]	0,7	18,0	7,9	0,0

geändert nach: Biologie heute entdecken SII, Schroedel, Braunschweig, 2005, S. 215.

Material 2

Wirkungsweise von körpereigenen Cannabinoiden (Endocannabinoide)

Das Endocannabinoid-System ist an der Regulation vielfältiger Funktionen im Zentralnervensystem beteiligt, es repräsentiert ein körpereigenes, physiologisches Regulationssystem.

In den Abbildungen 2.1 und 2.2 sind je zwei vorgeschaltete Neuronen (Neuron 1 und Neuron 2) in ihrer Wirkung in unterschiedlichen Erregungssituationen auf ein postsynaptisches Neuron dargestellt.

Abbildung 2.1
Synapsenverknüpfungen im Zustand A

Neuron 1 zeigt hier die Grundaktivität ohne vorherige Erregung.

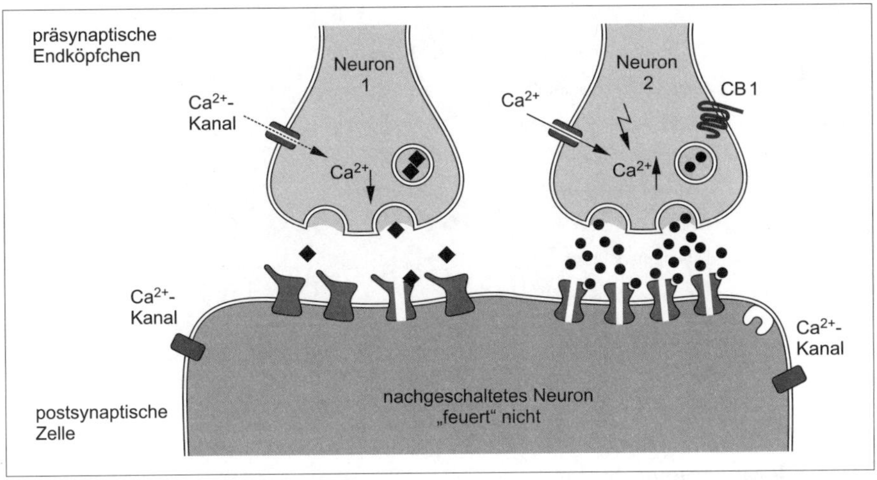

Abbildung 2.2
Synapsenverknüpfungen im Zustand B

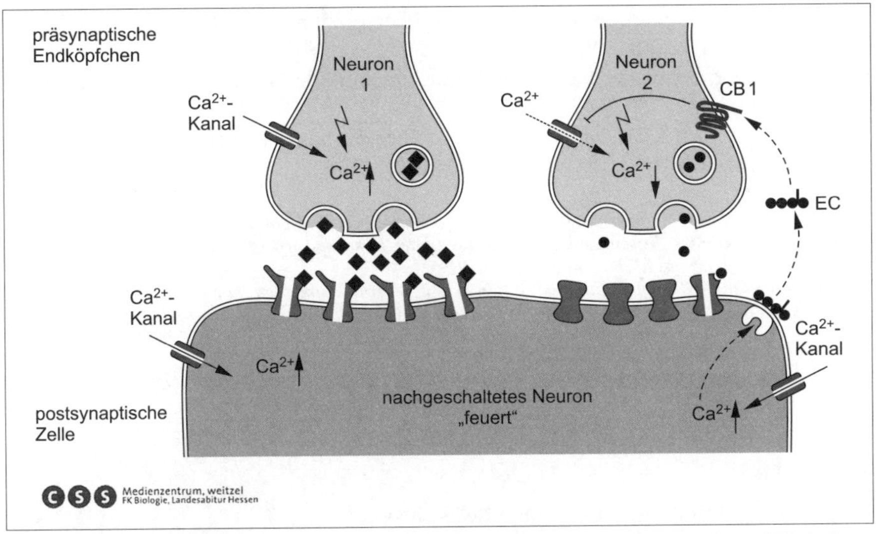

geändert nach: Schusdziarra, Volker: Das Endocannabinoidsystem – Physiologische und klinische Bedeutung, UNI-MED Verlag AG, Bremen 2006, S. 29.

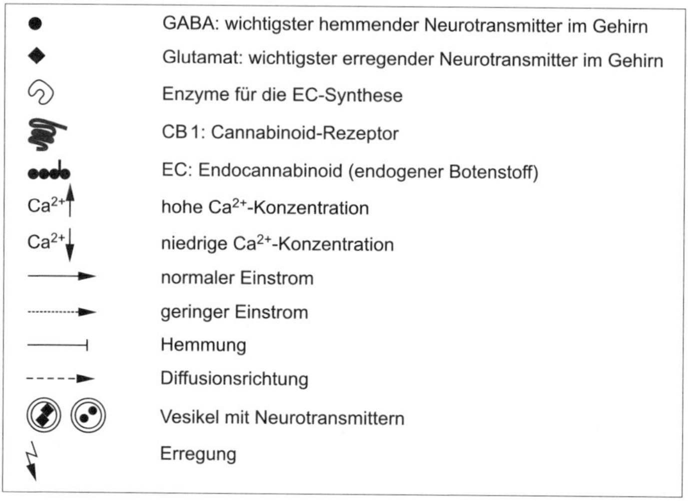

Material 3

Das Endocannabinoid-System

Das Endocannabinoid-System besteht aus Cannabinoid-Rezeptoren (z. B. CB 1), ihren endogenen Botenstoffen, den Endocannabinoiden (EC) sowie Enzymen für die Synthese von Endocannabinoiden und deren Abbau.
Endocannabinoide werden bei Bedarf u. a. über Enzyme aus Membran-Phospholipiden synthetisiert.
Die Wirkdauer der bisher bekannten Endocannabinoide bewegt sich im Bereich von einigen Minuten.
Der Abbau von Endocannabinoiden erfolgt über die passive Diffusion über Endocannabinoid-Carrier in die post- und präsynaptische Zelle.

geändert nach:
Kornelia Kamprath: Untersuchungen zur Rolle des endogenen Cannabinoidsystems bei der Anpassung an aversive Situationen, Dissertation an der Fakultät für Biologie der Ludwig-Maximilians-Universität München, München, 2006.
Maximilian Klar: Präsynaptische Modulationen der Neurotransmission im Neokortexgewebe: (1) Der CB1-Rezeptor beim Menschen (2) Die spannungsabhängigen Ca2+-Kanäle beim Menschen und (3) Der Kationenstrom Ih bei der Ratte, Dissertation an der Medizinischen Fakultät der Albert-Ludwigs-Universität in Freiburg (i. Brsg.).
http://www.pharmazeutische-zeitung.de/fileadmin/pza/2005-06/titel.htm#TOP#TOP (abgerufen 30. 03. 2008).

Material 4

Angst- und Abneigungsreaktionen bei Mäusen

Wissenschaftlerinnen und Wissenschaftler des Max-Planck-Instituts für Psychiatrie stellten mithilfe molekularbiologischer und genetischer Techniken sogenannte Knockout-Mäuse her, denen der Cannabinoid-Rezeptor CB 1 fehlt.

In Verhaltensexperimenten lernten die Knockout-Mäuse in einem einzigen Trainingsdurchgang, ein Tonsignal mit einem leichten elektrischen Schlag zu assoziieren. Bei erneuter Präsentation des Tons am darauffolgenden Tag zeigten die Mäuse eine deutliche Angstreaktion, die vor allem durch eine Körperstarre gekennzeichnet war. Anschließend wurde an aufeinanderfolgenden Tagen nur das Tonsignal präsentiert. Das Ergebnis der Versuchsreihe zeigt die folgende Abbildung.

Erstarrungsreaktionen bei Mäusen

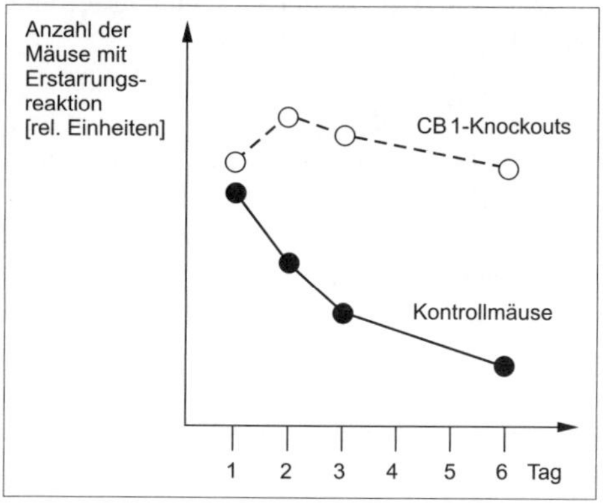

http://www.mpipsykl.mpg.de/pages/info/aktu_angst.html (abgerufen 17. 05. 2008)

Lösungsvorschläge

In der Aufgabe thematisierte Unterrichtsinhalte sind:
- *Nervenzelle, Ruhepotenzial, Ionenverteilung, Ionenströme*
- *Motorische Endplatte, erregende und hemmende Synapse, Transmitter*
- *Regulations- und Modulationsmechanismen an Synapsen*

1 *In dieser Aufgabe wird Ihr Wissen über das Zustandekommen des Ruhepotenzials an der Membran des Neuron abgefragt. Da es sich hierbei um eine rein reproduktive Aufgabe handelt, kann es sich bei der Lösung um einen von Ihnen eingeübten „Standardtext" handeln. Die Daten im Material sind lediglich als Gedankenstütze gedacht. Eine Skizze ist zwar nicht verlangt, sie kann aber für die Formulierung einer sinnvoll gegliederten Lösung hilfreich sein.*

Das Ruhepotential einer Nervenzelle (Neuron) kommt durch eine Ungleichverteilung von Ionen zwischen dem Innen- und dem Außenraum der Membran zustande. In erster Linie ist das Ruhepotenzial ein K^+-Gleichgewichtspotenzial. Im Außenraum befinden sich nur 20 mmol K^+/ℓ, im Innenraum 400 mmol$/\ell$, wodurch ein starker osmotischer Druck aufgebaut wird. Die Permeabilität der Membran für Kaliumionen ist dabei relativ hoch ($18\ \text{cm} \cdot \text{s}^{-1} \cdot 10^{-7}$), sodass diese entlang ihres Konzentrationsgefälles ständig nach außen strömen können. Die Na^+-Konzentration beträgt im Innenraum 50 mmol/ℓ, im Außenmedium 440 mmol/ℓ. Die Membran ist auch für Natriumionen permeabel, mit $0{,}7\ cm \cdot s^{-1} \cdot 10^{-7}$ allerdings wesentlich weniger stark als für Kaliumionen. Die Na^+/K^+-Pumpe wirkt diesen ständigen Leckströmen von Na^+ und K^+ entgegen und hält die ungleichmäßige Ionenverteilung durch aktive Transportprozesse aufrecht. Für die Chloridionen liegt das Konzentrationsverhältnis zwischen Innen und Außen bei 108/560 mmol/ℓ und die Membranpermeabilität bei $7{,}9\ cm \cdot s^{-1} \cdot 10^{-7}$. Protein-Anionen kommen nur in der Zelle vor und die Membran ist für sie nicht permeabel. Das elektrische Ruhepotenzial einer Nervenzelle, das sich aus der Ungleichverteilung der genannten Ionen ergibt, liegt bei –80 mV.

2 *Hier sollen Sie Abbildungen beschreiben, sie in Beziehung zueinander setzen und analysieren. Danach soll erklärt werden, welche Bedeutung die Ca^{2+}-Konzentration bei den gezeigten Prozessen hat. Rufen Sie sich dazu die Bedeutung erregender und hemmender Neurotransmitter sowie die Wirkung hemmender Synapsen ins Gedächtnis. Details der Wirkung der beiden gezeigten Transmittertypen müssen Sie jedoch nicht kennen. Beachten Sie außerdem den Text in Material 3, er enthält wichtige erläuternde Informationen zu den in den beiden Diagrammen dargestellten Regulationsprozessen. Denken Sie daran, dass es sich bei Regulationsmechanismen um zeitabhängige Vorgänge handelt. Leiten Sie mithilfe des Texts aus den beiden Momentaufnahmen eine zeitliche Abfolge der Prozesse ab.*

Zustand A der Synapsenverknüpfungen

Beschreibung: Neuron 1 ist minimal aktiv, nur wenige Transmittermoleküle (Glutamat) werden abgegeben, die an Rezeptoren in der postsynaptischen Membran binden und eine geringe Anzahl Ionenkanäle öffnen können. Das benachbarte Neuron 2 ist ebenfalls aktiv und eine große Menge Transmitter (GABA) wird abgegeben. In der postsynaptischen Membran sind zahlreiche Poren geöffnet. Das nachgeschaltete Neuron, welches Rezeptoren für beide Transmitter besitzt, bleibt ohne Erregung.

Erklärung: Trifft ein hemmendes Signal (z. B. durch den Neurotransmitter GABA) gleichzeitig mit einem erregenden Signal (z. B. durch den Neurotransmitter Glutamat) an einem nachgeschalteten Neuron ein, so kann dieses am „Feuern“ gehemmt werden. Die Ca^{2+}-Kanäle bleiben geschlossen und es werden keine Endocannabinoide produziert.

Zustand B der Synapsenverknüpfungen

Beschreibung: Neuron 1 ist maximal aktiv, zahlreiche Transmittermoleküle (Glutamat) werden abgegeben, alle postsynaptischen Ionenkanäle und ein Ca^{2+}-Kanal in der Nähe sind geöffnet. Neuron 2 ist minimal aktiv, nur ein Viertel der postsynaptischen Poren ist geöffnet. Zwei postsynaptische Ca^{2+}-Kanäle, jeweils in der Nähe der beiden Synapsen, sind geöffnet und Ca^{2+}-Ionen aktivieren ein membranassoziiertes Enzym das den „endogenen Botenstoff EC“ (Endocannabinoid) in den extrazellulären Raum abgibt. EC bindet an den Cannabinoidrezeptor CB 1 in der Membran des (GABA-)Neurons 2. In der Folge wird im präsynaptischen Neuron der für die Aktivierung der Transmittervesikel notwendige Ca^{2+}-Einstrom durch die Membran gehemmt.

Erklärung: Calciumionen sind in beiden Synapsen für die Ausschüttung des entsprechenden spezifischen Transmitters (Glutamat, GABA) unerlässlich. Eine Veränderung ihrer Konzentration in der präsynaptischen Membran beeinflusst die Übertragung der Signale. In der postsynaptischen Membran ist die Konzentration der Calciumionen für die Aktivierung der Enzyme für die EC-Synthese von Bedeutung. Betrachtet man die in Abb. 2.2 gezeigten Vorgänge in einer zeitlichen Abfolge, so lässt sich vermuten, dass zuerst Neuron 1 aktiv ist und sich die beiden Ca^{2+}-Kanäle in der postsynaptischen Membran öffnen. Daraufhin wird der Botenstoff EC synthetisiert bzw. freigesetzt. Er aktiviert den Cannabinoid-Rezeptor CB 1, der wiederum den Ca^{2+}-Kanal im GABA-Neuron blockiert. Die Freisetzung von GABA durch die Synapse wird reduziert. Das nachgeschaltete Neuron kann durch die erregenden Signale von Neuron 1 aktiviert werden und es „feuert". Neuron 1 reguliert also die Aktivität von Neuron 2.

3 *In dieser Aufgabe sollen Sie auf der Grundlage von Aufgabe 2 eine Hypothese darüber aufstellen, wie das Endocannabinoidsystem mit Medikamenten beeinflusst werden kann. Dies verlangt, dass Sie auf der Grundlage von Kenntnissen aus dem Material und den Aufgaben 1 und 2 argumentieren. Klären Sie dafür zunächst, was unter einer Verringerung bzw. Erhöhung der Aktivität des Systems verstanden wird. Rekapitulieren Sie dafür, welche Wirkungsprinzipien Sie in Aufgabe 2 erkannt haben, und suchen Sie dann in den Abbildungen nach passenden Möglichkeiten für eine Manipulation des Systems. Beachten Sie außerdem, dass es mehrere Enzyme für die EC-Synthese gibt – aber in der Abbildung nur ein Symbol dafür verwendet wird.*

Das Endocannabinoidsystem ist relativ komplex, weshalb ein Eingriff immer mit spezifischen Folgen verbunden ist. Eine Manipulation ist prinzipiell an den aktiven Komponenten des System möglich, in diesem Fall sind das die Enzyme für die EC-Synthese, die EC-Moleküle und der Rezeptor CB 1 bzw. seine Wirkung auf den Ca^{2+}-Kanal im GABA-Neuron, auf die im Text nicht näher eingegangen wird.

Erhöhung der Aktivität des Systems:

Hiermit ist die Verlängerung der inhibitorischen Wirkung des Neurons 2, also die vermehrte Ausschüttung von GABA gemeint.

- Eine kompetitive Hemmung von CB 1 durch EC-analoge Moleküle (Antagonisten) würde z. B. die Bindung der EC-Moleküle an den Rezeptor und damit die Blockierung der Ca^{2+}-Kanäle im Neuron 2 verhindern.
- Auch eine Blockade des EC-Transportes zum Rezeptor oder der Abbau von EC hätte eine Erhöhung der Aktivität des Systems zur Folge.

$\Rightarrow$ Die Ca^{2+}-Konzentration im Neuron 2 muss erhöht werden.

Verringerung der Aktivität des Systems:

Hiermit ist die Verringerung der inhibitorischen Wirkung des Neurons 2 gemeint, also eine reduzierte Ausschüttung von GABA.

Eine Möglichkeit dafür wäre, den Rezeptor CB 1 durch EC-analoge Moleküle (Agonisten) zu besetzen.
⇒ Die Ca^{2+}-Konzentration im nachgeschalteten Neuron muss erhöht werden.

4 *Sie erhalten im Text detaillierte Informationen zu dem durchgeführten Mäuse-Experiment. Für die Bearbeitung dieser Aufgabe ist die Verhaltenskomponente wichtig. Details über die genaue Funktion des CB 1-Rezeptors müssen Sie nicht kennen. Mit dem Begriff „Trainingsdurchgang" ist hier ein einziges Experiment gemeint, in dem alle Tiere erfolgreich gelernt haben. Vervollständigen Sie die Ordinate (y-Achse) ggf. durch relative Werte, z. B. 0–100 %, das erleichtert Ihnen den Überblick.*
Der Operator „analysieren" bedeutet, dass Sie die Informationen zu den Bedingungen des Lernvorgangs aus dem Text entnehmen können und benennen sollen. Mit der Darstellung der „Besonderheit des Lernvorgangs" ist eine Beschreibung der wesentlichen Elemente des spezifischen Lernvorgangs gemeint – eine Reproduktion dessen, was Sie aus dem Unterricht kennen.

Die für dieses Experiment zutreffende Lernform ist die klassische Konditionierung. Die Mäuse verknüpfen dabei einen ursprünglich neutralen externen Reiz (die Präsentation eines Tonsignals) mit einem zweiten, unangenehmen Reiz (elektrischer Schlag). Dieser in Bezug auf die Angstreaktion (Körperstarre) unbedingte Reiz führt zu einer Schmerzwahrnehmung. Nach dem Lernvorgang reagieren die Mäuse auf den nun bedingten Reiz (Tonsignal) mit einer bedingten Aversion. Sie zeigen dasselbe Angstverhalten, das vorher auf einen elektrischen Schlag erfolgte.

Eine Besonderheit bei dem beschriebenen Experiment ist, dass bei der klassischen Konditionierung eine entsprechende Reaktion auf einen Stimulus für gewöhnlich erst nach mehreren nacheinander durchgeführten Versuchen erfolgt. Bei den Knockout-Mäusen reichte jedoch ein einziger Trainingsdurchlauf für die Assoziation des Tonsignals mit dem Elektroschock und die daraufhin gezeigte Körperstarre aus.

Die Auswertung des Experiments erfolgte durch die Protokollierung der Reaktion von Knockout- und Kontrollmäusen auf das Tonsignal über mehrere Tage. Die Kontrollmäuse reagierten über die Folgetage mit einer typischen „Vergessenskurve" auf das Tonsignal, ihre Angstreaktion nahm bis zum sechsten Tag stetig ab. Sie verlernten die Aversion gegen das Tonsignal. Bei den CB 1-Knockout-Mäusen zeigten hingegen am zweiten und dritten Tag nach dem Trainingsdurchgang sogar noch mehr Tiere die Angstreaktion als beim Trainingsdurchlauf. Am sechsten Tag konnte die Angststarre immerhin noch bei der gleichen Anzahl der Tiere wie im Trainingsdurchlauf beobachtet werden. Die Knockout-Mäuse verlernten die Aversion gegen den Ton also nicht. Dieses Ergebnis des Experiments zeigt, dass der CB 1-Rezeptor für das Abklingen von Angstreaktionen eine wichtige Rolle spielt, da die Aktivität des Endocannabinoidsystems bei den Kontrollmäusen schon nach einem Tag zu einer Reduktion der Angstreaktion führte, während bei den Knockout-Mäusen das Gegenteil zu beobachten war.

Abiturprüfung 2011 Leistungskurs Biologie (Hessen)
A1: Genetik

Kleinwuchs BE

1 Beschreiben Sie Transkription und Reifung der mRNA bei Eukaryoten. 7

2 Ordnen Sie den Genausschnitten in Material 2 die Aminosäurensequenzen im Wildtyp des SHOX-Gens sowie im mutierten SHOX-Gen zu. Benennen Sie den Mutationstyp und stellen Sie kurz die mögliche Auswirkung der Mutation auf den Aufbau und auf die Funktion des Genprodukts dar (Material 1, 2 und 5). 10

3 Beschreiben Sie die Entwicklung des Embryos von der Zygote bis zur Bildung der drei Keimblätter. Stellen Sie die Auswirkungen des mutierten SHOX-Gens auf die Individualentwicklung dar (Material 1). 10

4 Analysieren Sie unter Berücksichtigung des Ablaufs von Zellteilungen die Möglichkeiten für das Entstehen des Reintyps sowie des Mosaiktyps bei Frauen mit dem Turner-Syndrom sowie die Ursachen der unterschiedlichen Ausprägungen des Mosaiktyps (Material 3 und 4). 16

5 Vergleichen Sie die Ursachen von Kleinwüchsigkeit bei Frauen mit dem Turnersyndrom im Reintyp mit den Ursachen von Kleinwüchsigkeit aufgrund von Mutationen im SHOX-Gen (Material 1, 3 und 4). 7

50

Material 1

Kleinwuchs und SHOX-Gene

Die humangenetische Grundlagenforschung beschäftigt sich seit einigen Jahren intensiv mit den Ursachen von Kleinwuchs. Dabei bestätigte sich die schon seit langem gemachte Vermutung, dass dabei die Geschlechtschromosomen besonders bedeutsam sind.

Auf dem homologen Abschnitt der beiden Geschlechtschromosomen X und Y, dem sogenannten pseudoautosomalen Bereich („PAR1“, s. Abbildung 4.1), liegen Gene, die für normalen Körperwuchs verantwortlich sind und in ihrer mutierten Form sowohl bei Männern als auch bei Frauen Kleinwüchsigkeit verursachen. Sie werden SHOX-Gene (Short Stature Homebox-Containing-Gen) genannt.

Die SHOX-Gene liegen an den Chromosomenenden (s. Abbildung 4.1) auf der PAR1-Region sowohl des X- als auch des Y-Chromosoms. Nach dem gegenwärtigen Forschungsstand handelt es sich bei der PAR1-Region um einen Chromosomenabschnitt mit ca. 2 600 Kilobasenpaaren, von denen mehrere Proteine gebildet werden können. Unter anderen Proteinen ist bislang ein SHOX-Protein mit 292 Aminosäuren entdeckt worden, das bei der Kontrolle der Transkriptionsregulation eine wichtige Rolle spielt.

basierend auf: http://www.uni-heidelberg.de/press/ruca/ruca2_2002/rappold.html (abgerufen 15. 05. 2010); Knippers, R.: Molekulare Genetik, Stuttgart, 2006, S. 544; Lenz, W.: Medizinische Genetik, Stuttgart, 1976, S. 31

Material 2

Ausschnitt aus dem codogenen Strang des SHOX-Gens

Gen-Ausschnitt ab Nukleotid Nr. 661 des SHOX-Wildtyps
3' … GTGGATCTGCGGACGGCTCAC… 5'
Entsprechender Ausschnitt des mutierten SHOX-Allels
3' … GTGGATCTGCGGACGACTCAC… 5'

Material 3

Turner-Syndrom und Kleinwuchs

Patientinnen mit Turner-Syndrom haben nur ein X-Chromosom (Monosomie X0). Die Schlüsselsymptome sind Kleinwuchs und Sterilität durch Fehlbildungen der Keimdrüsen.

Im Mutterleib heranwachsende Feten, deren Zellen ausschließlich eine Monosomie aufweisen (Reintyp des Turner-Syndroms), sterben in 99 % der Fälle ab.

Die meisten lebenden Frauen mit Turner-Syndrom weisen ein chromosomales Mosaik auf, d. h., neben Zellen mit nur einem Geschlechtschromosom besitzen sie auch Zellen mit einem normalen Chromosomensatz (XX) sowie mit dem Chromosomensatz (XXX), weshalb man von einem *Mosaiktyp* spricht. Zellen mit (X0) und (XXX) treten dabei in gleichen Teilen auf. Das Verhältnis von (X0)- zu (XX)-Zellen ist von Frau zu Frau unterschiedlich, dementsprechend gibt es unter den verschiedenen Merkmalen, z. B. auch der Körpergröße, eine große Variationsbreite.

basierend auf: Lenz, W.: Medizinische Genetik, Stuttgart, 1976, S. 48/49
basierend auf: Knippers, R.: Molekulare Genetik, Stuttgart, 2006, S. 166, 544

Material 4

Struktur der Geschlechtschromosomen X und Y

Bei Frauen mit normalem Chromosomensatz ist in allen Körperzellen nur eines der beiden X-Chromosomen aktiviert, sodass bei Frauen und Männern die Aktivität der X-chromosomal codierten Proteine gleich groß ist.

Ausgenommen von dieser Inaktivierung eines X-Chromosoms sind unter anderem die Gene der PAR1-Region, sowohl der X- wie auch der Y-Chromosomen. Dadurch werden auch die Genprodukte dieser Region bei Männern und Frauen normalerweise in gleicher Dosis gebildet.

Abbildung 4.1

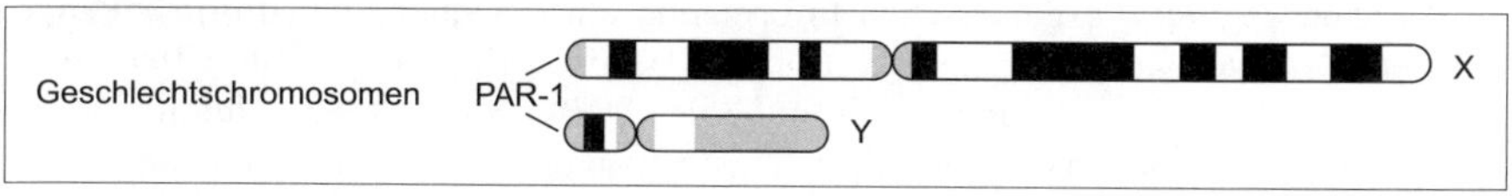

geändert nach: http://www.klinikum.uni-heidelberg.de/Shox-Datenbank-neu-test.1201.0.html (abgerufen 24. 05. 2010)

Material 5

Die Code-Sonne der m-RNA

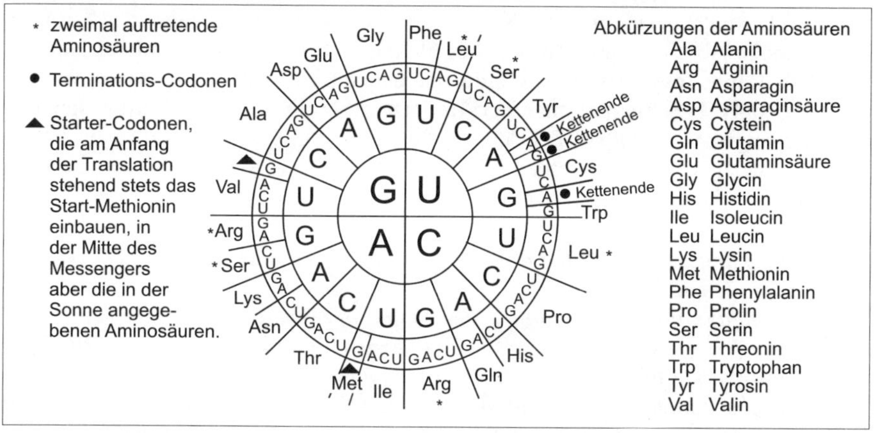

Lösungsvorschläge

In der Aufgabe thematisierte Unterrichtsinhalte sind:
- *Transkription und Reifung der mRNA bei Eukaryoten*
- *Translation, genetischer Code, Arbeit mit der Code-Sonne*
- *Mutationsformen und deren Wirkung auf die Proteinfunktion*
- *Frühe Embryonalentwicklung bei Säugetier und Mensch*
- *Non-Disjunction in der Meiose und mögliche Krankheitsbilder*

1 *Mit dem Operator „beschreiben" ohne Einschränkungen wird von Ihnen eine sachlich und fachsprachlich richtige, zusammenhängende Darstellung des Ablaufs der Bildung einer prä-mRNA als Kopie eines DNA-Abschnitts und deren nachfolgender Reifung zur mRNA gefordert.*
Die Vollständigkeit und Richtigkeit des zeitlichen Ablaufs der Darstellung erreicht man am einfachsten, wenn man zunächst alle beteiligten Strukturen und Stoffe benennt (in der Lösung fett) und sie der Reihenfolge des Geschehens nach anordnet. Der Ort des Geschehens sollte am Anfang genannt werden.

Bei der Transkription, die während der **Interphase** im **Zellkern** stattfindet, erfolgt die Übertragung der genetischen Information einer Sequenz der **doppelsträngigen DNA** auf eine einsträngige mRNA. In der Interphase liegen die **Chromosomen** entspiralisiert vor und die Öffnung des DNA-Doppelstrangs durch das Enzym **RNA-Polymerase** ist möglich. Die zu kopierende Basensequenz des codogenen DNA-Strangs ist durch eine **Promotorsequenz** markiert, an die die RNA-Polymerase andockt. Im Kern vorhandene **RNA-Nukleotide**, die im Gegensatz zu den DNA-Nukleotiden Ribose statt Desoxyribose und die Base Uracil statt Thymin enthalten, werden nun komplementär zur DNA-Vorlage des **codogenen** Stranges fortlaufend in **5' → 3'-Richtung** miteinander verknüpft. Das Ende der RNA-Synthese wird durch eine bestimmte Basensequenz, den **Terminator**, markiert. Die entstandene **prä-mRNA** besteht aus codierenden **(Exons)** und nicht codierenden Abschnitten **(Introns)**. Am **5'-Ende** wird nun ein besonderes Nukleotid als Kappe **(cap)** und am **3'-Ende** eine Sequenz aus 100–200 Adenin-Nukleotiden **(Poly-A-Schwanz)** angefügt. Im letzten Schritt des RNA-Reifungsprozesses erfolgt das **Spleißen**, bei dem die Introns herausgeschnitten und die Exons miteinander verknüpft werden. Die auf diese Weise stark gekürzte, **gereifte mRNA** verlässt den Zellkern durch die **Kernporen** ins Zytoplasma.

2 *Diese Teilaufgabe beinhaltet drei Arbeitsaufträge mit unterschiedlichen Anforderungsbereichen:*

- *Grundlage für die Zuordnung der Aminosäuresequenzen (AS-Sequenzen) zu den DNA-Ausschnitten des SHOX-Wildtyps (W) und des mutierten SHOX-Allels (M) ist zunächst die richtige Ableitung der mRNA-Sequenzen für diese Genabschnitte. Notieren Sie die in Material 2 angegebenen DNA-Sequenzen dazu jeweils getrennt voneinander. Schreiben Sie die zugehörigen mRNA-Sequenzen in eine zweite Zeile darunter und beachten Sie die korrekten Basenpaarungen (A–U; T–A; G–C; C–G). In einer dritten Zeile leiten Sie anschließend die AS-Sequenzen mithilfe der Code-Sonne (Material 5, Leserichtung von innen [5'] nach außen [3']) ab. Die AS-Sequenzen für den Wildtyp und das mutierte Allel müssen sich voneinander unterscheiden.*
- *Der Mutationstyp muss benannt werden.*
- *Mögliche Auswirkungen der Mutation auf Aufbau und Funktion des Genprodukts (Protein) sind darzustellen. Dazu ist es nötig, sich die Funktion von Proteinen, speziell der Enzyme, in Erinnerung zu rufen.*

Ableitung der AS-Sequenzen:

DNA (W)	3' …	GTG	GAT	CTG	CGG	ACG	GCT	CAC	… 5'
mRNA (W)	5' …	CAC	CUA	GAC	GCC	UGC	CGA	GUG	… 3'
AS (W)	…	His	Leu	Asp	Ala	Cys	**Arg**	Val	…

DNA (M)	3' …	GTG	GAT	CTG	CGG	ACG	ACT	CAC	… 5'
mRNA (M)	5' …	CAC	CUA	GAC	GCC	UGC	UGA	GUG	… 3'
AS (M)	…	His	Leu	Asp	Ala	Cys	**Stopp**		…

Mutationstyp:
Es handelt sich um eine Punktmutation, da nur eine Base ausgetauscht ist. Das Leseraster verschiebt sich durch diese Form der Mutation nicht, jedoch entsteht an dieser Stelle ein Triplett, das ein Kettenende (Stopp-Codon) determiniert. Dadurch wird die Translation vorzeitig beendet, das entstandene Protein ist kürzer als das Wildtyp-Protein. Es handelt sich um eine Nonsense-Mutation.

Auswirkungen:
Die Auswirkungen des vorzeitigen Abbruchs der AS-Kettensynthese können vielfältig sein. Das aus dem mutierten Gen entstehende Polypeptid weist mit Sicherheit eine im Vergleich zum entsprechenden Polypeptid des Wildtyps veränderte Tertiärstruktur auf. Damit kann ein teilweiser oder vollständiger Funktionsverlust des Proteins als Enzym einhergehen. Denkbar wäre z. B. die Unterbrechung der Synthesekette wichtiger Zellprodukte.

3 *Diese Aufgabe beinhaltet zwei Arbeitsaufträge. Dem Anforderungsbereich I ist die Beschreibung der frühen Embryonalentwicklung einer Säugetierzygote bis zur Bildung der drei Keimblätter zuzuordnen. Die Genauigkeit der Beschreibung hängt von Ihren unterrichtlichen Voraussetzungen und damit von Ihren Vorkenntnissen ab. Gehen Sie bei der Beschreibung vom Ort des Geschehens (Befruchtung, erste Teilungen der Zygote) aus.*
Bei der Darstellung der Auswirkung des mutierten SHOX-Gens auf die Individualentwicklung ist man leicht versucht, eigenständig Hypothesen aufzustellen. Material 1, auf das in der Aufgabenstellung hingewiesen wird, gibt Ihnen jedoch einen eindeutigen Anhaltspunkt bezüglich der Auswirkungen der Mutation (Transkriptionsregulation).

Im Eileiter teilt sich nach der Verschmelzung des Eizellkerns mit dem eingedrungenen Kern des Spermiums und nach Abschluss der Reifeteilung die frühe Zygote mitotisch. Die dotterarme Zygote teilt sich in den ersten 36 Stunden zunächst in zwei gleich große Tochterzellen. Nach ca. 80 Stunden weiterer Wanderung des Keims durch den Eileiter besteht dieser aus 16 gleichgroßen Zellen (frühe Morula oder Maulbeerkeim). Nach weiteren mitotischen Teilungen erreicht der nun aus etwa 100 Zellen bestehende Keim als Blastocyste (Blasenkeim) die Gebärmutter. In der Blastocyste sind zwei unterschiedliche Zellgruppen erkennbar. Eine äußere einschichtige Zelllage des Hohlkörpers, der Trophoblast, dient der Verankerung des Keimes in der Gebärmutterschleimhaut und dessen späterer Ernährung. Innerhalb der Blastocyste findet sich an einer Seite eine zweite Zellgruppe, der Embryoblast, aus dem der eigentliche Embryo hervorgeht. Die Keimhöhle ist mit Flüssigkeit gefüllt. Im Verlauf der Einnistung des Keims in die Gebärmutterschleimhaut beginnt die Bildung der Plazenta aus dem Trophoblasten. Der Embryoblast besteht in der zweiten Woche aus zwei Zellschichten, dem Ektoderm und dem Entoderm. Nach der dritten Woche bildet der Keimschild neben ektodermalen und entodermalen Zellen auch erste mesodermale Zellen, die sich zwischen die beiden bestehenden Keimblätter schieben. Diesen Vorgang nennt man Gastrulation. Zwischen Trophoblast und Embryoblast entsteht ein Hohlraum, die

Amnionhöhle. Der nun aus drei Keimblättern bestehende Keimschild bildet den Boden dieser Höhle. Alle Organe des Menschen werden aus Zellen dieser drei Keimblätter, Ektoderm, Entoderm und Mesoderm gebildet.

Wird das mutierte SHOX-Gen vererbt, so enthalten bereits die Zygote und alle danach aus ihr mitotisch hervorgehenden Zellen der drei Keimblätter ein teilweise oder völlig funktionsloses SHOX-Protein. Da bisher bekannte SHOX-Proteine bei der Transkriptionsregulation eine wichtige Rolle spielen (vgl. Material 1), ist anzunehmen, dass die Transkriptionsrate anderer Gene, deren Genprodukte das Längenwachstum beeinflussen, behindert wird. Dadurch entsteht Kleinwuchs.

4 *Die Teilaufgabe enthält den Operator „analysieren". Identifizieren Sie dazu die Hauptaussagen der Materialien 3 und 4, stellen Sie eine Beziehung zwischen ihnen her und erläutern Sie diese. Beachten Sie, dass hier von zwei Typen des Turner-Syndroms die Rede ist.*
Listen Sie zunächst die Aussagen des Materials 3 zum Reintyp und zum Mosaiktyp getrennt voneinander auf. Vergegenwärtigen Sie sich dann den Ablauf der Meiose: Erste Reifeteilung (Trennung der homologen Chromosomen) und zweite Reifeteilung (Trennung der Chromatiden). Überlegen Sie, welche Ei- und Spermazelltypen bei einer normalen bzw. ungleichen Verteilung der Gonosomen in der ersten und zweiten Reifeteilung entstehen können und wie die entsprechenden Zygoten aussehen.
Bezüglich der Ausprägung des Mosaiktyps muss nach dem Entstehungszeitpunkt der in Material 3 genannten Gonosomenverteilungen gefragt werden.

Eine Frau mit Turner-Syndrom im Reintyp kann es nur geben, wenn bereits die Zygote eine Gonosomenanomalie, in diesem Fall eine Monosomie (XO), besaß. Diese Monosomie kann durch eine unterbliebene Trennung der Gonosomen in der ersten meiotischen Reifeteilung der Keimzellen bei der Frau oder durch eine nicht erfolgte Trennung der entsprechenden Chromatiden in der zweiten Reifeteilung erklärt werden. In beiden Fällen entstehen haploide Eizellen ohne X-Chromosom, die bei der Verschmelzung mit einem normalen Spermium (X) den Typ X0 ergeben.

Trägt das Spermium ein Y-Chromosom, so müsste eine Zygote vom Typ Y0 entstehen. Dieser Typ ist nicht bekannt, weil er vermutlich zu 100 % letal ist.

Im Fall einer Non-Disjunction bei der Bildung der Spermien sind mit normalen Eizellen ebenfalls Zygoten mit dem Gonosomensatz XO zu erwarten.
Der überwiegende Teil lebender Frauen mit Turner-Syndrom zeigt den Mosaiktyp. Hierbei treten Körperzellen mit den Gonosomensätzen (XX), (XXX) und (X0) auf, letztere beide immer zu gleichen Teilen. Dieser Befund spricht dafür, dass die Fehlverteilung (Non-Disjunction) erst in der frühen Embryonalentwicklung in der Mitose stattgefunden hat. Die Zygote wies noch zwei X-Chromosomen auf, erst später entstanden Körperzellen mit Monosomien (X0) und Trisomien (XXX). Eine Non-Disjunction zu einem frühen Zeitpunkt hat einen hohen Anteil der Zellen mit Monosomie und Trisomie gegenüber normalen Zellen (XX)

zur Folge. Umgekehrt überwiegen die normalen Zellen, wenn der Zeitpunkt der Fehlverteilung in der schon fortgeschrittenen Embryonalentwicklung stattgefunden hat. Die unterschiedliche Ausprägung des Phänotyps hängt also vom ersten zeitlichen Auftreten der Monosomie ab.

5 *Zwei Formen der Kleinwüchsigkeit sollen hier verglichen werden. Der Operator „vergleichen" verlangt, dass nach den in den Materialien vorgegebenen Gesichtspunkten Gemeinsamkeiten, Ähnlichkeiten und Unterschiede ermittelt und dargestellt werden.*
Für die Bearbeitung sind zunächst die Aussagen in Material 4 von Bedeutung. Beachten Sie, dass die Gene der PAR1-Region auf den Geschlechtschromosomen nicht inaktiviert werden. Aus dieser Tatsache und aus dem Gonosomenstatus normalwüchsiger Männer und Frauen bzw. dem Gonosomenstatus von Turner-Frauen (Reintyp) lässt sich der jeweilige Phänotyp ableiten.

Frauen, die zwei nicht mutierte X-Chromosomen besitzen, und Männer mit dem SHOX-Wildtyp sind normalwüchsig. Die Gene der PAR1-Region sind sowohl auf dem X- als auch auf dem Y-Chromosom immer aktiv, die Menge des Genprodukts des SHOX-Gens bestimmt also die normale Größenentwicklung beim Menschen.

Frauen mit Turner-Syndrom (Reintyp) besitzen nur ein X-Chromosom mit aktiver PAR1-Region, weshalb 50 % des Genprodukts des SHOX-Gens fehlen. Deshalb ist die Transkriptionsrate weiterer Gene, die durch das Genprodukt des SHOX-Gens kontrolliert wird, reduziert und es kommt zu Kleinwuchs.

Mutationen des SHOX-Gens sowohl im X- als auch im Y-Chromosom führen ebenfalls zu Kleinwuchs, da das entsprechende Genprodukt in zu geringer Konzentration vorliegt.

Wesentlich differenzierter ist die Situation bei Frauen mit Turner-Syndrom des Mosaik-Typs. Hier entscheidet das Verhältnis der Körperzellen mit dem Gonosomensatz X0 zu denen mit dem Gonosomensatz XX über die Menge des produzierten Genprodukts aus den Genen der PAR1-Region. Es ist also eine große Variationsbreite der Körpergrößen zu erwarten.

Xeroderma pigmentosum (XP) … wenn die Sonne Schmerzen macht

		BE
1	Beschreiben Sie den Vorgang der Replikation.	12
2	Beschreiben und erklären Sie die Auswirkung von UV-Licht auf die molekulare Struktur der DNA sowie **zwei** mögliche Auswirkungen auf zelluläre Vorgänge (Material 1 und 2).	9
3	Erläutern Sie unter Berücksichtigung von Material 3 den Reparaturmechanismus an der durch UV-Licht geschädigten DNA.	13
4	Beschreiben Sie die Ergebnisse der Zellkultur-Experimente von Material 4 und entwickeln Sie **eine** begründete Hypothese hinsichtlich des Zustandekommens von Xeroderma pigmentosum (Material 1, 3 und 4).	16
		50

Material 1

Xeroderma pigmentosum – Ein Leben im Schatten der Nacht

„Für das, was du jeden Tag machst, würde ich alles geben. Rausgehen ist was ganz Gewöhnliches. Und für dieses ganz Gewöhnliche würde ich alles geben."

Anders als für uns bedeutet die Nacht für „Mondscheinkinder" Freiheit und Leben. Am Tag hingegen müssen sie sich ständig vor dem UV-Licht schützen. Der poetisch klingende Begriff „Mondscheinkinder" steht für ein sehr seltenes Krankheitsbild mit dem medizinischen Namen Xeroderma pigmentosum (XP).

Xeroderma pigmentosum ist eine sehr seltene, rezessiv vererbte Hautkrankheit, bei der UV-Licht die Erbsubstanz (DNA) in den Hautzellen schädigt. Das führt bei den Betroffenen schon in frühster Kindheit zu der Ausbildung zahlreicher, meist bösartiger Hauttumoren an den sonnenexponierten Körperstellen (z. B. Gesicht, Kopf, Nacken, Oberarme, Hände). Diese Hauttumoren verursachen meist gravierende Entstellungen und bedingen häufig einen frühzeitigen Tod. Letzteres kann jedoch durch das Vermeiden von UV-Strahlen und die zusätzliche Anwendung von umfangreichen Lichtschutzmaßnahmen (Lichtschutzmittel, Lichtschutzkleidung etc.) sowie durch eine regelmäßige Tumorbehandlung günstig beeinflusst werden. Dennoch führt der hohe Versorgungsaufwand durch Tumoroperationen, Kontrolluntersuchungen, Tumortherapie und Prophylaxe (bzw. strikte Lichtschutzmaßnahmen) erfahrungsgemäß zu einer erschwerten Lebensgestaltung. In einigen Fällen verlagern die Betroffenen sogar ihren Tag-/ Nachtrhythmus, um den Teufelskreis von Hauttumoren, Tumoroperationen, Entstellungen und einer verkürzten Lebenserwartung zu durchbrechen.

geändert nach: http://www.xerodermapigmentosum.de/wasistxp/index.html (abgerufen 16. 05. 2010), Autor: Dirk Prenting; weitere Materialgrundlage: http://www.sueddeutsche.de/panorama/mondscheinkinder-ein-leben-im-schatten-der-nacht-1.674941 (21. 06. 2010); http://raum21.blogspot.com/2010/05/mondscheinkinder-wenn-der-tag-die-nacht.html (21. 06. 2010)

Material 2

Auswirkungen von UV-Licht auf den Bau der DNA (Grobschemata)

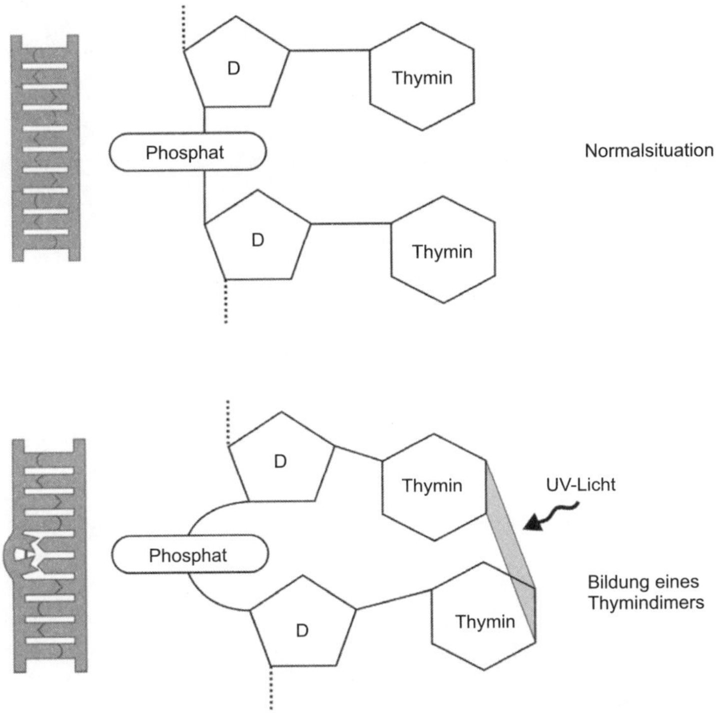

Legende
D: Desoxyribose

Medienzentrum, weitzel
FK Biologie, Landesabitur Hessen

basierend auf:
www.zum.de/.../beck/bilder/!thymin2.gif (abgerufen 05. 05. 2010)
Campbell, N. A., Reece, Jane, Held, Andreas (Übersetzer): Biologie, Pearson Education Deutschland, München 2009, S. 426

Material 3

Phasen der DNA-Excisions[1]-Reparatur in gesunden Zellen, bei denen durch UV-Bestrahlung Thymindimere (Phase A) entstanden sind

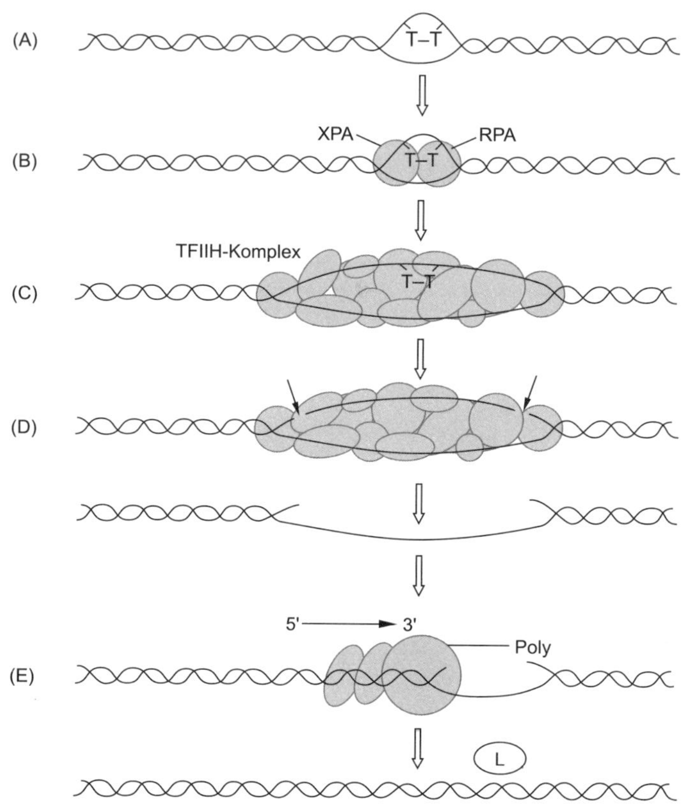

geändert nach: Strachan Tom & Read Andrew P.: Human Molecular Genetics. New York: Wiley-Liss 1999. © 1999 Bios Scientific Publishers, an imprint of Taylor & Francis Group, Chapter 9, Fig. 9.21; ISBN: 1-85996-202-5

Legende

XPA = Protein zum Erkennen von Fehlstellen
RPA = Einzelstrang bindendes Protein
TFIIH = Komplex aus Helikasen, Strang schneidenden Endonukleasen und Transkriptionsfaktoren
Poly = DNA-Polymerase
L = Ligase

Erläuterung

Der DNA-XPA-RPA-Komplex wirkt aktivierend auf die Bildung des TFIIH-Komplexes.

1 Excision = Herausschneiden

Material 4: Analyse der Ursachen von XP mittels Zellkulturen

Abbildung 4.1
Empfindlichkeit von normalen Fibroblasten[2] (○–○) und Fibroblasten eines XP-Patienten (●–●) gegenüber UV-Licht (254 nm)

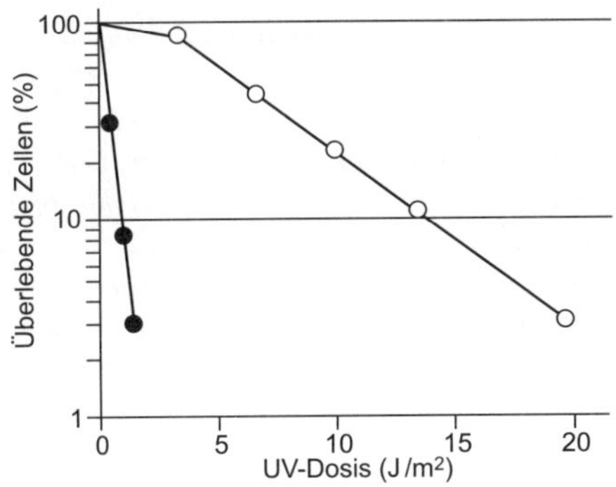

Abbildung 4.2
Verschwinden von Thymindimeren aus der DNA von UV-bestrahlten normalen Fibroblasten (○–○) und Patientenfibroblasten (●–●)

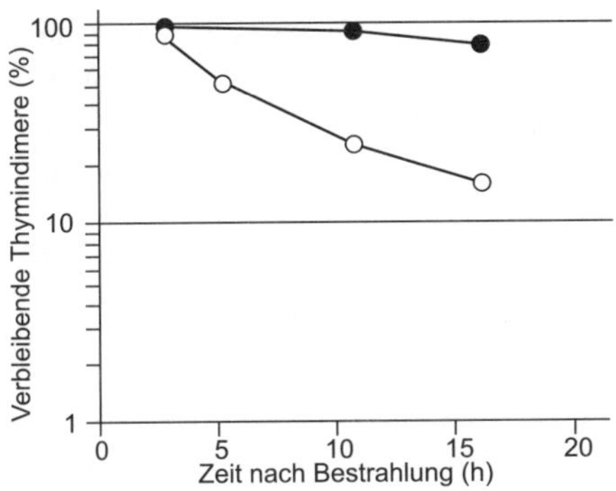

Detaillierte Untersuchungen an der DNA der Zellkulturen zeigten, dass nach der UV-Bestrahlung in der DNA der Kontrollzellen zahlreiche Einzelstrangbrüche auftraten, während dies bei der DNA der Patientenzellen nicht der Fall war.

Abb. 4.1 und 4.2 sowie Text geändert nach: Wolfgang Duntze, Ania Muntau: 25 Fälle Biochemie, München 2008, S. 86, Elsevier/ Urban & Fischer 2004

---

2 Fibroblasten sind die Hauptzellen des Bindegewebes

Lösungsvorschläge

In der Aufgabe thematisierte Unterrichtsinhalte sind:
- *Replikation der DNA*
- *Punktmutationen durch UV-Strahlung*
- *DNA-Reparaturmechanismen*
- *Auswertung von quantitativen Experimenten an Zellkulturen*

1 *Die Aufgabenstellung enthält den Operator „beschreiben" und ist somit ausschließlich dem Anforderungsbereich I zuzuordnen. Da es keine weiteren Angaben gibt und es sich in dieser Aufgabe um Gendefekte beim Menschen handelt, gehen Sie davon aus, dass Sie Ihre Kenntnisse über den Ablauf der identischen Reduplikation der DNA in eukaryotischen Zellen reaktivieren müssen. Strukturen, Sachverhalte und Zusammenhänge sind detailliert in Textform unter Verwendung der Fachsprache in vollständigen Sätzen und in der richtigen Reihenfolge wiederzugeben. Generieren Sie am besten zunächst eine Sammlung von Fachtermini zum Thema (im Lösungstext fett) und bringen Sie diese in einem zweiten Schritt in die korrekte Reihenfolge.*

DNA-Polymerasen sind Enzyme, die einen DNA-Strang kopieren können. Dabei stellen sie einen kompletten komplementären Strang zum Matrizenstrang her. Die Synthese des neuen Stranges erfolgt aus den in der Zelle verfügbaren **Nukleosidtriphosphaten**. Die Energie zu ihrer Verknüpfung wird jeweils durch die Abspaltung zweier **Phosphatgruppen** aus dem Triphosphat bereitgestellt. **DNA-Polymerasen** brauchen einen **Primer** zum Start der Synthese, an ihn wird das erste Nukleotid angeknüpft. Die Polymerasen können den neuen DNA-Strang nur in **5' → 3'-Richtung** synthetisieren.

Die **Replikation** beginnt bei Eukaryoten mit der Trennung des Doppelstranges an den sogenannten **Replikationsursprüngen** durch das Enzym **Helicase** und der Stabilisierung der Stränge durch **Einzelstrang bindende Proteine**. Es bilden sich mehrere **Replikationsblasen**, die an jedem Ende eine **Replikationsgabel** besitzen. In jeder Replikationsgabel katalysieren **RNA-Polymerasen**, sogenannte **Primasen**, die Synthese kurzer RNA-Startmoleküle, der **Primer**. Ausgehend von den Primern verläuft die DNA-Neusynthese am **3' → 5'-Matrizenstrang** kontinuierlich, indem die DNA-Polymerase der Verschiebung der Replikationsgabel folgt. Am anderen Elternstrang kann die Synthese nur diskontinuierlich (stückweise) in der weiterschreitenden Replikationsgabel erfolgen. Die auf diese Weise entstehenden Stücke werden nach ihrem Entdecker „**Okazaki-Fragmente**" genannt. Sie werden nach dem Herauslösen der RNA-Primer und dem Auffüllen der Lücken mit DNA-Nukleotiden durch die DNA-Polymerase I mithilfe des Enzyms **Ligase** zu einem geschlossenen Strang verknüpft.

Da die Stränge nun jeweils aus einem alten und einem neu synthetisierten DNA-Strang bestehen, bezeichnet man diese Art der Replikation als **semikonservativ**.

2 *Der Operator „beschreiben" bezieht sich im Wesentlichen auf die Abbildung in Material 2. Mithilfe der aufgezeigten Situation bei der Einwirkung von UV-Licht können die in Material 1 beschriebenen Befunde auf molekularer Ebene im Ansatz erklärt werden. „Erklären" bedeutet hier, Zusammenhänge zwischen der strukturellen Veränderung der DNA durch UV-Licht und dem beschriebenen komplexen Krankheitsbild von Xeroderma pigmentosum (XP) in Textform unter Verwendung der Fachsprache auf fachliche Grundprinzipien zurückzuführen. Je nach Ihren unterrichtlichen Vorerfahrungen können Sie ein Erklärungsmodell für die auftretenden bösartigen Hauttumoren finden.*

Auf Hautzellen einwirkende UV-Strahlung bewirkt bei den von XP betroffenen Personen eine Dimerisierung von Thyminnukleotiden in der DNA. Dadurch kommt es zu strukturellen Veränderungen in der Doppelhelix, da die Basenpaarung unterbrochen ist. Die Stabilität der DNA ist an diesen Stellen verändert. Zwei Prozesse im Zellzyklus sind von dieser Veränderung mehr oder weniger stark betroffen:

- Bei der Replikation der entspiralisierten DNA können häufiger Mutationen auftreten, da die Replikation an den dimerisierten Stellen fehlerhaft abläuft und es so zu Punktmutationen kommt, die eine Verschiebung des Leserasters bewirken können. Im Zellzyklus der sich ständig erneuernden Hautzellen kann es beim Zellteilungsprozess (Mitose) und dessen Regulation zu Problemen kommen (Tumorbildung).
- Die dimerisierten Bereiche können nicht mehr korrekt in eine entsprechende mRNA transkribiert werden. So entstehen bei der Translation veränderte Genprodukte, deren Funktion eingeschränkt ist oder völlig verloren geht. Dies zieht u. a. Stoffwechselprobleme nach sich.

3 *Der Operator „erläutern" bedeutet, dass Sie Sachverhalte auf der Grundlage von Vorkenntnissen so darlegen und veranschaulichen müssen, dass sie verständlich werden. In dieser Aufgabenstellung sind es jedoch nur partiell Vorkenntnisse, die Ihnen weiterhelfen. Im Wesentlichen sind die in Material 3 visualisierten Reparaturabläufe nach der Bildung von Thymindimeren durch UV-Bestrahlung gesunder Zellen in einen verständlichen Text umzusetzen. Achten Sie auf die angegebene Legende und die Erläuterung.*

A Ein Thymindimer hat sich durch UV-Einfluss gebildet.

B Der Schaden in der DNA wird von einem Protein mit Namen XPA erkannt. Die Dimerstruktur passt vermutlich zu einer Oberflächenstruktur des Proteins. Ein weiteres Einzelstrang bindendes Protein (RPA) dockt an der Fehlstelle an.

C Der entstandene Komplex aus DNA, XPA und RPA aktiviert den sogenannten TFIIH-Komplex aus Helicasen, Strang schneidenden Endonukleasen und Transkriptionsfaktoren. Helicasen können die DNA an der Fehlstelle entspiralisieren, Endonucleasen können den Einzelstrang (meist an einer bestimmten Nukleotidsequenz) schneiden und die DNA-Polymerase kann einen herausgeschnittenen Einzelstrang gemäß der Sequenz des komplementären Strangs neu synthetisieren.

D In dieser Phase wird ein Stück des Einzelstranges mit dem enthaltenen Thymindimer mithilfe von Endonucleasen entfernt. Der TFIIH-Komplex löst sich anschließend von der DNA.

E Die Neusynthese des Einzelstrangstücks durch die DNA-Polymerase erfolgt in 5'→3'-Richtung. Eine Ligase verknüpft das fertige DNA-Stück am Ende der Reparaturstelle mit dem Reststrang und schließt so die reparierte DNA wieder.

4 *Zunächst sind die in Material 4 dargestellten Ergebnisse der Fibroblastenexperimente zu beschreiben. Beachten Sie, dass die unter 4.1 und 4.2 grafisch dargestellten Befunde sowohl auf der Abszisse als auch auf der Ordinate unterschiedliche Einheiten aufweisen. Es ist hilfreich, sich Achsenparallelen zu ziehen, um genaue Angaben machen zu können. Vergegenwärtigen Sie sich, was in dem jeweiligen Experiment gemessen wurde und welche Unterschiede zwischen den „normalen" Zellen und den XP-Zellen bezüglich des gemessenen Parameters bestehen. Erst dann ist es im zweiten Schritt möglich, eine materialbezogene, begründete Hypothese zum Zustandekommen von XP zu formulieren.*

Material 4.1 zeigt die Überlebensrate der Zellen in zwei Fibroblastenkulturen nach Bestrahlung mit unterschiedlichen UV-Dosen in $J \cdot m^{-2}$. Zur Dauer der Bestrahlung gibt es keine Angabe, vermutlich war dieser Faktor konstant. Bei einer UV-Dosis von $2\ J \cdot m^{-2}$ überlebten von den XP-Zellen nur ca. 3 %. Dieselbe Rate wurde bei gesunden Fibroblasten erst bei $20\ J \cdot m^{-2}$, also der zehnfachen UV-Dosis, erreicht.
Material 4.2 zeigt den Prozentsatz der verbleibenden Thymindimere nach einer definierten, gleich intensiven UV-Bestrahlung von XP- und normalen Fibroblasten in einer Zellkultur nach unterschiedlichen Zeiten. Die Grafik zeigt, dass ca. drei Stunden nach der Bestrahlung die Zahl der Thymindimere in beiden Zelltypen noch in etwa gleich hoch war. Erst danach setzte der Reparaturmechanismus ein. Ca. 16 Stunden nach der Bestrahlung waren bei den XP-Fibroblasten noch 80 % der ursprünglichen Menge der Thymindimere vorhanden. Die DNA wurde hier nur geringfügig repariert. Bei den normalen Fibroblasten sank die Zahl der verbleibenden Thymindimere auf ca. 18 %. Hier war der Reparaturmechanismus wirksamer. Der Hinweis auf die bei den normalen Zellen zahlreich auftretenden Einzelstrangbrüche in der Zeit nach der UV-Bestrahlung spricht für eine starke Reparaturaktivität.

Normale menschliche Zellen verfügen über einen Mechanismus zur Reparatur von DNA-Schäden, hier Schäden durch UV-Licht. Dieser Mechanismus ist bei Zellen von XP-Patienten zwar im Ansatz vorhanden, aber kaum funktionsfähig.
Laut des Informationstextes in Material 4 sind bei XP-Fibroblasten nach UV-Bestrahlung zwar Thymindimere nachweisbar, aber in der Folge treten keine Einzelstrangbrüche auf. Es ist also denkbar, dass nicht richtig arbeitende Einzelstrang schneidende Endonukleasen, die das Auftrennen der DNA katalysieren, die Ursache für den Reparaturdefekt sind. Der Defekt kann aber auch bereits in den in Aufgabe 3 beschriebenen Schritten A–C auftreten. Wenn z. B. der TFIIH-Komplex nicht gebildet wird, können die Endonukleasen gar nicht erst tätig werden.

Abiturprüfung 2011 Leistungskurs Biologie (Hessen)
B: Ökologie und Stoffwechselphysiologie

Ökosystemmanagement am Beispiel von Gewässern BE

1 Skizzieren Sie den allgemeinen Aufbau eines Süßwassersees unter besonderer Berücksichtigung der Temperaturverhältnisse während des Sommers und benennen Sie die dargestellten Elemente. 6

2 Beschreiben Sie den Temperaturverlauf im Kleinen Mulmsee in den Jahren 1987 und 1994 (Material 1). Analysieren Sie die Untersuchungsergebnisse des Kleinen Mulmsees in den beiden Jahren (Material 1) und prüfen Sie, ob eine eindeutige Zuordnung zu einem Trophierungsgrad in den beiden Jahren möglich ist (Material 1, 2 und 3). 18

3 Beschreiben Sie die Besonderheiten der beiden Stauseetypen und vergleichen Sie diese mit einem natürlichen Süßwassersee Mitteleuropas (Material 4). 11

4 Erläutern Sie die mögliche Steuerung des Trophierungsgrades eines Stausees durch Biomanipulation unter besonderer Beachtung der verschiedenen Trophieebenen (Material 3, 4 und 5). 9

5 Erörtern Sie Vor- und Nachteile des künstlichen Standgewässers „Stausee", die bei der Entscheidung für das Anlegen eines Stausees abzuwägen sind (Material 3, 4 und 5). 6

50

Material 1

Der Kleine Mulmsee liegt in einem ländlichen Bereich Norddeutschlands und wurde durch Sandentnahme für einen nahe gelegenen Autobahnbau künstlich geschaffen. Er entspricht damit strukturell einem Bagger- oder Kiessee.
In den Jahren 1987 und 1994 wurden jeweils im Sommer Untersuchungen im See u. a. zu Temperatur, Sauerstoff- und Phosphorgehalt (als Phosphat) durchgeführt.
Wenn in der Ökologie vom Phosphor gesprochen wird, sind meist nur die Phosphate gemeint. Da sie in natürlichen Ökosystemen in freier Form eher selten, aber notwendig für Wachstum und Stoffwechsel sind, stellen Phosphate für die Primärproduzenten einen wichtigen limitierenden Faktor dar. Unter Normalbedingungen werden Phosphate nicht ausgewaschen, da sie fest an Bodenteilchen gebunden sind. Überdüngte Böden können die überschüssigen Phosphate allerdings nicht halten und geben sie in das Bodenwasser ab, von wo sie in das Grundwasser, in Seen, Flüsse und schließlich Meere gelangen. Wenn alle anderen Bedingungen es erlauben, können sie

dort zu Massenentwicklung von Algen führen. Gelöstes anorganisches Phosphat ist für Pflanzen sehr gut zugänglich. Der mikrobielle Abbau von Phytoplankton setzt anorganisch gelöstes Phosphat aus organisch gebundenem Phosphat schon in den oberen Wasserschichten wieder frei.

geändert nach: Natura, Biologie für Gymnasien, Lehrerband, Stuttgart/Leipzig 2006
weitere Materialgrundlage: Müller, O.: Abiturwissen Ökologie, Freising, 2009, S. 83 und 120

Abbildung 1.1
Untersuchungsergebnisse des Kleinen Mulmsees 1987 und 1994

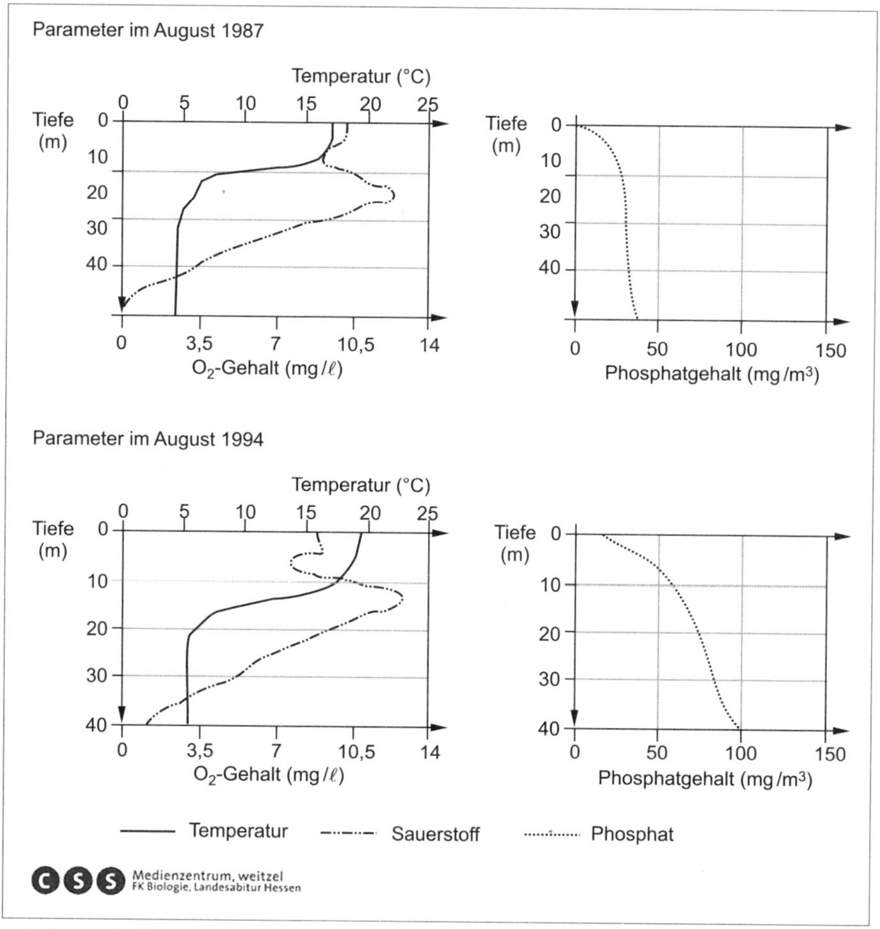

geändert nach: Natura, Biologie für Gymnasien, Lehrerband, Stuttgart/Leipzig 2006

Material 2

Abbildung 2.1
Löslichkeit von Sauerstoff in Wasser in Abhängigkeit von der Temperatur

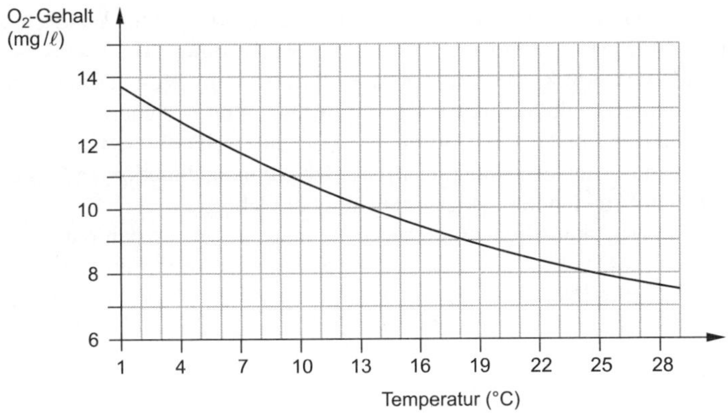

Der Sauerstoffgehalt gibt hier die bei einer bestimmten Temperatur maximal lösliche Menge Sauerstoff pro Liter Wasser an.

Material 3

Trophierungsgrad verschiedener Seetypen

	Seetyp			
Parameter (Jahresmittelwerte)	**oligotroph**	**mesotroph**	**eutroph**	**hypertroph**
Sichttiefe (in Meter)	5 bis 10, höchstens 15 bis 20	1 bis 2, höchstens 5 bis 10	weniger als 1, höchstens 2 bis 3	weniger als 1
Phosphatgehalt (mg/m^3)	4 bis 5	10 bis 35	35 bis 100	mehr als 100
Chlorophyllgehalt (mg/m^3)	weniger als 3,5	weniger als 7,0	weniger als 11	mehr als 11
O_2-Gehalt (in mg/ℓ)	mehr als 8	6 bis 8	2 bis 4	weniger als 2

Wikipedia, lizenziert unter der Creative Commons Attribution Share Alike 3.0-Lizenz

Phosphat-, Chlorophyll-, und O_2-Gehalt beziehen sich auf eine Wassertiefe von 20 m.

Material 4

Bedeutung und Merkmale des künstlichen Standgewässers „Stausee"

Talsperren mit Stauseen sind in vielen Regionen der Welt eine unverzichtbare Grundlage zur Sicherung der Lebensqualität der Bevölkerung. Neben ihren Funktionen im natürlichen Wasserkreislauf und als wertvoller ökologischer Landschaftsbestandteil erfüllen Stauseen Nutzungsfunktionen für Naherholung, Hochwasserschutz, Energieversorgung (Wasserkraft) und für die Bereitstellung von Trinkwasser. In Deutschland werden 10 % des Trinkwassers auf diesem Weg gesichert. Trinkwasserversorgung aus Stauseen bietet sich dort an, wo sehr unterschiedliche Niederschlagsaufkommen territorial günstig ausgeglichen werden können, Standorte für Stauseen sind daher häufig an den Hängen niederschlagsreicher Gebirge.
Im Flachland werden oft künstliche Speicherbecken zur Sicherung der Wasserversorgung geschaffen. Aus Stauseen werden, wie Abbildung 4.1 zeigt, auf unterschiedlichen Höhen Abflussmöglichkeiten für das Wasser eingebaut. Das durch Talsperren zurückgehaltene Oberflächenwasser steht über Zuflüsse, Untergrund und Atmosphäre in einem direkten Stoffaustausch mit den Einzugsgebieten der Umgebung.

geändert nach: AGO Hydroair GmbH: http://www.agoberlin.de/ago_h.htm (abgerufen 06. 11. 2010); weitere Materialgrundlage: http://www.waterquality.de (abgerufen 06. 11. 2010)

Abbildung 4.1
Stauseetypen mit Wassertemperaturangaben im August

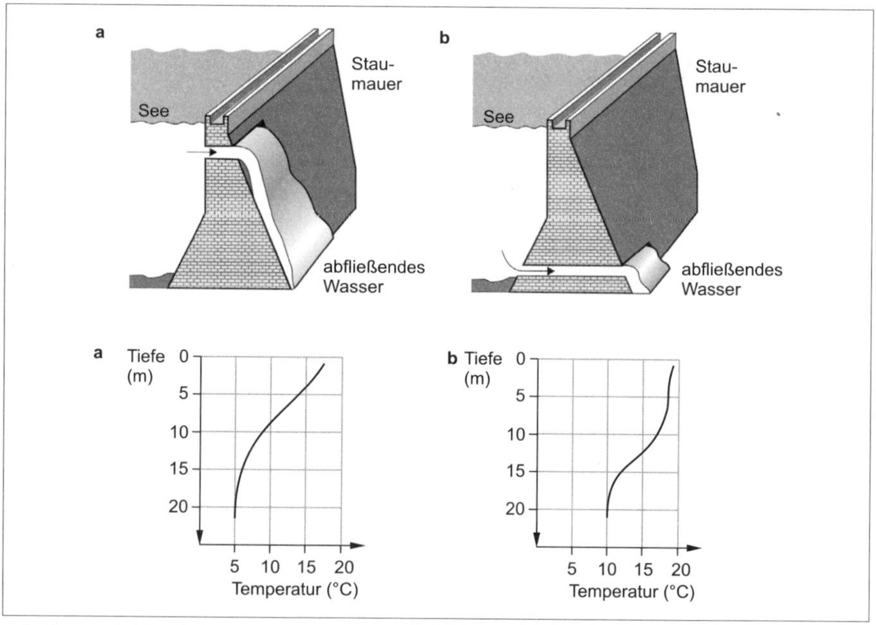

geändert nach: Bayrhuber, H., Kull, U., Feldermann, D. (Hrsg.), Linder Biologie. Lehrbuch für die Oberstufe. Arbeitsbuch. Hannover Schroedel Schulbuch Verlag 2006, S. 49

Material 5

Biomanipulation zur Gewährleistung der Trinkwasserversorgung

Vor dem Hintergrund, dass Gewässer, Böden und Atmosphäre durch Produkte aus Industrie, Landwirtschaft und durch kommunale Einflüsse global belastet werden, rücken Strategien für den Gewässerschutz in den Blickpunkt. Talsperren müssen je nach Situation einer so genannten Biomanipulation unterzogen werden, um die Trinkwasserqualität zu sichern. Ziel ist sowohl die Sicherung wertvoller Ökosysteme als auch die Sicherung der hohen Qualitätsansprüche an das Lebensmittel Wasser.
Bei einer Biomanipulation wird die Menge an Raubfischen gezielt verändert. Die Folgen dieser Maßnahme zeigt die unten dargestellte Tabelle 5.1 mit relativen Mengenangaben zu bestimmten biotischen und abiotischen Faktoren.

Tabelle 5.1
Bewirtschaftung eines Stausees

Parameter	**Bewirtschaftung**	**Keine Bewirtschaftung**
Raubfischbiomasse	hoch	niedrig
Friedfischbiomasse	niedrig	hoch
Anteil filtrierender Cladoceren (Wasserflöhe) am Gesamtzooplankton	hoch	niedrig
Struktur des Zooplanktons	große Formen	kleine Formen
Phytoplanktonbiomasse	niedrig	hoch
Phytoplanktonstruktur	große Formen	kleine Formen
Sichttiefe	hoch	niedrig
O_2-Gehalt	ausgeglichen	schwankend
Phosphatgehalt	niedrig	hoch

geändert nach: Willmitzer, Hartmut: Thüringer Fernwasserversorgung, o. J.

Lösungsvorschläge

In der Aufgabe thematisierte Unterrichtsinhalte sind:
- *Horizontale und vertikale Gliederung eines Sees*
- *Thermische Gliederung eines Sees im Jahreslauf, Sommerstagnation*
- *Eutrophierung des Sees, Trophierungsgrad*
- *Messparameter zur Erfassung der Trophierungsgrades bei Gewässern*
- *Biomanipulation, Ökosystem-Management*

1 *Der Operator „skizzieren" weist darauf hin, dass eine Handzeichnung anzufertigen ist. Um den allgemeinen Aufbau und die Zonierung eines Sees im Sommer darzustellen, eignet sich eine Skizze des Querschnitts des Wasserkörpers, der links mit einer Uferregion beginnt.*
Sammeln Sie alle Fachbegriffe, die mit der vertikalen und horizontalen Zonierung des Wasserkörpers zu tun haben und beschriften Ihre Skizze. Lassen Sie nach rechts genügend Raum für eine horizontale Temperaturskala von 0–25 °C und eine vertikale Tiefeskala von 0–60 m. Zuletzt tragen Sie den von Ihnen für den Sommer postulierten Temperaturverlauf von der Oberfläche bis zum Seegrund als durchgehende Linie ein.

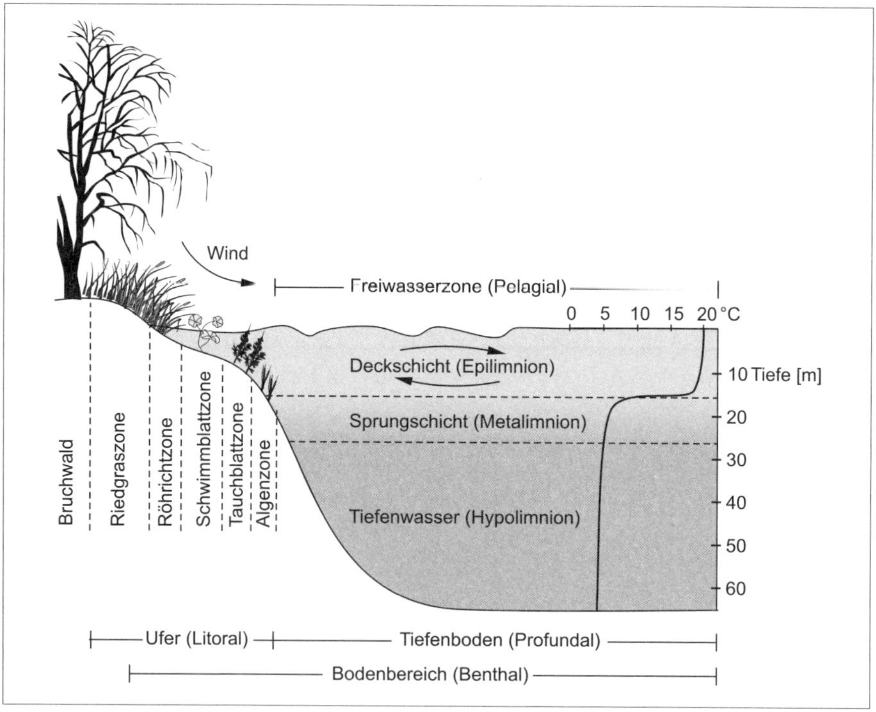

2 *Zunächst ist der Temperaturverlauf in den Jahren 1987 und 1994 (Material 1) zu beschreiben. Orientieren Sie sich dabei an ihrer Skizze aus Aufgabe 1. Eckpunkte des Temperaturverlaufs sind die Oberflächentemperatur, die Lage und Größe des Temperatursprungs im Metalimnion und die Temperatur des Tiefenwassers. Die vergleichende Beschreibung lässt sich am besten mit einer Tabelle gestalten.*
Der zweite Operator fordert sie auf, die Untersuchungsergebnisse bezüglich Temperatur, O_2- und Phosphatgehalt zu analysieren. Sie müssen dazu den Verlauf des O_2-Gehalts beschreiben und mithilfe von Abbildung 2.1 Aussagen zur O_2-Sättigung des Wassers machen. Anschließend zeigen Sie die Veränderungen im O_2-Verlauf zwischen 1987 und 1994 auf. Danach beschreiben und erläutern Sie den Verlauf der Phosphatkonzentration entlang der Temperaturzonierung im Vergleich. Die Analyse besteht also aus einer erklärenden Beschreibung der Messwerte und ihrer Veränderung über die Zeit.
Zum Schluss sollen Sie dem See in beiden Jahren mithilfe von Material 3 einen Trophierungsgrad zuweisen. Nehmen Sie erst eine Zuordnung im Hinblick auf die einzelnen Parameter vor und überprüfen für eine Gesamtaussage dann, ob alle Untersuchungsergebnisse in dieselbe Richtung weisen.

Temperaturverlauf:

Zuordnung	1987	1994
Epilimnion	0 m Tiefe (Oberfläche): 17 °C	0 m Tiefe (Oberfläche): 19,5 °C
Metalimnion	8 m Tiefe: 15 °C 12 m Tiefe: 5 °C	10 m Tiefe: 17 °C 20 m Tiefe: 6 °C
Hypolimnion	ab 20 m Tiefe: 4 °C	ab 20 m Tiefe: 6 °C

Sauerstoffverlauf:

1987 betrug der O_2-Gehalt im Epilimnion an der Wasseroberfläche $10 \text{ mg} \cdot \ell^{-1}$, was einer leichten Übersättigung entspricht. Dies ist mit der Fotosyntheseaktivität freischwimmender Algen zu erklären, die bei hoher Lichteinstrahlung entsprechend viel O_2 produzieren. Bis zum Metalimnion in ca. 10 m Tiefe sank der O_2-Gehalt auf $8 \text{ mg} \cdot \ell^{-1}$, was bei gegebener Temperatur auf ein leichtes Sauerstoffdefizit hinweist. Hier überwiegt die Sauerstoffzehrung durch Stoffwechselprozesse z. B. heterotropher Organismen, die sich von den Produzenten ernähren (Zellatmung). In dieser Tiefe ist auch die Lichtintensität und damit die O_2-Produktion durch Fotosynthese geringer. Innerhalb der Sprungschicht zwischen 10 und 15 m Tiefe stieg der Sauerstoffgehalt wieder bis auf über $12 \text{ mg} \cdot \ell^{-1}$ an, da das Wasser mit sinkender Temperatur eine größere Sauerstofflöslichkeit aufweist. Der Gehalt blieb aber nach wie vor unter der Sättigungsgrenze. Von 15–40 m Tiefe sank der Sauerstoffgehalt bei weitgehend konstanter Temperatur von $12 \text{ mg} \cdot \ell^{-1}$ bis auf $0 \text{ mg} \cdot \ell^{-1}$ ab.

Der geringe Sauerstoffgehalt im Hypolimnion (Zehrschicht!) kann auf die aeroben Stoffwechselvorgänge der Konsumenten, Destruenten und Reduzenten zurückgeführt werden, die organische Substanz im Wasser abbauen. In dieser Tiefe fehlt der Sauerstoffeintrag durch Fotosynthese völlig, da zu wenig oder kein

Restlicht vorhanden ist. Zwischen dem Epilimnion und dem Hypolimnion kann wegen der Sommerstagnation kein Stoffaustausch durch Vermischung stattfinden, da das kältere und damit dichtere Wasser (4 °C) nicht aufsteigen kann.

1994 gab es im Hypolimnion in 40 m Tiefe noch einen Restsauerstoffgehalt von ca. 1,5 mg $\cdot$ ℓ^{-1} bei 6 °C. Das entspricht einer Sättigung von 12,5 %. Dies ist zwar ein höherer Wert als 1987, jedoch nicht ausreichend, um aerobes Leben zu ermöglichen. Die Sauerstoffverhältnisse im Metalimnion waren in beiden Untersuchungsjahren ähnlich. Im Epilimnion gab es wieder Unterschiede: In den ersten vier Tiefenmetern stieg der Sauerstoffgehalt 1994 an, was darauf hindeutet, dass die Fotosyntheseaktivität in 4 m Tiefe höher war als an der Wasseroberfläche. Die Sauerstoffzehrung war in ca. 6–7 m Tiefe deutlich größer als 1987, was durch die höhere Temperatur in dieser Wasserschicht zustande kam.

Phosphatverlauf:
1987 lag der Phosphatgehalt an der Wasseroberfläche bei 0 mg $\cdot$ m^{-3}. Bis zur Sprungschicht stieg er auf ca. 25 mg $\cdot$ m^{-3} stark an, um dann einen Wert von 35 mg $\cdot$ m^{-3} in 40 m Tiefe zu erreichen.
Im Jahr 1994 sah die Situation deutlich anders aus: Bereits an der Oberfläche betrug der Phosphatgehalt ca. 15 mg $\cdot$ m^{-3}. Er stieg im Metalimnion ebenfalls stark auf über 50 mg $\cdot$ m^{-3} an und im Hypolimnion sogar noch weiter bis auf einen Maximalwert von 100 mg $\cdot$ m^{-3} in 40 m Tiefe.

Der geringe Phosphatgehalt im Oberflächenwasser erklärt sich allgemein dadurch, dass das im Wasser gelöste Anion für Algen leicht zugänglich ist, es kann organisch gebunden werden. Der mikrobielle Abbau von Plankton setzt das Phosphat wieder mineralisch frei. Deshalb reichern sich in den unteren Wasserschichten Phosphate durch den Abbau organischer Substanz an. Hier gibt es kein Phytoplankton, das das Phosphat wieder aufnehmen könnte.

Trophiegrad:
Eine Einordnung der Werte bezüglich des Trophiegrades kann durch den Vergleich in 20 m Tiefe (Material 3) vorgenommen werden. Bezüglich des O_2-Gehalts unterschieden sich die Trophierungsgrade des Sees (Material 3) in den beiden Untersuchungsjahren in 20 m Tiefe kaum. Der See war in beiden Jahren bezüglich des Sauerstoffgehalts als oligotroph einzustufen. Dem Phosphatgehalt nach machte der Kleine Mulmsee in sieben Jahren eine Entwicklung vom noch mesotrophen zum eutrophen See durch. Der O_2- und der Phosphatgehalt deuten also auf unterschiedliche Trophierungsgrade hin. Dieser Widerspruch ist anhand der gegebenen Daten nicht aufzulösen, eine eindeutige Zuordnung ist nicht möglich. Dafür müsste man weitere Parameter, wie den NH_3-, NO_2- und NO_3-Gehalt sowie den Biochemischen Sauerstoffbedarf (BSB_5) kennen.

3 *Die Operatoren „beschreiben“ und „vergleichen“ erfordern zunächst eine Benennung der erkennbaren Unterschiede in den Abbildungen 4.1 a und 4.1 b. Dann ist der grafisch dargestellte Unterschied des Temperaturverlaufs in Worte zu fassen. Der Operator „vergleichen“ verlangt überdies eine Gegenüberstellung der*

beschriebenen Situation mit der schon aus den Aufgabenteilen 1 und 2 bekannten Situation eines natürlichen Sees. Das Ergebnis kann eine Aussage zur Ähnlichkeit der beiden Stauseen zum natürlichen See sein. Der Text in Material 4 informiert in Grundzügen über allgemeine Eigenschaften von Stauseen. Konkrete Daten für den Vergleich finden Sie in der Abb. 4.1.

Beschreibung:

Stauseen sind im Gegensatz zu natürlichen Seen angestaute Fließgewässer, die über die Staudammkrone (Abb. 4.1 a) oder über Öffnungen im Staudamm am Seegrund (4.1 b) abfließen. Beim Typ a fließt warmes Oberflächenwasser ab. Das Tiefenwasser ist wie bei einem natürlichen See etwa 5 °C kalt. Eine Sprungschicht, innerhalb der die Temperatur von 15 auf 5 °C fällt, ist zwischen 5 und 15 m Tiefe erkennbar. Die Wasserschichtung ist vermutlich stabil, da sie der Dichteanomalie des Wassers entsprechend erfolgt. Beim Typ b befindet sich der Ablauf an der Basis der Staumauer. Es wird ständig Tiefenwasser abgelassen, das eine Temperatur von 10 °C hat. Zwischen 10 m und 17 m Tiefe ist eine Sprungschicht erkennbar. Die Temperatur sinkt hier von 17 auf 10 °C. Durch den Abfluss des dichten Tiefenwassers kann die Schichtung nicht stabil sein.

Vergleich:

Der Stauseetyp a hat nach dieser Betrachtung eine größere Ähnlichkeit mit einem natürlichen See, da die Schichtung des Wasserkörpers stabil ist und der eines natürlichen Sees bei einer Sommerstagnation ähnelt. Lediglich das Oberflächenwasser ist kälter, da warmes Oberflächenwasser ständig abfließt und durch kälteres aus den darunterliegenden Schichten ersetzt wird.
Im Vergleich zum Stauseetyp B ist die Temperatur in einem natürlichen See im Hypolimnion niedriger. Das kalte Tiefenwasser fließt im Stausee B ständig ab und wird durch wärmeres Wasser aus geringeren Tiefen ersetzt. Infolgedessen liegt die Temperatur in allen Schichten über der eines natürlichen Sees.

4 *Erläutern heißt, Sachverhalte auf der Grundlage von Vorkenntnissen so darzulegen und zu veranschaulichen, dass sie verständlich werden. Der Sachverhalt ist hier die Veränderung der Trophierung eines Stausees durch Biomanipulation. Ziel ist es, einen möglichst geringen Trophierungsgrad zu erreichen, um das Wasser u. a. als Trinkwasser nutzen zu können. In der Aufgabenstellung wird die Beachtung der verschiedenen Trophieebenen gefordert.*
Vergegenwärtigen Sie sich noch einmal die Nahrungspyramide in einem natürlichen, nicht bewirtschafteten See. Hinweise enthält die Tabelle 5.1, in der Sie auch differenzierende Aussagen zur Biomasseverteilung der Organismengruppen finden.
Zur Lösung dieser Aufgabe sollten Sie zunächst folgende Fragen beantworten:

- *Was bedeutet Bewirtschaftung (Biomanipulation) eines Stausees?*
- *Wie unterscheiden sich bewirtschaftete und unbewirtschaftete Stauseen in den Trophieebenen?*
- *Wie ist eine Steuerung der Trophierung durch Biomanipulation möglich?*

Die Gesamtmassen der Organismen in den Trophiebenen stehen in einem bestimmten Verhältnis zueinander. Bewirtschaftung bedeutet, dass die Population der Raubfische durch einen externen Fischbesatz deutlich erhöht wird. Die Konsequenz dieser Maßnahme ist eine Verringerung der Friedfischdichte und damit die Erhöhung der Populationsdichte der Konsumenten erster Ordnung, der Zooplankter (vorwiegend filtrierende Kleinkrebschen wie z. B. Wasserflöhe). Damit wird letztlich die Phytoplanktonmasse kurz gehalten, das Wasser ist im Erscheinungsbild farblos und klar. Die Populationsdichten verhalten sich in einem durch einen Raubfischbesatz gesteuerten Nahrungsnetz genau umgekehrt zum nicht gesteuerten Nahrungsnetz (vgl. Tabelle 5.1). Die aufgezeigten Biomassen der Trophieebenen verhalten sich umgekehrt proportional (hoch zu niedrig und niedrig zu hoch). Durch die Biomanipulation verändert sich auch die Struktur des Zoo- und Phytoplanktons hin zu größeren Formen und damit zu einer geringeren Individuendichte. Der Sauerstoffgehalt ist ausgeglichener, da die im Jahresverlauf anfallende abgestorbene Biomasse geringer ist und damit eine geringere Sauerstoffzehrung durch den aeroben Abbau der organischen Substanz einhergeht. Der Posphatgehalt ist demzufolge auch niedriger, weil weniger mineralisches Phosphat durch Abbauprozesse freigesetzt wird und das meiste Phosphat organisch in größeren Lebewesen gebunden ist.
Zusammenfassend kann gesagt werden, dass die oben beschriebene Biomanipulation zu einer starken Verschiebung der Zusammensetzung der Biozönose im einem Stausee führt. Dies hat eine verminderte Eutrophierung zur Folge und somit einen positiven Einfluss auf die Wassergüte. Überdies kann durch Fischereibewirtschaftung (Fang attraktiver, großer Raubfische zu Speisezwecken) die Gesamtbiomasse im See weiter minimiert werden.

5 *Der Operator „erörtern" fordert, dass Sie Argumente für und gegen den Bau eines geplanten Stausees gegenüberstellen und abwägen. Dies gelingt am besten unter Verwendung einer Tabelle. Bedenken Sie, dass Art und Anzahl der Argumente unterschiedlich bedeutsam sind.*

Vorteile eines Stausees	Nachteile eines Stausees
Sicherung der Trinkwasserversorgung der Bevölkerung	Flussabwärts liegende Auen und Auwälder sind durch Austrocknung bedroht
Wasserkraft kann zur Umwandlung in elektrische Energie genutzt werden (regenerative Energie)	Die natürliche Biozönose eines Fließgewässers wird durch die Stauhaltung erheblich verändert
Kann zur Regulierung der Schifffahrt im Unterlauf genutzt werden (Niedrigwasserschutz)	Im angestauten Bereich gehen andere u. U. wertvolle naturnahe Lebensräume verloren
Kann als Hochwasserschutz (Schutz vor Überflutungen von Städten und Gemeinden) dienen	Fische auf Laichwanderung (z. B. Aale, Lachse) können den Staudamm nicht überwinden oder sterben in Turbinen

Vorteile eines Stausees	Nachteile eines Stausees
Sichert die Bewässerung landwirtschaftlicher Flächen	Das Ablassen von Wasser am Grund der Staumauer zur Regulierung stört die Gewässerstruktur und die Biozönosen im Unterlauf
Bietet Erholungs- und Freizeitwert	
Schafft neue wertvolle Wasserflächen und Uferbereiche für Tiere und Pflanzen	

Insbesondere vor dem Hintergrund von Diskussionen um die Nutzung „grüner Energie“ müssen die Argumente, die für und gegen den Bau eines Stausees sprechen, sorgfältig gegeneinander abgewogen werden. Einige der Nachteile eines Stausees können zudem durch geeignete Begleitmaßnahmen vermindert oder eliminiert werden. So können geeignete Fischtreppen und Leitmaßnahmen den Schaden im Fischbestand bei Aal und Lachs gering halten. Das Ablassen von Wasser zur Regulierung kann moderat gesteuert werden. Das Argument, dass wertvolle Lebensräume eines Fließgewässers verloren gehen, steht dem Neugewinn anderer, möglicherweise ebenso wertvoller Lebensräume gegenüber. Das Argument des Austrocknens von Auen kann nicht entkräftet werden. Hier ist über Ausgleichsmaßnahmen zu diskutieren, die für sehr lange Zeit festgeschrieben werden müssen. Insgesamt überwiegen die Vorteile für den Menschen, wobei der Erholungs- und Freizeitwert differenziert gesehen werden müssen. Eine Übernutzung des Gebiets durch Freizeitaktivitäten ist durch Reglementierung zu vermeiden, damit die Wasserfläche als wertvolles Biotop für eine Vielzahl von Arten infrage kommt.

Abiturprüfung 2011 Leistungskurs Biologie (Hessen)
C: Verhaltensbiologie

Koffein – die alltägliche Droge BE

1 Skizzieren Sie den Bau einer erregenden chemischen Synapse und beschreiben Sie kurz die Funktionsabläufe an dieser Synapse. Beschreiben Sie darüber hinaus mögliche postsynaptische „second messenger"-Vorgänge. 15

2 Beschreiben und erläutern Sie anhand von Material 1, 2 und 3 die Funktion des Hormons Noradrenalin und des Nucleosids Adenosin sowie den Einfluss von Koffein auf die Erregungsweiterleitung an Synapsen. 14

3 Vergleichen Sie die Wirkung von Koffein mit der Wirkung des Hormons Noradrenalin. Erläutern Sie, ob und wenn ja, in welcher Weise Koffein als Dopingmittel bezeichnet werden müsste (Material 1 bis 4). 11

4 Entwickeln Sie je eine begründete Hypothese, die erklärt, warum mit steigendem Kaffeekonsum dessen anregende Wirkung nachlässt und warum nach Absetzen koffeinhaltiger Genussmittel zeitlich begrenzt Entzugserscheinungen auftreten können (Material 1, 2 und 3). 10

50

Material 1

Vorkommen und Wirkung von Koffein

Koffein, die weltweit meistkonsumierte die Psyche beeinflussende Droge, kommt in der Natur in Kaffeebohnen, Tee- und Mateblättern, Kolanüssen und in Blättern, Samen und Früchten von über 60 Pflanzenarten vor.

Koffein entfaltet seine Wirkungen nach Aufnahme in den Körper sehr schnell und erreicht sein Wirkungsmaximum nach ca. 30 Minuten. Nach 3,5 bis 5 Stunden ist nur noch die Hälfte des Koffeins im Körper vorhanden.

Die physiologischen Wirkungen des Koffeins sind erhöhte Konzentrations- und Leistungsfähigkeit, psychische und motorische Aktivität und ein erniedrigtes Müdigkeitsgefühl. Des Weiteren beobachtet man eine gesteigerte Herzleistung, eine erhöhte Ausschüttung von Magensäften und eine Verminderung des Kopfschmerzes (durch eine Verengung der Blutgefäße im Gehirn).

Adenosin ist ein Baustein von Nukleinsäuren, wie z. B. DNA, und eines der Abbauprodukte des Adenosintriphosphates (ATP). Eine der Aufgaben des Adenosins besteht darin, das Gehirn vor „Überanstrengung" zu schützen. Die Adenosin-Rezeptoren sind in sehr vielen Gehirnregionen anzutreffen.

Wird nach regelmäßigem Kaffeekonsum kein Koffein mehr aufgenommen, kann es zu Entzugserscheinungen wie Kopfschmerzen, Müdigkeit, Reizbarkeit und Nervosität kommen.

geändert nach: www.studentenlabor.de/bs05/html/koffein_nikotin.html (abgerufen 18. 06. 2009), Prof. Stephan Fring, PD Dr. Blanche Schwappach
weitere Materialgrundlage: Sicard, B.: Die Alltagsdroge Kaffee, Spektrum der Wissenschaft, Juni 2003, S. 65

Material 2

Prinzip von Signalstoffen am Beispiel eines Hormons

Lebewesen kommunizieren auch über Signalstoffe. Die biologische Kommunikation kann zwischen Organismen, zwischen Organen und auch intra- und interzellulär erfolgen.
Hormone sind definiert als Signalstoffe, die in Drüsen oder drüsenähnlichen Zellen produziert werden, und z. B. in die Blutbahn abgegeben und zu ihren Erfolgsorganen transportiert werden. Wenn Signalstoffe nicht in die Blutbahn abgegeben werden, können sie sich im Bindegewebe zwischen den Zellen verteilen und somit auf die direkten Nachbarzellen einwirken.
Ebenso bedeutsam wie die Signalstoffe selbst sind ihre Rezeptoren, die als spezifische Empfängerstrukturen an der Zellmembran oder im Innern einer Zelle sitzen. Nach dem „Schlüssel – Schloss“-Prinzip werden Signalstoffe, egal auf welchem Wege sie die Zelle erreichen, im Allgemeinen nur wirksam, wenn ein passender Rezeptor vorhanden ist. Rezeptoren sind keine starren Gebilde wie ein Schloss, sondern dynamische Mikrostrukturen, die eigene Bewegungen und Rhythmen haben und einer mindestens so komplexen Regulation unterliegen wie die Signalstoffe selbst. Sie können herauf- und herunterreguliert werden, was bedeutet, dass sie sowohl zahlenmäßig als auch in ihrer Ansprechbarkeit für bestimmte Signalstoffe verändert werden können.

geändert nach: Maria Beckermann, Arbeitskreis Frauengesundheit in Medizin, Psychotherapie und Gesellschaft (AKF) E. V.; http://tinyurl.com/6fok3kz

Material 3

Wirkmechanismus von Noradrenalin, Adenosin und Koffein

Abbildung 3.1
Wirkmechanismus von Adrenalin

In der Abbildung 3.1 ist ein von links nach rechts ablaufender Prozess dargestellt. Das Hormon Noradrenalin bildet mit dem zugehörigen Rezeptor einen Hormon-Rezeptor-Komplex (1). Ein durch den Hormon-Rezeptor-Komplex (1) zunächst gebundenes und somit aktiviertes stimulatorisches G-Protein (2) zerfällt nach seiner Aktivierung in Untereinheiten (3). Diese Untereinheiten können sich weiterbewegen und an unterschiedlichen Orten und Stoffen wirksam werden.
Die Aktivität von Proteinkinasen kann z. B. den Stoffwechsel beeinflussen, Enzyme aktivieren oder die Membranleitfähigkeit, die Transmitterbildung oder die Transmitterfreisetzung beeinflussen.

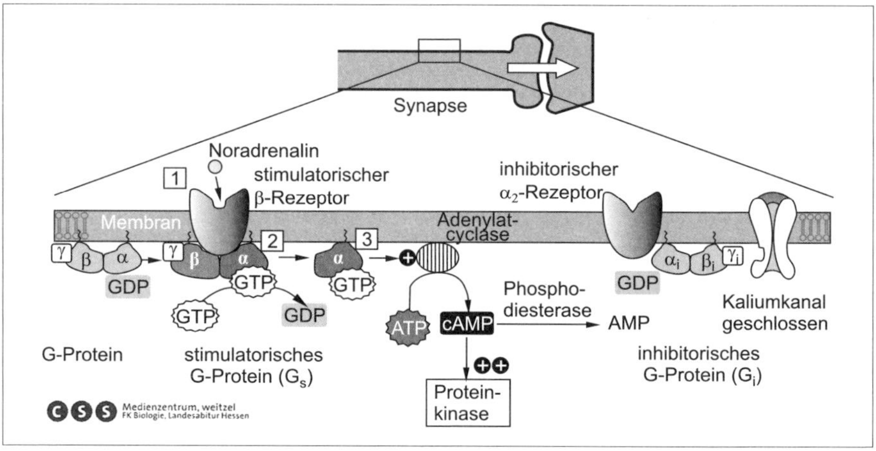

Legende für Abbildung 3.1 bis 3.3

⊕ = aktivierende Wirkung α, β, γ = Untereinheiten des G-Proteins

⊖ = hemmende Wirkung cAMP = cyclisches Adenosinmonophosphat (ein second messenger)

Abbildung 3.2
Wirkmechanismus von Noradrenalin und Adenosin

In der Abbildung 3.2 sind sowohl links (Nr. 1 bis 3) als auch rechts (Nr. 1a bis 3b) Prozesse dargestellt. Adenosin bildet mit dem zugehörigen Rezeptor einen Adenosin-Rezeptor-Komplex (1a). Ein durch diesen Adenosin-Rezeptor-Komplex (1a) zunächst gebundenes und somit aktiviertes inhibitorisches G-Protein (2a) zerfällt nach seiner Aktivierung in Untereinheiten (3a und 3b).

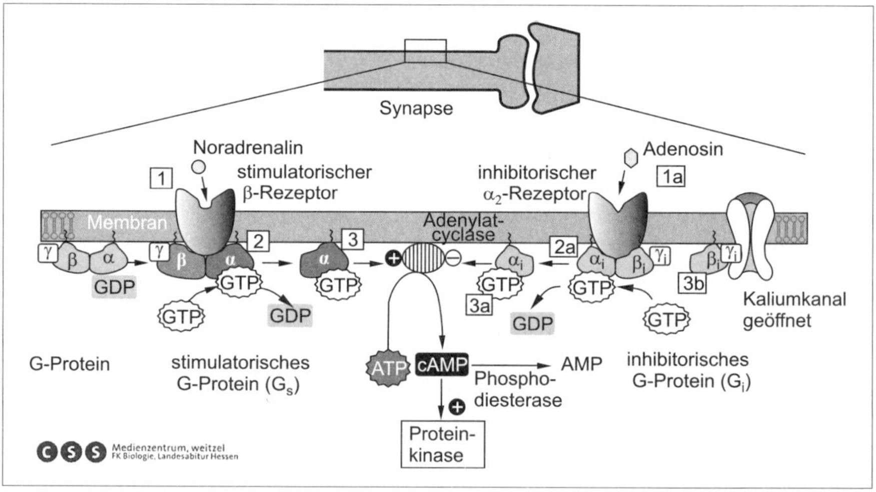

Abbildung 3.3
Wirkmechanismus von Noradrenalin, Adenosin und Koffein

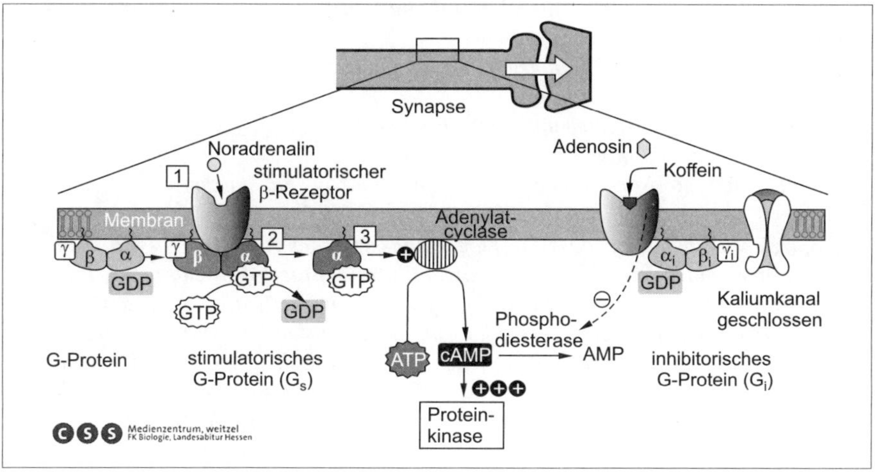

Abb. 3.1, 3.2 und 3.3 geändert nach: Bear, Mark F., Connors, Barry W., Paradiso, Michael A., Held, Andreas (Übersetzer), Neurowissenschaften, Spektrum Akademischer Verlag, Heidelberg 2009

Material 4

Doping-Definition des Europarates
(Komitee für außerschulische Erziehung)

Doping ist die Verabreichung oder der Gebrauch körperfremder Substanzen in jeder Form oder der Gebrauch physiologischer Substanzen in abnormaler Form oder die Verabreichung dieser Stoffe auf abnormalem Weg an gesunde Personen mit dem einzigen Ziel der künstlichen und unfairen Steigerung der Leistung für den Wettkampf. Außerdem müssen verschiedene psychologische Maßnahmen zur Leistungssteigerung des Sportlers als Doping angesehen werden.

Lösungsvorschläge

In der Aufgabe thematisierte Unterrichtsinhalte sind:

- *Bau und Funktion von Nervenzellen*
- *Signalübertragung an cholinergen, erregenden Synapsen, z. B. neuromuskuläre Synapse (motorische Endplatte)*
- *Second-messenger-Systeme und deren Funktion*
- *Neuronale Verschaltung*
- *Beeinflussung des Nervensystems durch psychoaktive Substanzen*

1 *„Skizzieren" bedeutet, dass Sie eine Handskizze des Aufbaus und der Funktion einer erregenden Acetylcholin führenden Synapse anfertigen und beschriften sollen. Dies kann eine erregende Verknüpfung zweier Nervenzellen im sensorischen oder motorischen Bereich sein oder eine neuromuskuläre Synapse. Darzustellen sind die Abläufe im Axonendknöpfchen, im synaptischen Spalt und im Soma des nachfolgenden Neurons. Anhand dieser Skizze ist eine Beschreibung der Abläufe gefordert. Dabei können Sie sich an den Fachbegriffen der Beschriftung orientieren. Zuletzt erläutern Sie mögliche postsynaptische „second-messenger"-Vorgänge.*

Skizze einer ACh führenden erregenden Synapse:

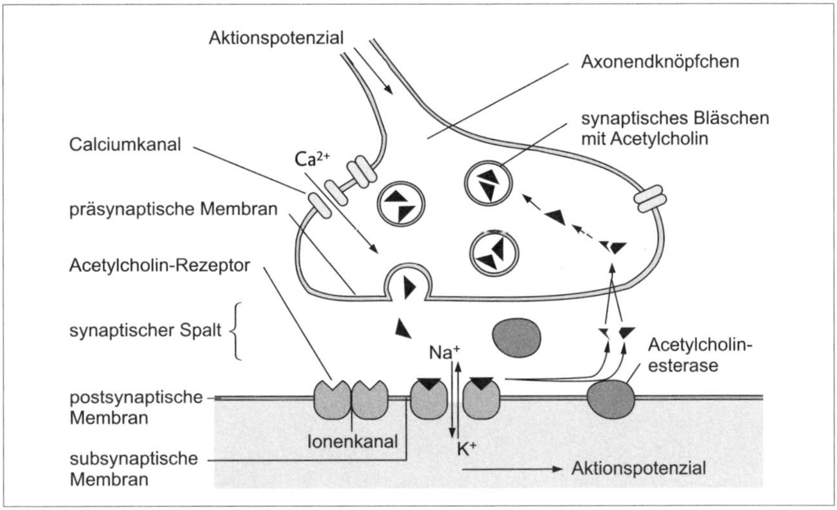

Beschreibung der synaptischen Übertragung:

Trifft ein fortgeleitetes Aktionspotenzial am Axonendknöpfchen der präsynaptischen Zelle ein, so werden zunächst durch die Potenzialänderung Calciumionen-Kanäle in der Membran geöffnet und Ca^{2+} strömt ins Innere des Axonendknöpfchens. Durch den Anstieg der Ca^{2+}-Konzentration verschmelzen einige der zahlreichen mit Transmittern gefüllten Vesikel mit der präsynaptischen Membran und schütten den in ihnen enthaltenen Transmitter in den synaptischen Spalt aus. Diesen Transmitter (am häufigsten Acetylcholin) nennt man auch „first messenger". Jeweils 5 000 Moleküle Acetylcholin strömen aus jedem Vesikel dieses am besten untersuchten Synapsentyps. Ca^{2+} wird mithilfe von Ionenpumpen wieder aus der Präsynapse befördert. Die Transmittermoleküle diffundieren ihrem Konzentrationsgefälle folgend innerhalb von ca. 0,1 ms durch den synaptischen Spalt zur postsynaptischen Membran. Dort besetzen sie nach dem Schlüssel-Schloss-Prinzip die Acetylcholinrezeptoren in der Membran und öffnen in den Rezeptoren befindliche Natriumionenkanäle. Das im Außenmedium in hoher Konzentration befindliche Na^+ strömt in das Soma der postsynaptischen Zelle und depolarisiert die postsynaptische Membran. Das entstehende postsynaptische Potenzial (PSP) ist zur ausgeschütteten Transmittermenge proportional. Bei überschwelliger Depolarisation der postsynaptischen Zelle werden am Axonhügel ein oder mehrere Aktionspotenziale gebildet, die fortgeleitet werden. Das im synaptischen Spalt aktive Enzym Acetylcholinesterase löst das Acetylcholin wieder aus den Rezeptorstellen und spaltet es zu Cholin und Essigsäure. Die Spaltprodukte diffundieren zurück zur postsynaptischen Membran, werden dort in das Axonendknöpfchen aufgenommen und zu Acetylcholin resynthetisiert.

Es gibt auch Synapsen, bei denen der Rezeptor für den Neurotransmitter kein Teil des Ionenkanals ist. Die Bindung des Transmitters an den Rezeptor aktiviert hier einen Signalübertragungsweg, an dem ein sekundärer Botenstoff beteiligt ist („second messenger"). Die Wirkung dieser Second-Messenger-Systeme setzt zwar langsamer ein, hält dafür aber wesentlich länger an. Second messenger modulieren die Antwortbereitschaft postsynaptischer Neurone auf verschiedene Weise, zum Beispiel dadurch, dass sich die Zahl der offenen Kaliumionenkanäle ändert. Bei dem am besten untersuchten Übertragungsweg fungiert zyklisches AMP (cAMP) als sekundärer Botenstoff. An Synapsen, an denen z. B. Noradrenalin an den postsynaptischen Rezeptor bindet, aktiviert dieser Transmitter-Rezeptor-Komplex ein G-Protein, das die Adenylatcyclase aktiviert. Dieses Enzym wandelt ATP in cAMP um und dieses aktiviert wiederum die Proteinkinase A, die Kanalproteine der postsynaptischen Membran phosphoryliert und sie dazu veranlasst, sich zu öffnen. Durch den Verstärkungseffekt dieses Signalübertragungsweges kann die Bindung eines einzigen Neurotransmittermoleküls an einem Rezeptor zum Öffnen vieler Ionenkanäle führen.

2 *Diese Aufgabe ist komplex, da die Funktion dreier verschiedener Stoffe auf zellulärer Ebene beschrieben und erläutert werden soll. Dabei sind insgesamt fünf Materialien zu berücksichtigen. Um den Überblick zu behalten, ist es hilfreich, sich parallel zum Lesen der Texte bzw. Betrachten der Abbildungen bereits kurze Randnotizen mit den wichtigsten Informationen zu machen. Lesen Sie zunächst die Texte in Material 1 und 2. Im Titel von Material 1 ist zwar nur vom Koffein die Rede, jedoch finden sich hier auch Informationen zur Wirkung von Koffein und Adenosin. Material 2 liefert Informationen über Hormone, deren Verteilung im Organismus und die Funktion und Regulation von Hormonrezeptoren.*

Die Gliederung Ihrer Bearbeitung sollte sich an den Materialien 3.1, 3.2 und 3.3 orientieren, in denen die Wirkmechanismen von Noradrenalin (3.1), Noradrenalin und Adenosin (3.2) und Noradrenalin, Adenosin und Koffein in Kombination dargestellt sind. Beschreiben Sie jeweils zuerst die bildliche Darstellung und erläutern Sie dann die Funktion.

Wirkmechanismus von Noradrenalin:
Das Nebennierenhormon Noradrenalin wird über das Blut im Organismus verteilt und entfaltet seine Wirkung im vegetativen und im Zentralnervensystem. Der in Abb. 3.1 dargestellte Wirkort ist die Präsynapse. Noradrenalin bildet mit dem stimulatorischen β-Rezeptor einen Hormon-Rezeptor-Komplex an dem ein gebundenes, stimulatorisches G-Protein aktiviert wird und in Folge in seine Untereinheiten zerfällt. Die α-Untereinheit ist entlang der Innenseite der Zellmembran beweglich und stimuliert das membrangebundene Enzym Adenylatcyclase, welches die Umwandlung von ATP zu cAMP katalysiert. Das cAMP hat als second messenger eine sehr stark aktivierende Wirkung auf das Enzym Proteinkinase. Das Neuron wird über eine erhöhte Membranleitfähigkeit, gesteigerte Transmitterbildung bzw. erhöhte Transmitterfreisetzung leicht erregbar. Das korreliert mit der Tatsache, dass Noradrenalin den Sympathikus fördert und so z. B. am Alarmverhalten bei Flucht oder Kampf beteiligt ist.

Wirkungmechanismus von Noradrenalin und Adenosin:
In der Abb. 3.2 finden sich die gleichen Strukturen und Stoffe wie in der Abb. 3.1 wieder. Auch in dieser Darstellung ist Noradrenalin, wie oben beschrieben, wirksam. Gleichzeitig werden jedoch auch spezifische inhibitorische α_2-Rezeptoren mit Adenosin besetzt und aktivieren ein inhibitorisches G-Protein, welches sich ebenfalls aus mehreren Untereinheiten zusammensetzt. Auch dieses G-Protein zerfällt nach seiner Aktivierung in Untereinheiten, die beweglich sind. Die α_1-Untereinheit hemmt in diesem Fall die Adenylatcyclase, sodass weniger cAMP gebildet werden kann. Die aktivierende Wirkung auf das Enzym Proteinkinase wird gegenüber der alleinigen Wirkung von Noradrenalin abgeschwächt. Je nach Konzentration der beiden reziprok wirkenden Stoffe Noradrenalin und Adenosin lässt sich die Enzymaktivität und damit die Erregbarkeit steuern. Weiterhin beeinflusst die β_i-γ_i-Untereinheit des inhibitorischen G-Proteins direkt die Kaliumkanäle in der Axonmembran, sodass Kaliumionen vermehrt ausströmen können und somit die Axonmembran aufgrund der neuen Potenziallage weniger erregbar wird. Dies korreliert mit der in Material 1 genannten Aufgabe des Adenosins, das Gehirn vor Überanstrengung zu schützen. Wir haben es hier mit einer Förderung (Noradrenalin) und einer Hemmung (Adenosin) der Erregungsleitung zu tun.

Zusätzliche Wirkung von Koffein:
Wird dem Körper über das vorhandene Noradrenalin hinaus von außen Koffein zugeführt, so wird dieses mit dem Blutstrom im Körper verteilt und von den Zellen aufgenommen. Wie in Abb. 3.3 gezeigt, ist Koffein dazu in der Lage, wie ein Mimetikum den Adenosinrezeptor zu besetzen. Jedoch wird das inhibitorische G-Protein dadurch nicht aktiviert. Dies hat zur Folge, dass die Adenylatcyclase wie bei der Einwirkung von Noradrenalin cAMP bilden kann, welches die Proteinki-

nase aktiviert. Da das intrazellulär eingedrungene Koffein gleichzeitig den Abbau von cAMP durch Hemmung der Phosphodiesterase unterbindet und auch die Kaliumionenkanäle geschlossen bleiben, wird das Neuron noch stärker aktiviert als bei der alleinigen Einwirkung von Noradrenalin. Die Erregungsleitung ist erleichtert und die Synapse ist aktiver als ohne Koffein. Dies korreliert mit der Beschreibung der physiologischen Wirkung von Koffein, wie z. B. erhöhte Konzentrations- und Leistungsfähigkeit, motorische Aktivität und vermindertes Müdigkeitsgefühl. Über die Affinität der beiden Substanzen Adenosin und Koffein zum Rezeptor im Vergleich gibt es keine weiteren Aussagen im Material.

3 *Der Schwerpunkt der Bearbeitung liegt hier im Vergleich der Funktion und der Wirkung der beiden Stoffe Noradrenalin und Koffein. Koffein ist ein körperfremder Stoff, der über den Magen-Darm-Trakt aufgenommen wird und so ins Blut gelangt, so wie Noradrenalin durch Ausschüttung aus der Nebenniere ins Blut gelangt. Es soll dargestellt werden, inwieweit sich Koffein ähnlich dem Noradrenalin verhält. Im zweiten Schritt ist zu erläutern, wieso Koffein die Eigenschaft eines Dopingmittels hat.*

Der Koffeingenuss bewirkt im Körper eine vergleichbare Reaktionsfolge wie das körpereigene Hormon:

- Koffein gelangt mit dem Blutstrom als Signalstoff zu den Zielzellen mit den passenden Rezeptoren.
- Koffein dockt ebenso wie das Hormon an spezifische Rezeptoren der Neuronenmembran an.
- Koffein beeinflusst, wie das entsprechende Hormon, die Menge des gebildeten cAMP als second messenger. Im Gegensatz zu Noradrenalin und Adenosin aktiviert Koffein jedoch keines der G-Proteine, sondern steigert die cAMP-Menge auf andere Weise. Der Abbau von cAMP wird partiell durch die Hemmung der Phosphodiesterase verhindert. Noradrenalin dagegen beeinflusst ein stimulierendes und aktivierendes G-Protein und steigert auf diese Weise die cAMP-Produktion.
- Koffein verzögert den cAMP-Abbau und erhöht dadurch die Wirkung der Proteinkinase, wodurch die Membranleitfähigkeit erhöht wird.

Koffein kann als Dopingmittel bezeichnet werden, da es ein körperfremder Stoff ist. Dieser steigert künstlich die Membranleitfähigkeit und führt nicht nur zu einer gesteigerten Aufmerksamkeit und motorischen Aktivität, sondern auch zu einer erhöhten Leistung des Herzmuskels und der Skelettmuskulatur.

4 *Hier geht es um die in Material 1 und 2 dargestellten physiologischen Wirkungen des Koffeins und um die beschriebenen Entzugserscheinungen. Es soll je eine Hypothese zu den folgenden Tatsachen entwickelt und elaboriert werden:*
1) Mit steigendem Kaffeekonsum lässt die anregende Wirkung nach.
2) Nach dem Absetzen koffeinhaltiger Genussmittel treten zeitlich begrenzt Entzugserscheinungen auf.

Hypothese zu 1:
Koffein konkurriert als Mimetikum mit dem körpereigenen Adenosin um die Bindung an denselben Rezeptor. Die cAMP-Konzentration in den Neuronen ist erhöht, da die Hemmung der cAMP-Synthese durch Adenosin teilweise oder ganz entfällt. Da bezüglich aller Stoffe im Körper ein homöostatisches Gleichgewicht angestrebt wird, ist anzunehmen, dass der Körper bei regelmäßigem Konsum von Koffein gegensteuern wird. Dies kann z. B. durch die Erhöhung der Anzahl der Adenosinrezeptoren oder durch die Verringerung der Anzahl der Noradrenalinrezeptoren geschehen. Die Wirkung des Koffeins lässt nach, da wieder mehr Adenosinmoleküle an der erhöhten Rezeptormenge andocken können. Die Koffeinmenge müsste erhöht werden, um die gleiche Wirkung zu erzielen.
Eine weitere Möglichkeit, wie die Zelle auf die dauerhaft hohe Koffeinzufuhr reagieren könnte, wäre die Verringerung der Anzahl der Noradrenalinrezeptoren.

Hypothese zu 2:
Entzieht man dem Körper das Koffein, so werden die zahlreichen Adenosinrezeptoren wieder vollständig mit Adenosin besetzt, mehr als im Ausgangszustand vor dem regelmäßigen Koffeingenuss. Der cAMP-Spiegel sinkt dramatisch ab, die Membranleitfähigkeit sinkt. Unaufmerksamkeit, Abgeschlagenheit und geringere Leistungsfähigkeit sind die Folge. Die zeitliche Begrenztheit dieser Symptome erklärt sich wiederum damit, dass durch die langsame Reduktion der Anzahl der Adenosinrezeptoren die Homöostase wiederhergestellt wird.

Abiturprüfung 2012 Leistungskurs Biologie (Hessen)
A1: Genetik

Laktose-Intoleranz beim Menschen BE

1 Beschreiben Sie die Vorgänge und nennen Sie die Orte der Proteinbiosynthese bei Eukaryonten. 13

2 Analysieren Sie ausschließlich anhand von Material 2 den Vererbungsmodus zur primären adulten Laktose-Intoleranz (PLI) und begründen Sie Ihre Entscheidung. Ordnen Sie den Familienmitgliedern 1, 2, 4, 7, 8 und 12 den jeweiligen Genotyp zu (Material 2). 10

3 Beschreiben Sie die in Material 4 angegebenen Untersuchungsergebnisse und erläutern Sie die zugrunde liegenden molekulargenetischen Ursachen der primären adulten Laktose-Intoleranz (Material 3 und 4). 11

4 Erläutern Sie die möglichen Auswirkungen der molekulargenetischen Änderungen auf das Produkt des MCM6-Gens und stellen Sie die Wirkung auf den Organismus dar (Material 1, 3 und 4). 8

5 Entwickeln Sie **eine** begründete Hypothese, welche regulatorische Funktion das MCM6-Gen für die Expression des LPH-Gens besitzen könnte (Material 3 und 4). 8

50

Material 1

Laktose-Intoleranz

Bei der Laktose-Intoleranz handelt es sich um eine Unverträglichkeit von Laktose (Milchzucker), die in vielen Nahrungsmitteln wie z. B. Milch und Milchprodukten vorkommt. Betroffene können die Laktose nicht oder nur teilweise abbauen, sie gelangt teilweise unverdaut in den Dickdarm und wird erst dort von Darmbakterien abgebaut. Dadurch entstehen Darmgase und eine Reihe von niedermolekularen Abbauprodukten, die u. a. zu Blähungen und Durchfall führen. Damit die Laktose im Dünndarm resorbiert werden kann, muss sie mithilfe des Enzyms Laktase-Phlorizin-Hydrolase (LPH), kurz: Laktase, in Glucose und Galaktose gespalten werden. Bei allen Säuglingen wird das aktive Enzym LPH normalerweise in ausreichender Menge produziert.
Die hier dargestellte Form der Laktose-Intoleranz, die primäre adulte Laktose-Intoleranz (PLI), ist die häufigste Form der Milchzuckerunverträglichkeit. PLI beruht auf einem Laktasemangel und wird durch eine reduzierte Laktaseproduktion nach dem

Kleinkindalter verursacht. Bei Kindern ab dem zweiten Lebensjahr[1] nimmt aufgrund der geringeren Menge der verfügbaren Laktase die Fähigkeit, Laktose abzubauen, stetig ab. Sie kann bis zum Erwachsenenalter fast völlig verschwinden, sodass größere Mengen Laktose nicht mehr abgebaut werden können. In Deutschland tritt PLI bei ca. 20 % der Bevölkerung auf, in Asien sind es ca. 90 % und in Afrika fast 100 % der Bevölkerung.

Materialgrundlage: www.klinik.uni-mainz.de/ZentsallaborlLab-Web/Lactose_lntoleranz.htm (abgerufen 18. 09. 2008)
Unterricht Biologie 329, 26. Jahrgang, Seelze, Mai 2007, KOMPAKT, Seite 34
www.aid-diagnostika.com/deutsch/kits/GenlD/rdb_2120_d.htm (abgerufen 18. 09. 2008)

Material 2

Stammbaum zur primären adulten Laktose-Intoleranz (PLI)

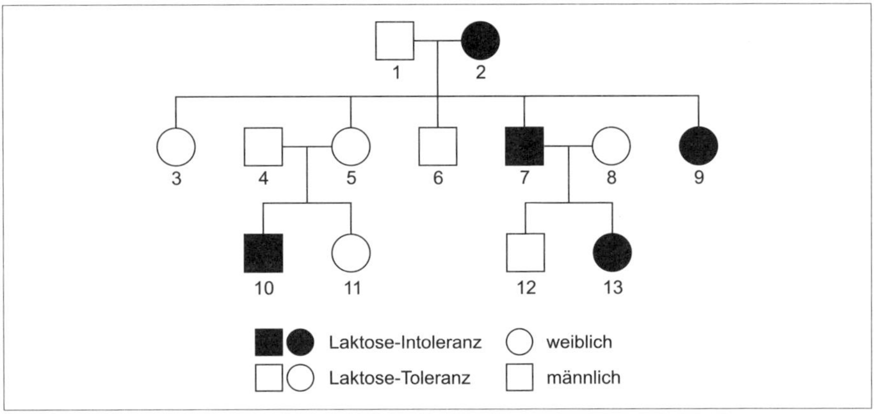

geändert nach: Enattah, N. S. et al.: Identification of a variant associated with adult-type hypolactasia, Nature, Genetics 2002, 30, S. 233–237

Material 3

Molekularbiologische Befunde zur primären adulten Laktose-Intoleranz

Mittels einer molekulargenetischen Studie an neun von der primären adulten Laktose-Intoleranz (PLI) betroffenen finnischen Familien konnten auf Chromosom Nr. 2 zwei verantwortliche DNA-Varianten aufgefunden werden. Beide befinden sich in nicht codierenden Regionen des MCM6-Cens, welches **vor** dem LPH-Gen liegt, in dem Intron 9 an der Nukleotidposition 22 018 und im Intron l3 an der Position 13 910. Mit den Ziffern gibt man an, dass sich diese Nukleotide 22 018 bzw. 13 910 Basenpaare **vor** dem LPH-Gen befinden.

1: Die Ursache für den Zeitpunkt des Auftretens von PLI ist wissenschaftlich nicht abschließend geklärt und ist nicht Gegenstand der Aufgabenstellung.

Die folgende Abbildung zeigt einen schematischen Ausschnitt der DNA eines homologen Ein-Chromatid-Chromosoms Nr. 2 sowie einen Ausschnitt aus dem MCM6-Gen:

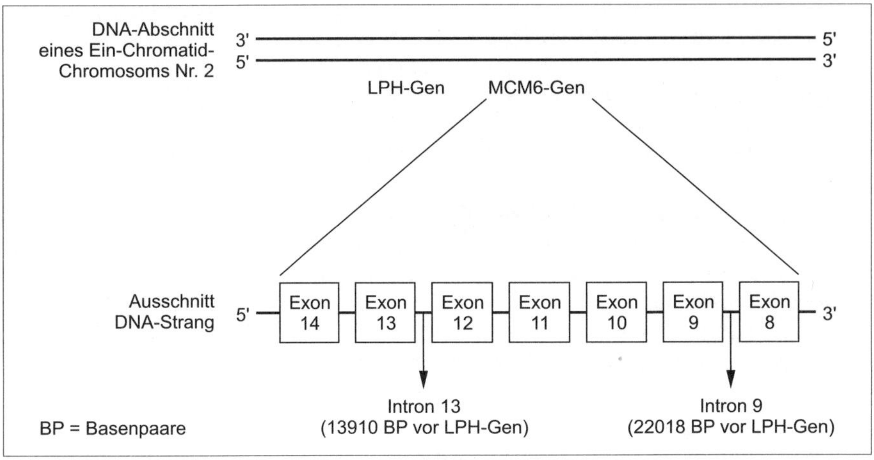

geändert nach:
Enattah, N. S. et al.: Identification of a variant assosciated with adult-type hypolactasia, Nature, Genetics 2002, 30, S. 233–237
Terjung, B., Lammert, F.: Laktoseintoleranz: Neue Aspekte eines alten Problems, Dtsch. Med. Wochenschrift 2007, 132, S. 271–275

Material 4

Molekulargenetische Untersuchungsergebnisse zur Laktose-Intoleranz

In weiteren Untersuchungen wurde bei 331 Personen die Nukleotidfolge des MCM6-Gens auf den beiden homologen Chromosomen 2 (im Weiteren als 2.a und 2.b bezeichnet) untersucht. Unter den 331 Personen befanden sich 144 Personen mit biochemisch bestätigter primärer adulter Laktose-Intoleranz im Vergleich zu 187 Laktose-toleranten Kontrollpersonen für die betroffenen Genregionen.
Hierbei konnten je zwei verschiedene Nukleotide an der Position 13 910 und an der Position 22 018 festgestellt werden. Daraus resultieren je drei verschiedene Nukleotidkombinationen:

	Position 13910 auf Chromosom 2.a/2.b			Position 22018 auf Chromosom 2.a/2.b		
Nukleotidkombinationen	C/C	C/T	T/T	G/G	G/A	A/A
Laktose-intolerant	144	0	0	137	7	0
Laktose-tolerant	0	100	87	0	100	87

Materialgrundlage: http://www.aid-diagnostika.com/deutsch/kits/GenID/rdb_2120_d.htm (abgerufen 18. 09. 2008)

Lösungsvorschläge

In der Aufgabe thematisierte Unterrichtsinhalte sind:
- *Orte der Proteinbiosynthese und deren Ablauf bei Eukaryonten, Transkription und Translation im Detail, Prozessierung der DNA (Splicing)*
- *Genregulation, Transkriptionsfaktoren, Operon-Modell*
- *Genmutationen/Punktmutation*
- *Raumstruktur von Proteinen*
- *Materialbezogene Stammbaumanalyse (autosomal/gonosomal, dominant/rezessiv)*

1 *„Nennen" und „beschreiben" sind Operatoren aus dem Anforderungsbereich I. Denken Sie an die Unterschiede zwischen Prokaryonten und Eukaryonten, wenn Sie zunächst die beiden Orte in der Zelle, die an der Proteinsynthese beteiligt sind, benennen, und erinnern Sie sich dann daran, wie die Information für Proteine codiert ist. Für die schrittweise Beschreibung der Abläufe in Fachsprache empfiehlt es sich, zuvor eine Begriffssammlung anzulegen.*

Die Proteinbiosynthese umfasst zwei Prozesse, Transkription und Translation. Die **Transkription** findet bei Eukaryonten im Zellkern statt, wo die genetische Information auf dem codogenen DNA-Strang mithilfe der RNA-Polymerase in 3'→5'-Richtung abgelesen wird. Dazu wird der DNA-Doppelstrang enzymatisch entwunden und gespalten. RNA-Nukleotide lagern sich komplementär an den codogenen Strang an und werden mithilfe der RNA-Polymerase miteinander verknüpft. Dabei bilden je drei Nukleotide ein Basen-Triplett (Codon). Die gebildete prä-mRNA enthält sowohl Introns (nicht codierende Sequenzen) als auch Exons (codierende Sequenzen). Die Prozessierung der prä-mRNA, die noch während der Transkription erfolgt, umfasst neben dem Spleißen, bei dem die Introns herausgeschnitten und die Exons miteinander verknüpft werden, auch die Anlagerung einer Cap-Struktur an das 5'-Ende der mRNA. Zusätzlich erhält das 3'-Ende einen Poly-A-Schwanz (Polyadenylierung), dessen Länge die Lebensdauer einer mRNA bestimmt.

Die reife mRNA wandert durch die Kernporen aus dem Zellkern ins Zytoplasma, wo die **Translation** stattfindet. Dazu heften sich die beiden Untereinheiten eines Ribosoms an die mRNA an. Freie Aminosäuren werden mithilfe des Enzyms Synthetase an spezifische tRNA-Moleküle gebunden, die sie zum Ribosom transportieren. Innerhalb des Ribosoms gibt es zwei Bindestellen (A und P). Hier können sich tRNA-Moleküle über ihre Anticodone mittels Wasserstoffbrücken an die mRNA anlagern. Die erste tRNA bindet im Ribosom an der A-Stelle an das Startcodon der mRNA. Sie trägt immer die Aminosäure Methionin, entsprechend dem Anticodon der tRNA UAC. Das Ribosom rückt anschließend an der mRNA um ein Triplett weiter. Die zweite, zum darauffolgenden Codon der mRNA passende tRNA bindet wiederum an der A-Stelle des Ribosoms, während die erste tRNA zur Peptidbindestelle P „wandert". Hier werden die von den tRNA-Molekülen transportierten Aminosäuren durch das Enzym Transferase miteinander verknüpft. Schließlich wird die erste tRNA abgespalten und die zweite tRNA besetzt die P-Stelle, sodass die Bindestelle A für die nächste beladene tRNA frei wird. Auf diese Weise wird nach und nach eine Aminosäurekette synthetisiert, die entladenen tRNAs verlassen das Ribosom. Erreicht jedoch ein Stoppcodon auf der mRNA die A-Stelle, so kann dort keine passende tRNA binden und die Polypeptidkette löst sich vom Ribosom, das anschließend in seine Untereinheiten zerfällt. Gemäß seiner Primärstruktur (Aminosäurekette) bildet sich anschließend die räumlich komplexe Sekundär- und Tertiärstruktur aus, die erst ein funktionales Protein kennzeichnet.

2 *Zur Analyse des Vererbungsmodus klären Sie anhand des in Material 2 vorliegenden Stammbaums folgende Fragen:*
- *Wird PLI dominant oder rezessiv vererbt?*
- *Kann Kodominanz oder ein intermediärer Erbgang vorliegen?*
- *Ist die Vererbung von PLI geschlechtsgebunden?*
- *An welchen Stellen des Stammbaums finden Sie Belege für Ihre Annahmen?*
- *Wie müssen die Genotypen aussehen?*

Überprüfen Sie Ihre Entscheidungen auf Widersprüche. Begründen Sie sie, indem Sie die mendelschen Regeln anwenden.

Es liegt ein **autosomal-rezessiver** Erbgang vor.
Die Dominanz des Gens für primäre Laktose-Intoleranz (PLI) kann ausgeschlossen werden, da zwar in der F1-Generation PLI auftritt, jedoch auch phänotypisch gesunde Personen mit Laktose-Toleranz (4 und 5) ein Kind des Phänotyps PLI haben (10).
Eine X-chromosomal gebundene rezessive Vererbung ist ausgeschlossen, da aus der Ehe der Personen 1 und 2 sowohl ein von PLI betroffener Sohn (7) und einer betroffene Tochter (9) als auch ein laktose-toleranter Sohn (6) hervorgeht. Alle Töchter dieser Ehe müssten aufgrund des dominanten Allels des Vaters für Laktose-Toleranz gesund sein und alle Söhne aus dieser Ehe müssten von PLI betroffen sein, da die Mutter (2) jeweils ein mutiertes X-Chromosom weitergeben würde, dem ja bei den Söhnen ein weitgehend genleeres Y-Chromosom gegenüberstünde. Im Falle einer Y-chromosomalen Vererbung müssten alle weiblichen Personen des Stammbaums Laktose-Toleranz zeigen und alle männlichen Personen laktose-intolerant sein.

Die Zuordnung der entsprechenden Genotypen lautet daher wie folgt:

Person	1	2	4	7	8	12
Genotyp	Aa	aa	Aa	aa	Aa	Aa

3 *Lesen Sie zunächst beide Materialien und beschreiben Sie dann die in Material 4 angegebenen Untersuchungsergebnisse mit eigenen Worten. Beachten Sie, dass sich die angegebenen Nukleotidkombinationen immer auf die beiden Allele der homologen Chromosomen der Versuchspersonen beziehen. Nehmen Sie bei Ihren Erläuterungen sowohl auf Material 4 als auch auf Material 3 Bezug.*

331 Personen wurden auf die Nukleotidfolge des MCM6-Gens, das vor dem Gen, das das Enzym Laktase-Phlorizin-Hydrolase (LPH) codiert, hin untersucht. 144 von ihnen haben eine primäre adulte Laktose-Intoleranz (PLI), 187 sind laktosetolerant (Kontrollgruppe). Es zeigt sich, dass an zwei Nukleotidpositionen Unterschiede in der Nukleotidkombination zwischen Betroffenen und Gesunden bestehen. Bei laktoseintoleranten Personen befindet sich an Position 13 910 (Intron 13) vor dem LPH-Gen auf beiden homologen Chromosomen Cytosin. Laktose-tolerante Personen besitzen an der Position entweder homozygot Thymin (87 Personen) oder heterozygot Cytosin/Thymin (100 Personen).
An der zweiten Position im Intron 9, die 22 018 Basenpaare vor dem LPH-Gen liegt, findet sich bei fast allen laktose-intoleranten Personen (137) homozygot Guanin. Die heterozygote Nukleotidkombination Guanin/Adenin liegt bei 7 laktose-intoleranten und 100 laktose-toleranten Personen vor. Die homozygote Nukleotidkombination Adenin/Adenin besitzen nur laktose-tolerante Personen (87).

Die molekulargenetische Ursache für die PLI sind Punktmutationen, bei denen es zu einem Basenaustausch T→C bzw. A→G kommt. Liegt die Mutation nur auf einem der beiden homologen Chromosomen vor, ist die Person noch laktose-tolerant, beinhalten beide die Punktmutation, ist die Person laktose-intolerant. Die Untersuchungen decken sich mit der Auswertung des Stammbaums.

4 *Beachten Sie die in der Aufgabenstellung angesprochenen zwei Ebenen. Klären Sie zunächst die molekularbiologische Ebene. Beantworten Sie für sich die Frage, wie eine Punktmutation* ***ohne Verschiebung*** *des Leserasters in einem Intron eine so schwerwiegende Veränderung des Genprodukts (LPH) hervorrufen kann. Die Antwort auf der organismischen Ebene ist dann einfach.*

Da die Introns beim Spleißen der prä-mRNA herausgeschnitten werden und in der reifen mRNA nicht mehr vorhanden sind, ergibt sich für die Wirkung der vorliegenden Punktmutationen die folgende Erklärung:
Die betroffenen Nukleotide (Positionen 13 910 und 22 018) könnten innerhalb wichtiger Erkennungsstellen für das Splicing liegen, sodass bei ihrer Veränderung andere Schnittstellen entstehen oder diese unlesbar werden. So können sich die Länge und das Leseraster der fertigen mRNA dahingehend verändern, dass die Translation zu einer veränderten Aminosäuresequenz führt. Das Protein, das vom MCM6-Gen codiert wird, kann dann entweder gar nicht gebildet werden oder besitzt eine veränderte Raumstruktur und verliert damit seine Funktion. Das weist darauf hin, dass das MCM6-Genprodukt die Expression des LPH-Gens reguliert, der Funktionsverlust die Expression also stark einschränkt oder sogar verhindert.

Die mögliche Auswirkung auf den Organismus ist eine Laktose-Intoleranz. Da das Enzym Laktase nur noch in geringen Mengen gebildet wird, wird bei den betroffenen Personen die Laktose aus Milch bzw. Milchprodukten im Darm nicht katalytisch in Glucose und Galaktose gespalten. Dadurch bedingt treten die in Material 1 beschriebenen Verdauungsprobleme wie Blähungen und Durchfall auf.

5 Da das MCM6-Gen vor dem LPH-Gen auf dem Chromosom Nr. 2 liegt, könnte durch seine Lage eine regulative Funktion auf die Expression des LPH-Gens angenommen werden. So könnten die Sequenzbereiche des MCM6-Gens, in denen sich die Punktmutation befindet, als Enhancer (Transkriptionsverstärker) für das LPH-Gen fungieren und durch die Mutationen in ihrer Funktionsfähigkeit beeinträchtigt sein, sodass die Expression des LPH-Gens abgeschwächt ist.
Enhancer beeinflussen die Anlagerung des Transkriptionskomplexes an den Promotor und verstärken somit die Transkriptionsrate eines Gens. Entscheidend für diese Transkriptionsverstärkung ist die räumliche Orientierung des Enhancers zum Promotor (Enhancer-Promotor-Wechselwirkung). Somit kann der Enhancer bis zu mehrere Tausend Basen vor *(upstream)* oder hinter *(downstream)* dem Promotor liegen und trotzdem durch die dreidimensionale Supercoil-Struktur der DNA in die räumliche Nähe der Promotorsequenz gebracht werden.
Alternativ könnte das MCM6-Protein an eine DNA-Erkennungssequenz in der dem LPH-Gen vorgeschalteten Promotorregion binden und durch seine Anlagerung die Transkriptionsrate des Gens beeinflussen. Bei einem Funktionsverlust des MCM6-Proteins würde keine Anlagerung im Promotorbereich des LPH-Gens erfolgen. Damit wäre die Expression des LPH-Gens reduziert oder verhindert und im Organismus stünde nur wenig oder kein Enzym zur Spaltung der Laktose zur Verfügung.

Epigenetik – Vererbung ist mehr als die Weitergabe von Genen BE

1 Beschreiben Sie den chemischen und räumlichen DNA-Aufbau. 11

2 Benennen Sie die in Abbildung 1.1 dargestellten Unterschiede zwischen Euchromatin und Heterochromatin und erläutern Sie den Mechanismus des „Gene-Silencing" (Abbildung 1.1 und Text 1.1). 10

3 Skizzieren Sie den in Text 2.1 dargestellten „negativen Feedback-Loop" als Pfeildiagramm und erklären Sie unter Auswertung von Text 2.2 und Text 2.3, warum die vernachlässigten Jungtiere stressanfälliger sind. 15

4 Entwickeln Sie **eine** begründete Hypothese, welche Faktoren Einfluss auf die Methylierung der Promotorsequenz des Glukokortikoid-Rezeptorgens bei der Entwicklung der Jungtiere haben könnten.
Stellen Sie **eine** begründete Hypothese auf, wie das Methylierungsmuster künstlich manipuliert werden könnte (Material 2). 8

5 Diskutieren Sie, ob epigenetische Modifikationen als Mutation bezeichnet werden können. 6

50

Material 1

Methylierung, Deacetylierung und Acetylierung von Chromatin

Abbildung 1.1
Epigenetisches Gene-Silencing: Gene werden stumm

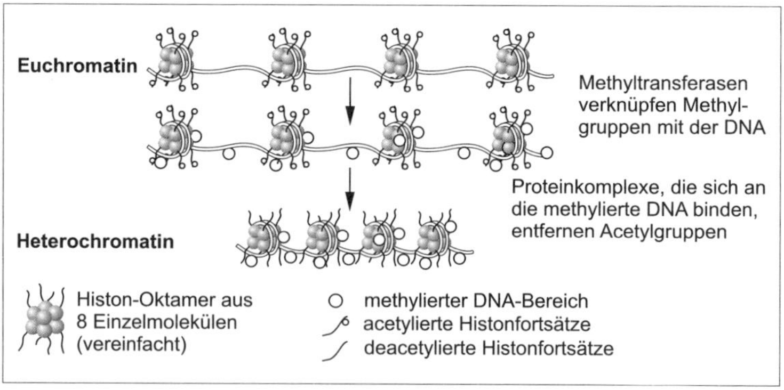

*geändert nach: BIOMAX, Max-Planck-Gesellschaft, Ausgabe 23, Sommer 2008, S. 3
Campbell, N.: Biologie, München, 2009, S. 477*

Text 1.1
Methylierung, Deacetylierung und Acetylierung von Chromatin
Die **Methylierung** von DNA ist ein natürlicher regulatorischer Prozess in der Zelle, der die Aktivität der Gene steuert. Die DNA-Methylierung beeinflusst die Umsetzung der Erbinformation, ohne die DNA-Sequenz selbst zu verändern. So versehen spezielle Enzyme, sog. Methyltransferasen, den DNA-Baustein Cytosin an bestimmten Stellen im Genom mit einer Methylgruppe, sodass Methylcytosin entsteht. Andere Methyltransferasen können Histone methylieren.
Die Methylierung ist Voraussetzung für die **Deacetylierung**. Beides zusammen bewirkt, dass Nukleosomen dichter aneinander rücken. Die Methylierung von DNA hat verschiedene biologische Funktionen. Bei höher entwickelten Organismen bestimmt der Methylierungsgrad die Aktivität bestimmter DNA-Bereiche oder auch ganzer Chromosomen. So spielt sie z. B. bei der Inaktivierung von X-Chromosomen und bei der genomischen Prägung (Imprinting) eine entscheidende Rolle. Die Methylierung der DNA ist z. T. reversibel, sie kann also wieder rückgängig gemacht werden.
Die Histon-**Acetylierung** wirkt prinzipiell gegensinnig zur Methylierung. Die Fortsätze der Histone ragen aus dem Histonoktamer heraus und enthalten mehrere Aminosäuren, die biochemisch modifizierbar sind (vgl. Abbildung 1.1). Dies sind vor allem die basischen Aminosäuren Lysin und Arginin, aber auch Serin und Threonin. Histon-Acetyltransferasen (HATs) und Histon-Deacetylasen (HDACs) wirken gegensätzlich. HATs übertragen eine Acetylgruppe auf die Aminogruppe der Lysinreste und verwenden dazu Acetyl-CoA als Cofaktor. HDACs katalysieren deren Abspaltung.
Die Deacetylierung macht das Chromatin kompakter, die Acetylierung lockert es auf.

Materialgrundlage:
http://www.biosicherheit.de/lexikon/861.dna-methylierung.html (abgerufen 29. 12. 2010)
BIOMAX, Max-Planck-Gesellschaft, Ausgabe 23, Sommer 2008, S. 2
Campbell, N., Reece, J.: Biologie, München 2009, S. 476 ff.
Markl Biologie Oberstufe, Stuttgart, 1. Auflage, 2010
Nachrichten aus der Chemie, (59), September 2011, S. 824

Material 2

Text 2.1
Negativer Feedback-Loop[2] bei Stressreaktionen
Stress bewirkt Reaktionen, die den Körper auf außergewöhnliche physische und psychische Belastungen vorbereiten sollen. Vermittelt wird diese Stressreaktion durch eine Kaskade von Hormonausschüttungen, die im Hypothalamus beginnt und über die Hirnanhangsdrüse (Hypophyse) zur Nebennierenrinde führt. Auf jeder Ebene kommt es zur Ausschüttung spezifischer Hormone. Ein bedeutendes Stresshormon ist dabei das Adrenokortikotrope Hormon (ACTH). ACTH regt in der Nebennierenrinde die Synthese von Glukokortikoiden an. Glukokortikoide gehören zu den Steroidhormonen und besitzen vielfältige aktivierende Funktionen im Stoffwechsel, die bei Säugetieren die Stressantwort verstärken. Binden diese dagegen an Glukokortikoid-

2: Feedback-Loop = Rückkopplungsschleife

Rezeptoren (GR) im Hippocampus an, bewirkt dies in der Folge eine Dämpfung der Hypothalamus-Funktion: Je mehr Rezeptoren vorhanden sind, umso stärker wird die Hypothalamus-Funktion gedämpft. Sind die GR-codierenden Gene im Hippocampus stumm, so können die in der Nebennierenrinde gebildeten Hormone ungehemmt ihre erregende Wirkung entfalten. Ist das Gen dagegen aktiv und sind ausreichend Rezeptormoleküle vorhanden, wird die Freisetzung der Stresshormone vom Hypothalamus über die Hypophyse gehemmt. Die Wissenschaftler sprechen von einem „negativen Feedback-Loop".

Materialgrundlage:
Ogren, M. P. PH. D., Lombroso, P., J., M. D.: Epigenetics: Behavioral Influences on Gene Function, Part II: Molecular Mechanisms, in: Journal American Academy of Child and Adolescent psychiatry, April 2008
Kegel, B.: Epigenetik, Köln 2009, S. 232 ff.

Text 2.2
Stress durch nachlässige Fürsorge

Auch bei den komplizierten Veränderungen im Körper, die durch Stress in Gang gesetzt werden, spielt die Methylierung der DNA eine Rolle. Dies stellten MOSHE SZYF und sein kanadischer Kollege MICHAEL J. MEANEY in verhaltensbiologischen Untersuchungen fest: Rattenmütter behandeln ihren Nachwuchs unterschiedlich: Es gibt Rattenmütter, die lange bei ihren Babys verweilen, ohne sich um sie zu kümmern. Dieses nachlässige Verhalten steht im Gegensatz zu einem fürsorglichen Verhalten anderer Rattenmütter, die mitunter viel unterwegs sind, aber die relativ kurze Zeit im Rattennest nutzen, ihre Jungen ausgiebig zu lecken und zu putzen.
Aus den ausgiebig geleckten Rattenjungtieren entwickelten sich mutige und stressresistente erwachsene Ratten, während sich aus den nachlässig behandelten Rattenjungtieren verängstigte und stressanfällige Ratten entwickelten, die „stets in die dunkelste Ecke des Käfigs flohen". Das erstaunlich unterschiedliche Verhalten der Nachkommen, das über viele Monate hinweg stabil blieb, war also eine direkte Folge der unterschiedlichen mütterlichen Zuwendung, die die Tiere genossen hatten.
Bei den von ihren Müttern intensiv geputzten und geleckten Rattenbabys konnte genau dieser „Feedback-Loop" beobachtet werden: Bei ihnen führt ein gegenüber den wenig umsorgten Rattenbabys deutlich aktiveres Glukokortikoid-Rezeptorgen dauerhaft zur Abschwächung der Stressreaktion. Außerdem ist die Aktivität des Gens umso höher, je hingebungsvoller die mütterliche Pflege ausfällt.

Materialgrundlage:
Ogren, M. P. PH. D., Lombroso, P. J., M.D.: Epigenetics: Behavioral Influences on Gene Function, Part II: Molecular Mechanisms, in: Journal American Academy of Child and Adolescent psychiatry, April 2008
Kegel, B.: Epigenetik, DuMont, Köln 2009, S. 232 ff.

Text 2.3

Methylierungsmuster der Promotorsequenz des Glukokortikoid-Rezeptorgens unterschiedlich versorgter Tiere

Die Promotorsequenz des Glukokortikoid-Rezeptorgens besteht aus insgesamt 17 Cytosin-Guanin-Sequenzen. Am Ende der Sequenz befindet sich der Abschnitt ...GCGGGGGCG, an den ein spezieller Transkriptionsfaktor bindet, der für die Aktivierung des Gens zwingend erforderlich ist.

Innerhalb dieses Abschnittes ist die Cytosinbase an Position 16 (in folgender Klammer unterstrichen) von besonderem Interesse (...G<u>C</u>GGGGGCG): Diese Cytosinbase ist bei intensiv gepflegten Tieren grundsätzlich nicht methyliert, die übrige Promotorsequenz ist nur wenig methyliert. Die vernachlässigten Jungtiere besitzen dagegen fast durchgängig methylierte Cytosinbasen in der Promotorsequenz des Glukokortikoid-Rezeptorgens. Auch die markierte Cytosinbase ist hier methyliert.

Ergänzend fanden Wissenschaftler heraus, dass kurz vor der Geburt die gesamte Promotorregion des Glukokortikoid-Rezeptorgens noch unmethyliert ist, doch schon am ersten Tag nach der Geburt sind fast alle Positionen mit Methylgruppen besetzt.

Auch Position l6 ist besetzt, sowohl bei den intensiv gepflegten Jungtieren als auch bei denen von nachlässigen Rattenmüttern. Erst danach wirkt sich die unterschiedliche Fürsorge aus: Die Entscheidung, ob sich die jungen Ratten später mutig und erkundungsfreudig oder eher ängstlich und zurückhaltend verhalten, fällt zwischen dem ersten und dem sechsten Tag.

geändert nach: Weaver, Jan C. C. et al: Epigenetic programming by maternal behavior, Nature Neuroscience 7, S. 847 ff.

Lösungsvorschläge

In der Aufgabe thematisierte Unterrichtsinhalte sind:

- *chemischer und räumlicher Aufbau der DNA, Tertiärstruktur*
- *Chromatinstruktur, Nukleosomen, Histone, Euchromatin, Heterochromatin*
- *Methylierung der DNA und (De-)Acetylierung der Histone, Gene-Silencing*
- *Regulation der Transkription (Promotor, Operator, Repressor)*
- *Hormone, Hormonproduktion und -funktion, Enzymfunktionen, Rezeptormoleküle, Stressreaktion*
- *Pfeildiagramme, Rückkopplung, Regelkreis*

1 *Den chemischen und räumlichen Aufbau der DNA zu beschreiben, ist eine rein reproduktive Aufgabe ohne Material. Trennen Sie die beiden Aufträge voneinander und beginnen Sie mit dem chemischen Aufbau des Einzelstranges. Für die Darstellung ist jeweils eine Sammlung der zu verwendenden Fachbegriffe, wie z. B. „Wasserstoffbrücken" oder „3'-Ende", sinnvoll. Nutzen Sie auch geeignete Skizzen zur Orientierung und Zuordnung der molekularen Bausteine. Die Formulierung des Textes ist dann leichter.*

Das Makromolekül der DNA setzt sich aus zwei Einzelsträngen zusammen, die jeweils aus einem Polymer von vier möglichen Nukleotiden bestehen. Die Grundbausteine der Nukleotide sind Phosphat, Zucker (Desoxyribose) und je eine der vier Basen Adenin und Guanin (Purinbasen) sowie Thymin und Cytosin (Pyrimidinbasen).

Das „Rückgrat" des Einzelstrangs bilden abwechselnd aufeinanderfolgende Phosphatgruppen und Desoxyribosemoleküle. Dabei ist eine Phosphatgruppe einerseits mit dem C_5-Atom und andererseits mit dem C_3-Atom der benachbarten Desoxyribosemoleküle verknüpft. Die Desoxyribose-Phosphat-Kette hat zwei verschiedene Enden:

Am 3'-Ende trägt das C_3-Atom der Desoxyribose keine Phosphatgruppe.

Am 5'-Ende trägt das C_5-Atom der Desoxyribose eine Phosphatgruppe.

Die Basen sind jeweils am C_1-Atom der Desoxyribose gebunden. Sie vermitteln die Anlagerung zweier antiparalleler Einzelstränge zum Doppelstrang, indem sich über Wasserstoffbrücken jeweils zwei komplementäre Basen (je eine Purin- und eine Pyrimidinbase) miteinander verbinden. Dabei gehen immer Adenin und Thymin (zwei Wasserstoffbrücken) sowie Guanin und Cytosin (drei Wasserstoffbrücken) eine Verbindung ein.

Die Basen der beiden verknüpften Polynukleotidstränge weisen nach innen und die Zucker-Phosphat-Ketten nach außen. Die beiden verbundenen komplementären Stränge sind im Raum zu einer rechtswindenden Doppelhelix mit 10 Basenpaaren pro Windung verdrillt.

2 *Vergegenwärtigen Sie sich, dass es sich bei den beschriebenen Abläufen um einander bedingende Prozesse an zwei unterschiedlichen Substraten (Molekülen), der Base Cytosin und dem Protein Histon, handelt. Sie müssen dabei nicht wissen, was „Methylierung" und „Acetylierung" im chemischen Sinn bedeuten. Verwenden Sie lediglich die Begriffe (Fachsprache!). Denken Sie im zweiten Aufgabenteil daran, was Stummschalten bedeutet: Das Gen wird nicht transkribiert. Das Material veranschaulicht, wie das realisiert werden kann.*

Im **Euchromatin** ist die zweifach um je ein Histonoktamer gewundene DNA (Nukleosom) nicht methyliert. Die Fortsätze der Histonoktamere sind acetyliert, der Abstand zwischen den Nukleosomen ist weit.
Heterochromatin weist dagegen in regelmäßigen Abständen methylierte DNA-Bereiche auf, die Histonfortsätze sind deacetyliert. Heterochromatin ist zudem dichter gepackt, der Nukleosomenabstand ist geringer als im Euchromatin.

Soll ein Gen stumm geschaltet werden (Gene-Silencing), so muss zunächst eine Methylierung der Cytosinbasen an bestimmten Stellen der DNA erfolgen. Dieser Vorgang wird durch das Enzym Methyltransferase vermittelt.
Anschließend werden in diesem Bereich die Acetylreste an den Lysinresten (auch Arginin, Serin oder Threonin) der Histonproteine enzymatisch durch Histondeacetylasen (HDACs) abgespalten.
Dies führt zu einer „kondensierten", also kompakteren Chromatinstruktur, dem Heterochromatin. In diesem Zustand ist die DNA nicht transkribierbar, eine Genexpression kann nicht stattfinden. Das Gen oder die Gene sind stumm geschaltet.
Da die Methylierung der DNA z. T. reversibel ist, kann ein stummes Gen auch wieder exprimiert werden, wenn die Histone in dem Bereich durch Histonacetyltransferasen erneut acetyliert werden.

3 *Der Operator „skizzieren" fordert die Erstellung eines Pfeildiagramms des in Text 2.1 beschriebenen „negativen Feedback-Loop". Bevor Sie das Diagramm entwickeln, sammeln Sie zunächst die am Prozess beteiligten Strukturen und Substanzen. Im zweiten Schritt setzen Sie diese mithilfe von Funktionsaussagen („wird gebildet", „regt an", „wird exprimiert" etc.) zueinander in Beziehung. Im finalen Diagramm sollten Sie verdeutlichen, ob die jeweilige Beziehung zwischen zwei Elementen eine förderliche (positive) oder hemmende (negative) ist.*

Vernachlässigte Tiere sind stressanfälliger, da Glukokortikoid-Rezeptoren (GR) nur in geringer Menge gebildet werden. Dadurch unterliegen die vielfältigen stoffwechselaktivierenden Funktionen der Glukokortikoide, die u. a. Stresssymptome verstärken, keiner Regulation und laufen ungehemmt ab.
Auf molekulargenetischer Ebene liegt der Stressanfälligkeit zugrunde, dass bei vernachlässigten Tieren die Promotorsequenz des Glukokortikoid-Rezeptorgens methyliert ist. Insbesondere die Methylierung an Position 16 ist dafür entscheidend, dass ein aktivierender Transskriptionsfaktor nicht binden kann. Somit ist das Gen „stumm geschaltet" und wird nicht transkribiert. Die Expression des Gens bleibt aus, es entstehen keine Glukokortikoid-Rezeptoren.

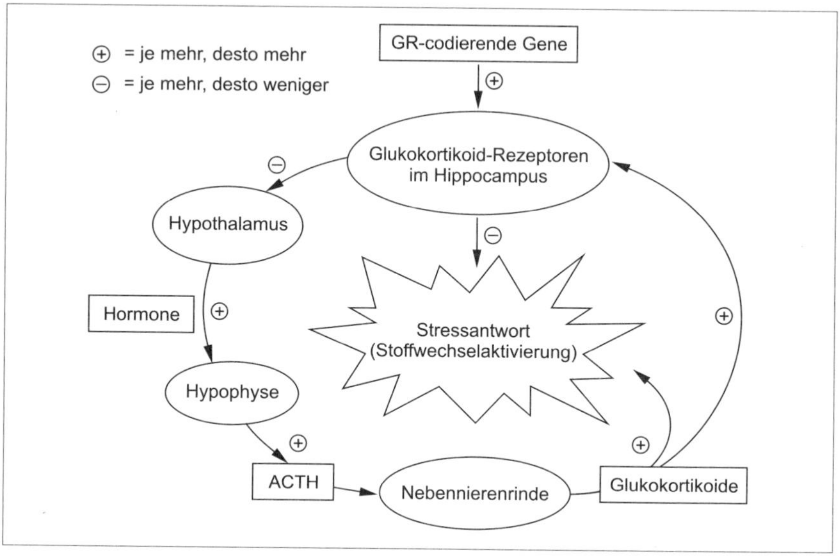

4 *In diesem Aufgabenteil wird die Entwicklung und korrekte Formulierung je einer Hypothese zu zwei verschiedenen Sachverhalten erwartet. Bezüglich der ersten Hypothese gibt im Wesentlichen Text 2.3 Aufschluss. Denken Sie bei der zweiten Hypothese daran, dass eine Manipulation sowohl biochemisch als auch über Verhaltensmanipulation möglich sein könnte.*

Hypothese 1: Aussagen in Text 2.3 belegen, dass in der frühen Ontogenese im Mutterleib noch keine Methylierung des GR-Gens stattfindet. Nach der Geburt können endogene Faktoren (z. B. Hormone) und exogene Faktoren (Licht, Futter, Kontakte mit der Umwelt) die Methylierung des GR-Gens bewirken. Zumindest sind kurz nach der Geburt laut Text 2.3 fast alle Positionen im GR-Gen mit Methylgruppen besetzt.
Das Fürsorgeverhalten der Rattenmütter wird in den nächsten 6 Tagen darüber entscheiden, ob die Methylierung des GR-Gens bei den Jungtieren bestehen bleibt oder nicht.

Hypothese 2 *(nur eine Alternative ist verlangt)*:
- Wenn man Ammenmütter für die Jungtiere von nachlässigen Müttern einsetzt, können diese durch ihr fürsorgliches Verhalten eine Demethylierung der Promotorsequenzen des GR-Gens bewirken.
- Methylgruppenspender (z. B. im Futter oder auch als Methionin-Injektion in die Hippocampus-Region) könnten das Methylierungsmuster des GR-Gens beeinflussen.

5 *Diskutieren heißt Argumente und Beispiele zu einer Aussage oder These einander gegenüberstellen und abwägen. Die Aussage lautet in diesem Fall: Epigenetische Modifikationen können als Mutation bezeichnet werden. Stellen Sie zunächst die Merkmale einer Mutation dar und prüfen Sie dann, ob sie auch auf epigenetische Modifikationen zutreffen. Beziehen Sie sich auf die von Ihnen vor allem in der Aufgabe 4 getroffenen und begründeten Aussagen, aber formulieren Sie sie hier neu – im Sinne einer abschließenden Diskussion.*

Eine Mutation ist eine spontan auftretende (oder durch schädigende Einflüsse induzierte), vererbbare (falls die Keimzellen betroffen sind) und irreversible Veränderung der genetischen Substanz.
Epigenetische Veränderungen, wie z. B. die Methylierung bestimmter DNA-Abschnitte, können sich zwar im Phänotyp wie Mutationen auswirken, da Gene an der Expression gehindert oder in der Expression gefördert werden, sie sind aber nicht angeboren (s. o.) und in der Regel reversibel (Material 1). Sie werden durch die Funktion von Enzymen ausgelöst. Vor allem aber wird die Basenfolge der DNA dabei nicht verändert. In kontrollierten Experimenten (Text 2.3 und Hypothesen 1 und 2a in Aufgabe 4) ist im Tierexperiment die Reversibilität der epigenetischen Veränderungen belegt.
Somit kann man epigenetische Modifikationen nicht als Mutationen bezeichnen.

Abiturprüfung 2012 Leistungskurs Biologie (Hessen)
B: Ökologie und Stoffwechselphysiologie

Der tropische Regenwald

BE

1 Zeichnen Sie für eine Pflanze an einem mittelfeuchten Standort eine Toleranzkurve für den abiotischen Faktor Wasser und erläutern Sie die charakteristischen Bereiche der Kurve. 6

2 Beschriften Sie den Blattquerschnitt eines Würgefeigenblattes (Material 1). Beschreiben und erläutern Sie die Abbildungen in Material 2. 10

3 Beschreiben und interpretieren Sie den jeweiligen Verlauf der Kurven des CO_2-Gehalts, der Temperatur, der Verteilung der Verdunstung, der Helligkeit sowie der relativen Luftfeuchtigkeit im Regenwald (Text 3.1 und Abbildung 3.1). 18

4 Deuten Sie detailliert die Strukturen des Würgefeigenblattes und die Entwicklungsphasen der Würgefeige als Anpassungen an den Lebensraum Regenwald (Material 1 bis 4). 10

5 Analysieren Sie Material 1 bis 4 in Bezug auf Vorteile und Risiken der Lebensweise von Würgefeigen. 6

50

Material 1

Blattquerschnitt durch eine junge Würgefeige

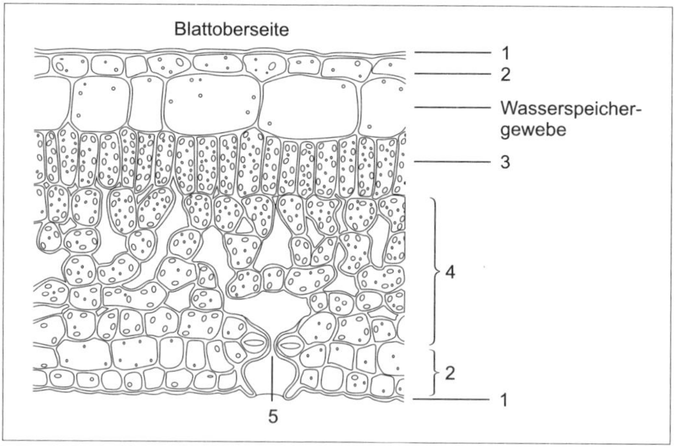

geändert nach: Bolay, E.: Ökologie der Würgefeigen, BiuZ 2, 1977, S. 58 © Wiley-VCH Verlag GmbH & Co. KGaA. Reproduced with permission

Material 2

Luftfeuchtigkeitsverhältnisse über der Epidermis verschiedener Pflanzenarten

Abbildung 2.1

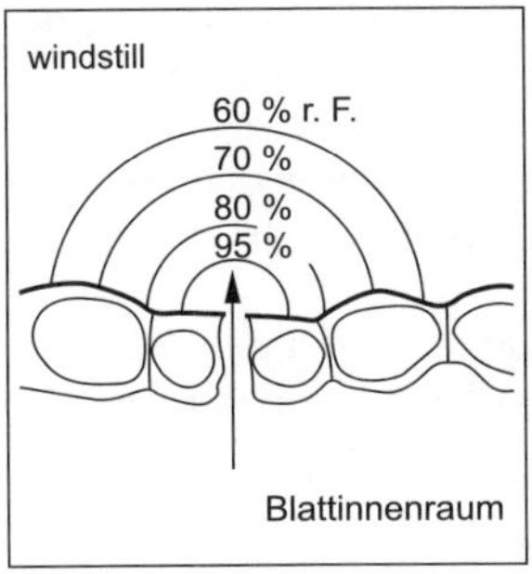

Abbildung 2.2

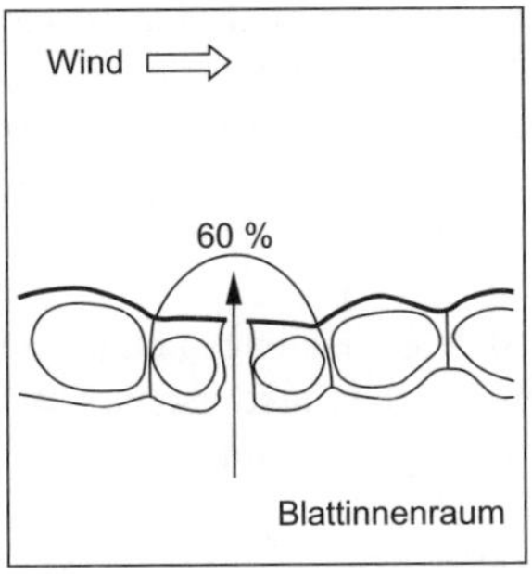

Abbildung 2.3

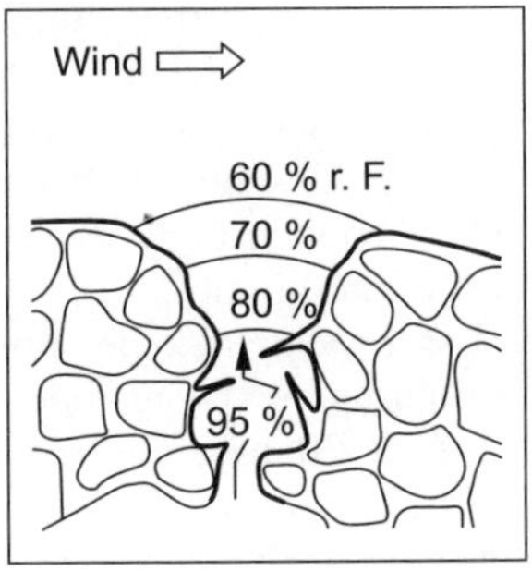

r. F. = relative Luftfeuchtigkeit

geändert nach: Bolay, E.: Ökologie der Würgefeigen, BiuZ 2, 1977, S. 55–58. © Wiley-VCH Verlag GmbH & Co. KGaA. Reproduced with permission

Material 3

Der tropische Regenwald

Im tropischen Regenwald wachsen die Pflanzen sowohl extrem dicht nebeneinander als auch in einer bestimmten vertikalen Staffelung, die als Stockwerkbau bezeichnet wird. Häufig werden fünf Etagen beschrieben, die jedoch nicht strikt voneinander getrennt werden können, sondern ineinander übergehen:

- Die Bodenschicht: Sie besteht aus dem Wurzelwerk der Pflanzen, einer meist sehr dünnen Humusdecke sowie den darin siedelnden Kleinlebewesen, Bakterien, Algen und Pilzen,
- die Krautschicht, zu der Moose, Farnpflanzen und andere Bodendecker mit geringem Lichtbedarf gehören,
- die Strauchschicht bis zu einer Höhe von ca. 5 m, zu der auch junge Bäume gehören,
- die Schicht der „niedrigen" Bäume, 20 bis 35 m hoch,
- die als „Baumriesen" bekannten so genannten Überständer, die vereinzelt bis in ca. 60 m über das Kronendach hinausragen.

Besondere Pflanzenformen des Regenwaldes sind Lianen, Epiphyten und Hemi-Epiphyten. Die Epiphyten (Aufsitzer) sind z. B. Farne und Bromelien. Sie wachsen auf Astgabeln und Zweigen der Bäume, gehen aber keine physiologische Verbindung mit dem Trägerbaum ein; ihre Wasser- und Mineralienversorgung decken sie durch besondere Blattstrukturen. Hemi-Epiphyten haben einen besonderen Weg für ihre Nährstoffversorgung gefunden: Sie beginnen ihr Leben als Epiphyt und bilden daneben Verbindungen zum Boden aus, um an Wasser und Mineralien zu gelangen.

In der Schicht der niedrigen Bäume ist das Leben an den Halbschatten angepasst. Dieses Blätterdach ist so dicht, dass es selbst einen Regenschauer erst nach Minuten

durchtropfen lässt. In diesen Baumkronen leben zwei Drittel aller Tier- und Pflanzenarten des tropischen Regenwaldes. Blätter, Blüten, Samen und Früchte bieten vielen Arten von Vögeln, Insekten und anderen Tieren ein großes Futterreservoir. Die Baumkronen sind so dicht miteinander verbunden, dass sie wie eine grüne Decke wirken. Die Luftfeuchtigkeit bleibt unter dieser grünen Decke eingeschlossen; den Waldboden erreicht nur 1 % der auf die Baumkronen einstrahlenden Lichtmenge.
Auf dem Boden werden abgestorbene Pflanzenteile schnell von Bakterien und Pilzen zersetzt. Es kann sich keine Humusschicht aus nicht vollständig zersetzten Pflanzen- und Tierteilen bilden. Die Nährstoffe sind nicht im Boden gespeichert, sondern in den Pflanzen selbst.
Wasser steht trotz der hohen Niederschlagsmengen (2 000 – 3 000 mm Wassersäule/Jahr und m^2) wegen der zahlreichen niederschlagsfreien Tage (ca. 140 Tage/Jahr) für viele Pflanzen nur begrenzt zur Verfügung.

Materialgrundlage:
http://wald.lauftext.de/welt-der-pflanzen/walder-der-erde/regenwald-in-drei-stockwerken.html (abgerufen 28. 04. 2010)
http://de.wikipedia.org/wiki/Tropischer_Regenwald (abgerufen 28. 04. 2010)
http://www.amazonas.de/amazonas/wissen_regenwald 1.html (abgerufen 28. 04. 2010)

Abbildung 3.1
Abiotische Faktoren

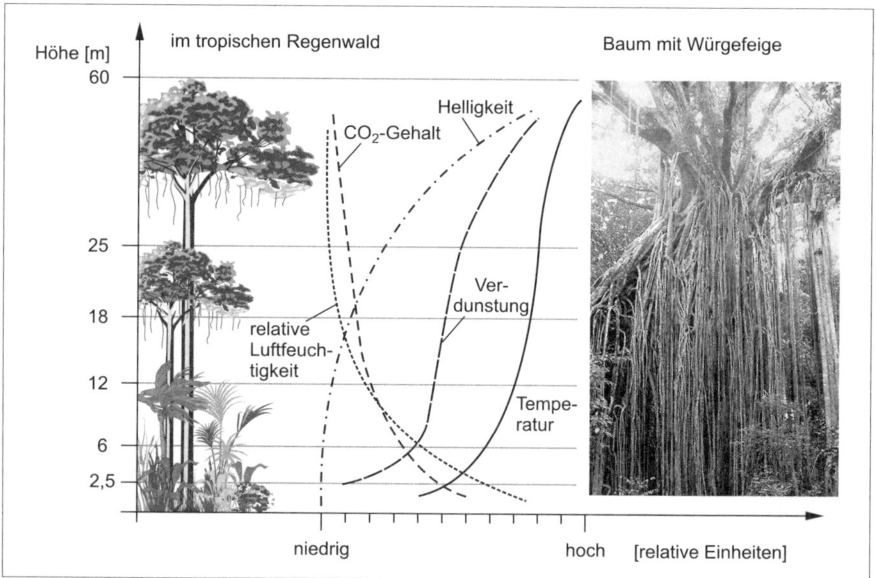

Materialgrundlage:
Kampf, M. et al: Biologie heute entdecken, Lehrermaterialien Teil 2, Braunschweig 2006, S. 26
Preißel, U.: Faszination Regenwald, Braunschweig 2001, S. 58 – 60
Foto: © Boris Rüping, http://de.wikipedia.org/w/index.php?title=Datei:Curtain_fig_tree.jpg lizenziert unter der Creative Commons-Lizenz 3.0 Unported

Material 4

Entwicklungsphasen einer Würgefeige *FICUS spec.*
Im Pflanzenreich der tropischen Wälder stellt die „Würgefeige" durch ihre Entwicklung eine Besonderheit dar. In der Gattung *Ficus* treten mehrere Arten auf, die die Lebensweise einer Würgefeige zeigen, z. B. *Ficus benghalensis*, *Ficus hookeri* oder *Ficus virens*. Die Samen können mit dem Kot von Tieren, die deren Früchte gefressen haben, auf den Ast eines Baumes gelangen (Wirtsbaum); dies tritt vor allem in der niedrigen Baumschicht auf. Der Keimling entwickelt sich dort zu einer Pflanze, deren Wurzeln sich auf einer Astgabel verankern. In diesem Stadium werden sie als „Epiphyten" oder „Aufsitzerpflanzen" bezeichnet. Nach kurzer Zeit werden bei den Würgefeigen Seitensprosse und so genannte Luftwurzeln ausgebildet. Wenn die kleine Epiphytenpflanze genug Fotosynthese betreiben kann, werden die Luftwurzeln so lang, dass sie den Boden erreichen.
Manche Wirtsbäume sind so hoch, dass der Aufwand für die Luftwurzelbildung bei der Epiphytenpflanze zu groß wird, sie stirbt ab.
Erreichen die Luftwurzeln den Boden, so sichern sie die Versorgung von *Ficus* mit Wasser. Bei ausreichender Wasserversorgung entwickelt sich das bis dahin äußerst zarte Pflänzchen rasch zu einer mächtigen Pflanze. Das Epiphytenstadium ist beendet.
Die mächtige Krone der Würgefeige überdeckt wenig später den Wirtsbaum. Durch das rasch zunehmende Dickenwachstum der dem Stamm des Wirtes eng anliegenden, im Boden verankerten Luftwurzeln wird dieser im Wachstum gehemmt und langsam „erwürgt". Ein großer Feigenbaum mit vielen Ästen und Luftwurzeln entsteht. Es entwickeln sich Bäume mit über 300 m Kronenumfang. Der Wirtsbaum stirbt ab und wird zersetzt, es bleibt ein hohler Scheinstamm aus einem verwachsenen Netzwerk aus baumdicken, verholzten Wurzeln zurück.
Fällt der Samen einer Würgefeige jedoch in einer hellen Waldlichtung auf den Erdboden, kann er dort zu einem normalen, stammbildenden Baum heranwachsen.

Materialgrundlage:
Bolay, E.: Ökologie der Würgefeigen, BiuZ 2, 1977, S. 55–58. © Wiley-VCH Verlag GmbH & Co. KGaA. Reproduced with permission
Preißel, U.: Faszination Regenwald, Braunschweig 2001, S. 58–60

Lösungsvorschläge

In der Aufgabe thematisierte Unterrichtsinhalte sind:
- *Aufbau eines Laubblattes, mikroskopisches Bild des Blattquerschnitts, Wasserhaushalt, Fotosynthese*
- *Toleranzkurve, Optimum, Pessimum, ökologische Potenz, Präferendum*
- *abiotische Umweltfaktoren Wasser, Licht, Luftfeuchtigkeit, Temperatur,* CO_2
- *Analyse grafischer Darstellungen von Umweltfaktoren (Lebensraum Regenwald)*
- *Struktur-Funktions-Beziehungen, Anpassungsleistungen bei Pflanzen*
- *biotischer Faktor interspezifische Konkurrenz*

1 *Um eine Toleranzkurve für eine Pflanze an einem mittelfeuchten Standort bezüglich des Umweltfaktors Wasser zu zeichnen, legen Sie zunächst die Achsenbeschriftung des Graphen fest und rekapitulieren dann den Kurventyp. Fassen Sie die notwendigen Begriffe, mit denen Sie Punkte bzw. Bereiche der Kurve benennen wollen, zusammen. Gekennzeichnete Bereiche sind zu erläutern.*

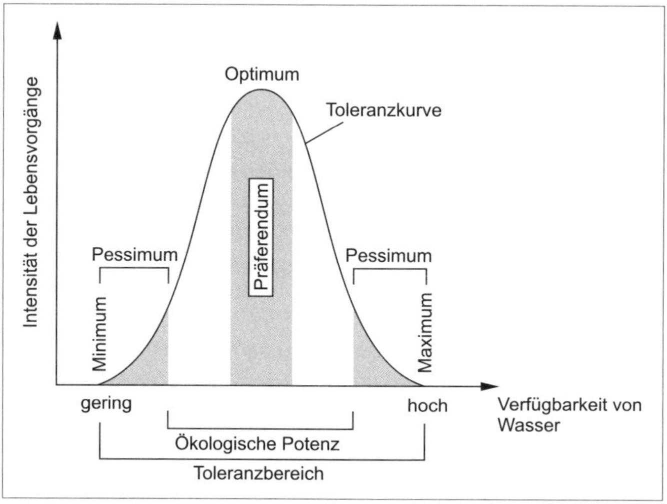

Auf der Abszisse (x-Achse) wird die unabhängige Variable Wasser bzw. deren Intensität oder Verfügbarkeit dargestellt. Diese Intensität/Verfügbarkeit reicht von gering (sehr trocken) bis hoch (nass). Auf der Ordinate (y-Achse) wird als abhängige Variable die Intensität der Lebensvorgänge (z. B. Stoffwechsel, Fotosyntheserate oder Wachstum) aufgetragen.
Der Kurventyp ist eine Glockenkurve, bei der die Intensität der Lebensvorgänge im mittelfeuchten Bereich (Standort der Pflanze) am höchsten ist (**Optimum**).
Neben dem Optimum sind auch die beiden **Pessima** im zu nassen und zu trockenen Bereich, in denen die Pflanze gerade noch überlebt, zu markieren. Jenseits von Maximum und Minimum liegt die Intensität der Lebensvorgänge bei null.

Weitere charakteristische Bereiche sind der **Toleranzbereich**, innerhalb dessen die Pflanze überleben kann, sowie die **ökologische Potenz**. Letztere beschreibt den Bereich, in dem die Pflanze stoffwechselaktiv, vermehrungsfähig und konkurrenzfähig gegenüber anderen Arten ist. Innerhalb des **Präferendums** findet eine Art die besten Lebensbedingungen vor. Dies manifestiert sich am Standort in der höchsten Individuenzahl, dem stärksten Wachstum und der höchsten Fortpflanzungsrate.

2 *Die Beschriftung des Blattquerschnitts (Material 1) ist eine reproduktive Leistung. In Abweichung zum Aufbau eines Laubblatts an einem mittelfeuchten Standort besitzt das Würgefeigenblatt zusätzlich ein Wasserspeichergewebe. Bei der Beschreibung und der Erläuterung von Material 2 bearbeiten Sie zunächst Abb. 2.1 und 2.2 (gleiche Spaltöffnung, unterschiedliche Windbedingungen). Was unterscheidet die beiden Situationen und was bedeutet das für die Pflanze? Vergleichen Sie anschließend Abb. 2.2 und 2.3: Hier herrschen gleiche Windbedingungen, aber der Aufbau der Spaltöffnungen ist unterschiedlich.*

Beschriftung des Blattquerschnitts:

1 Kutikula
2 Epidermis
3 Palisadenparenchym
4 Schwammparenchym
5 Spaltöffnung

Beschreibung und Erläuterung der Abb. 2.1 – 2.3:

Abb. 2.1 und 2.2 zeigen jeweils den gleichen strukturellen Aufbau einer Spaltöffnung in einem Laubblatt. Der Pfeil deutet den Transpirationsstrom aus der Pflanze an. In Abb. 2.1 herrscht Windstille. Die relative Luftfeuchte in der unmittelbaren Außenumgebung der Spaltöffnung ist hoch (95 %). Über der Spaltöffnung bildet sich glockenartig ein Luftfeuchtegradient von 95 – 60 %. So besteht bei Windstille ein guter Verdunstungsschutz. Abb. 2.2 zeigt dieselbe Spaltöffnung unter Windeinfluss. Hier liegt die Luftfeuchte bereits in unmittelbarer Nähe der Spaltöffnung nur noch bei 60 %. Daraus geht hervor, dass Spaltöffnungen mit Schließzellen bei Wind keinen guten Verdunstungsschutz mehr bieten, da die Differenz der Luftfeuchte von innen zu außen unter diesen Bedingungen 40 % statt 5 % beträgt. Die Pflanze verliert also bei Wind durch die erhöhte Wasserdampfdiffusion erheblich mehr Wasser als bei Windstille. Abb. 2.3 zeigt eine stark eingesenkte Spaltöffnung unter Windeinfluss. Hier kann sich ähnlich zu Abb. 2.1 ein Luftfeuchtegradient in der Senke ausbilden. Dadurch gewährleisten eingesenkte Spaltöffnungen auch bei Wind einen hohen Verdunstungsschutz.

3 *Beachten Sie bei der Beschreibung und Interpretation der Kurvenverläufe:*

- *Die unabhängige Variable ist die Höhe über Grund, die ungewöhnlicherweise auf der Ordinate dargestellt ist, damit die Grafik im Einklang mit den Bildern steht. Die übliche Anordnung der Achsen ist hier vertauscht!*
- *Beschreiben Sie die Kurven getrennt voneinander. Die Kurven sollen noch nicht im Zusammenhang interpretiert werden!*

- *Beschreiben Sie die Kurven nicht nach mathematischen Gesichtspunkten, sondern orientieren Sie sich an Trends im Verlauf der Höhenzonierung.*
- *Die Interpretation der Kurven erfordert, dass Sie die Informationen aus Material 3 (Text und Abb.) und fachliche Konzepte aus dem Unterricht einbeziehen.*
- *Ordnen Sie die Kurven in Gruppen und beschreiben Sie den jeweils typischen Verlauf. Für die Interpretation beziehen Sie die Trends der Kurvenverläufe in Abhängigkeit von der Höhe aufeinander.*

CO_2:
Der CO_2-Gehalt ist in Bodennähe relativ hoch und fällt bis zu einer Höhe von 12 m über dem Grund stark ab. Oberhalb der Strauchschicht bis zur Kronenschicht der hohen Bäume fällt der CO_2-Gehalt der Luft langsam und kontinuierlich weiter ab.
Interpretation: Da Bakterien und Pilze die anfallende tote Biomasse in großer Zahl und besonders stark in Bodennähe aerob und teilweise anaerob abbauen, entsteht dort viel CO_2, welches sich als Luftbestandteil mit der größten Dichte dort anreichert. Der weitere Verlauf mit der Höhe stellt sich wie ein Diffusionsgradient dar. Im Halbschatten der niedrigeren Baumkronen leben 2/3 aller Tier- und Pflanzenarten. Die Fotosyntheseleistung ist eingeschränkt und Tiere atmen weiteres CO_2 aus. Ab dem Kronenbereich der niedrigen Bäume bis zum Kronendach der hohen Bäume überwiegt vermutlich die CO_2-Bindung durch Fotosynthese dessen Freisetzung durch dissimilatorische Prozesse.

Temperatur:
Die Temperatur nimmt vom Boden bis zur Kronenschicht kontinuierlich zu.
Interpretation: Da die Temperatur mit der einfallenden Lichtmenge korreliert, wird die niedrigste Temperatur am Waldboden gemessen. In den höheren Schichten nimmt sie zu. Wärme, die durch Stoffwechselprozesse am Waldboden erzeugt wird, steigt nach oben. Der nahezu parallele Verlauf zur Verdunstungskurve deutet auf eine enge Korrelation hin.

Verdunstung:
Am Boden des Regenwaldes ist die Verdunstungsrate niedrig. Innerhalb der Krautschicht (von 2,5–6 m) steigt sie stark an und bleibt dann bis ca. 18 m konstant. Dann steigt sie bis ca. 60 m erneut stark an.
Interpretation: Bedingt durch die hohe Luftfeuchte und vergleichsweise geringe Temperatur ist die Verdunstung am Boden niedrig. Sie steigt mit der Höhe und der parallel abnehmenden Luftfeuchte sowie der zunehmenden Temperatur. In der Gipfelregion der Baumriesen bewirken geringe Luftfeuchte, hohe Temperatur und höhere Windgeschwindigkeiten die höchste Verdunstungsrate.

Helligkeit:
Am Waldboden ist die einfallende Lichtmenge minimal. Von ca. 12 bis ca. 18 m Höhe nimmt die Helligkeit um etwa 1,5 relative Einheiten, bis zum Kronendach der Baumriesen (60 m) dann um sieben relative Einheiten stark zu.
Interpretation: Vom dichten Kronendach der Bäume wird das Licht absorbiert und reflektiert, sodass kaum Licht bis zum Grund dringt. Oberhalb der Kronenschicht der niedrigen Bäume wird das Blattwerk durchlässiger.

Die relative Luftfeuchtigkeit:
Die relative Luftfeuchtigkeit (Wasserdampf in % der vollständigen Sättigung) nimmt mit der Höhe bis ca. 18–25 m (Kronenschicht der niedrigen Bäume) stark ab und ist dann bis in die Gipfelregion (60 m) konstant niedrig.
Interpretation: Die relative Luftfeuchte ist bei hohen Niederschlagsmengen und relativ geringer Temperatur (ca. 28–30 °C) am Boden sehr hoch. Mit zunehmender Höhe und damit steigender Temperatur durch Sonneneinstrahlung nimmt die relative Luftfeuchte ab, da die Wasserdampfmenge, die zur Sättigung benötigt würde, zunimmt. Ab einer Höhe von ca. 25 m, über dem mittleren Kronendach, stehen nur vereinzelte „Baumriesen" und es kommt wegen der großen Helligkeit (Strahlungsmenge), der hohen Temperatur und möglicher Luftströmungen zur Abnahme der Luftfeuchtigkeit. In einer Höhe von 18–60 m ist sie daher konstant gering. Ab einer Höhe von 12–18 m besteht im zunehmend lichten Kronendach die Möglichkeit zu mehr Luftaustausch, der auch für die geringe relative Luftfeuchte verantwortlich ist.

4 *Alle Materialien 1–4 sollen herangezogen werden, um die Strukturen des Würgefeigenblattes und die Entwicklungsphasen der Würgefeige als Anpassungen an den Lebensraum Regenwald zu deuten. Dabei liefern Material 1 und 2 die Besonderheiten im Blattaufbau und deren Funktion. Material 3 beschreibt die Änderung der abiotischen Faktoren mit der Höhe über Grund, die teilweise von biotischen Faktoren (Assimilation und Dissimilation der Organismen) abhängen. Zeigen Sie anhand der Entwicklungsphasen (Material 4) die Anpassungen auf.*

Die Samen einer Würgefeige werden in der Regel über den Kot der Tiere verbreitet, die sich von deren Früchten ernähren. Die Keimung findet vorwiegend in der Kronenschicht der niedrigeren Bäume in einer Höhe von 18–25 m statt (vgl. Material 3). Dort befindet sich der Keimling/die Jungpflanze zunächst im Epiphytenstadium. Die Pflanze hat deshalb noch keine Verbindung zum Boden und damit – trotz der allgemein hohen Feuchtigkeit im Regenwald – keine gesicherte Wasserversorgung. Das Blatt einer jungen Würgefeige zeigt daher Trockenheitsanpassungen:
- Ein spezielles Wasserspeichergewebe, das nach Regengüssen prall gefüllt ist, kann in Trockenzeiten Wasser für Stoffwechselprozesse liefern.
- Eine gut ausgeprägte Kutikula dient als Verdunstungsschutz.
- Eine mehrschichtige Epidermis an der Blattunterseite schränkt ebenfalls die Verdunstung ein.
- Ins Blattinnere eingesenkte Spaltöffnungen halten auch bei Wind die Transpiration in Grenzen (vgl. Material 2).

Da das Blätterdach des Regenwaldes sehr dicht ist, gelangt wenig Licht auf den Waldboden. Am Boden auskeimende Pflanzen, auch Würgefeigen, haben daher kaum eine Überlebenschance. Als Epiphyt in den Baumschichten profitiert die junge Pflanze hingegen von der höheren Lichteinstrahlung und kann so effektiv Fotosynthese betreiben.

Die Ausbildung von Luftwurzeln verschafft der jungen Würgefeige einen weiteren Standortvorteil, wenn der Weg zum Boden nicht zu weit ist. Die bis dahin wachstumslimitierende Ressource Wasser kann mit dem Bodenkontakt ausreichend genutzt werden. Der Übergang zum Hemi-Epiphytenstadium erlaubt exploratives und schnelles Wachstum, da Licht und Wasser ausreichend zur Verfügung stehen. CO_2 wird jetzt der limitierende Faktor sein.
Im Vorteil ist die Würgefeige auch in der interspezifischen Konkurrenz gegenüber der Wirtspflanze: Durch das schnelle Dickenwachstum der Luftwurzeln kann sie den Wirtsbaum „erwürgen" und erhält so auf mehr Ressourcen Zugriff.

5 *Für die Analyse einer solchen epiphytischen bzw. hemi-epiphytischen Lebensweise fassen Sie die bis jetzt erarbeiteten Fakten unter dem Aspekt Vorteile und Risiken zusammen. Es ist dabei zweckmäßig, eine Tabelle anzulegen. Auch genetische Vorbestimmungen sollten in die Analyse einfließen.*

Vorteile:

- Die Pflanze besetzt als Epiphyt einen Lebensraum mit hohem Lichtanteil.
- Die Möglichkeit der Scheinstammbildung als Hemi-Epiphyt garantiert die Existenz auch nach Erwürgen (und Zersetzung) des Wirtes. Zudem wird wertvoller Raum gewonnen.
- Das besonders schnelle Wachstum und die ausladende Größe bieten der Pflanze Vorteile im Kampf um Ressourcen.
- Normales Wachstum und Stammbildung ist als Alternative auf Lichtungen möglich.
- Samenverteilung über weite Strecken durch Vögel, Samen sind resistent gegen Verdauungssäfte.

In der Summe können durch Besetzung einer besonderen ökologischen Nische lebenswichtige Ressourcen (Licht, Nährsalze im Boden, Wasser, Raum) exklusiv und optimal genutzt werden.

Risiken:

- Da das Überleben der Pflanze von der Ausbildung der Luftwurzeln abhängt, ist der „richtige" Standort essenziell. Dabei kommt nur ein bestimmter Höhenbereich infrage, in dem die limitierenden Faktoren Wasser und Licht in ausreichendem Maße zur Verfügung stehen und gleichzeitig der „Weg" zum Boden nicht zu weit ist.
- Das Risiko des „Verhungerns" ist hoch, da alle Ressourcen in die Ausbildung der Luftwurzeln gesteckt werden müssen.
- Die Gefahr des Vertrocknens ist hoch, da im Epiphytenstadium nicht genügend Wasser zur Verfügung steht.

Abiturprüfung 2012 Leistungskurs Biologie (Hessen)
C: Verhaltensbiologie

Im Trüben leben: Das Seitenlinienorgan und elektrische Organe

		BE
1	Geben Sie die Definitionen für die Begriffe „Ruhepotenzial“ und „Aktionspotenzial“ einer Nervenzelle an. Beschreiben Sie allgemein die Entstehung eines Rezeptorpotenzials an einer Rezeptorzelle.	7
2	Beschreiben Sie die Bedeutung der Seitenlinienorgane für den Krallenfrosch und die Bedeutung der elektrischen Organe für den Zitteraal (Material 1, 2 und 4).	9
3	Erklären Sie anhand der Abbildungen 3.1 bis 3.3 die Entstehung der unterschiedlichen Aktionspotenzialfrequenzen in afferenten Nerven im Seitenlinienorgan des Krallenfroschs im Ruhezustand und bei Wasserströmungen aus unterschiedlichen Richtungen (Material 2 und 3).	12
4	Erklären Sie anhand der Abbildung 3.4 die Beobachtung, dass bei einer Ablenkung der Stereocilien, die durch eigene Schwimmbewegungen des Frosches hervorgerufen wird, keine Veränderung der Aktionspotenzialfrequenz an der afferenten Nervenbahn der Haarsinneszelle nachweisbar ist (Material 2 und 3).	11
5	Beschreiben Sie die Spannungsverhältnisse der Elektrocyte eines Zitteraals im Ruhezustand. Erklären Sie, wie an einer einzelnen Elektrocyte die extrazelluläre Potenzialdifferenz von 140 mV, die nach einer Erregung kurzzeitig entsteht, zustande kommt (Material 4).	11
		50

Material 1

Orientierung ohne Licht

Viele Tiere, die in lichtarmen Gewässern leben, müssen sich ohne optische Informationen orientieren. Als Ersatz für die eingeschränkten optischen Informationen dienen z. B. Strömungsänderungen und Bewegungen des Wassers oder Änderungen im elektrischen Feld der Umgebung. Hierzu haben viele Fisch- und Amphibienarten spezielle Organe ausgebildet, darunter auch der Krallenfrosch und der Zitteraal. Wissenschaftlich gut untersucht sind die Seitenlinienorgane der Fische und Frösche sowie die elektrischen Organe der elektrischen Fische.

geändert nach: http://www.g-o.de/wissen-aktuell-10420-2009-08-28.html (abgerufen 14. 09. 2010)

Material 2

Seitenlinienorgane beim Krallenfrosch *Xenopus laevis*

Der Krallenfrosch *Xenopus laevis* ist ca. 10 cm lang. An beiden Körperseiten sitzen die sogenannten Seitenlinienorgane, mit deren Hilfe sich der Krallenfrosch Informationen über Größe, die Position und die Bewegungsrichtung anderer Tiere sowie Lage von Gegenständen in seiner näheren Umgebung verschaffen kann. Diese Seitenlinienorgane bestehen aus knospenförmigen Strukturen, den Neuromasten, die in einer Linie auf der Haut sitzen. Diese enthalten als Rezeptorzellen Haarsinneszellen, die eine Reihe von haarförmigen Zellmembranausstülpungen, Stereocilien, besitzen. Die Stereocilien (Abb. 2.1) sind in Gruppen in aufsteigender Länge angeordnet und an der Spitze durch Proteinfäden miteinander verbunden. Die Stereocilien sind in eine gallertartige Hülle, die Cupula, eingebettet. In eine Cupula reichen die Cilien von ca. 60 Haarsinneszellen. Die Cupulae ragen ins Wasser und können durch Wasserströmungen in verschiedene Richtungen bewegt werden, wodurch die Stereocilien in die entsprechende Richtung umgeknickt werden. Im Ruhezustand sind die Proteinfäden zwischen den Cilienspitzen entspannt, die Kationenkanäle[3] sind gering geöffnet (ca. 15 % der maximalen Öffnungsweite). Durch Auslenkung der Stereocilien werden die Proteinfäden mechanisch angespannt oder entspannt und dadurch der Öffnungsgrad der Kanäle verändert; die Haarsinneszellen sind also „mechanosensitiv".
Ein Neuromast wird von afferenten und zusätzlich von efferenten Nerven innerviert.

Materialgrundlage:
Smith, C. U. M.: Biology of sensory_systems, Chester 2000: Neuromasten der Krallenfrösche
http://www.sinnesphysiologie.de/proto02/sinntops/hoeren/previerv/seitenlinie html

Abbildung 2.1
Seitenlinienorgan des Krallenfrosches im Ruhezustand

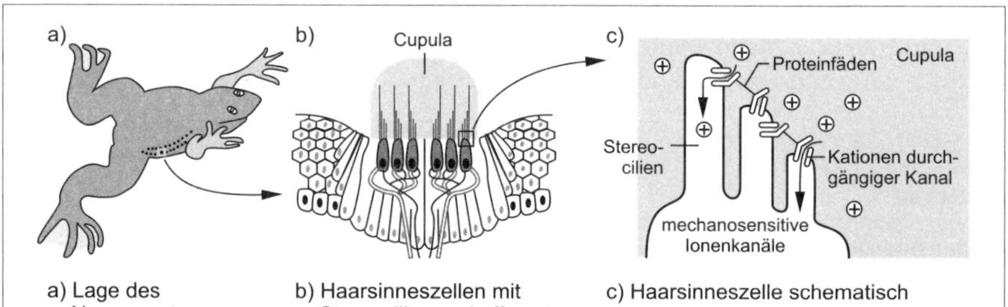

a) Lage des Neuromasten
b) Haarsinneszellen mit Stereocilien und afferenten und efferenten Bahnen
c) Haarsinneszelle schematisch

geändert nach: http://www.joerg-peter-ewert.de/11html: Lectures-Neurobiologie an der Uni Kassel (abgerufen 14. 09. 2010)
Lingenheil, M.: Theorie der Beuteortung beim Krallenfrosch, Diplomarbeit, TU München, 2004, S. 45–49

3: Die Art der hier wirksamen Kationen ist in der Literatur nicht eindeutig beschrieben und ist nicht Gegenstand der Prüfungsaufgabe.

Material 3

Signalübertragung in einer Haarsinneszelle des Krallenfrosches

Abb. 3.1 Ruhezustand

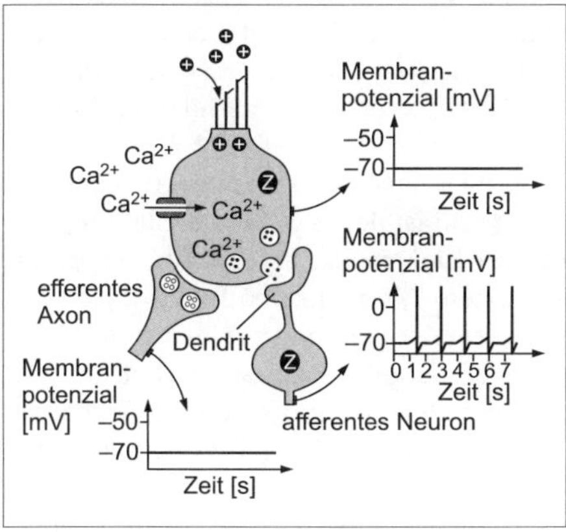

Abb. 3.2 bei Wasserbewegung

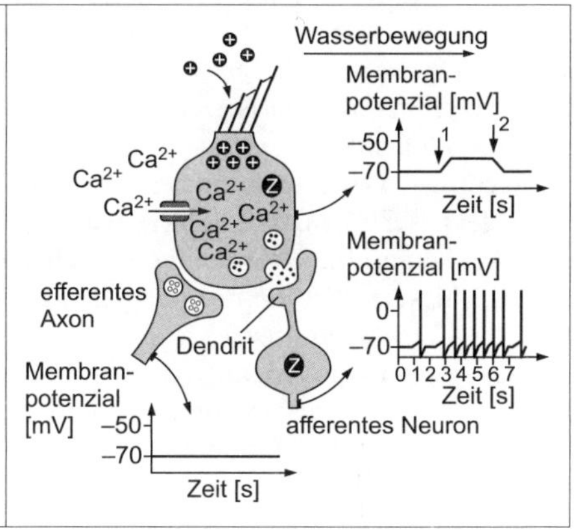

Abb. 3.3 bei Wasserbewegung

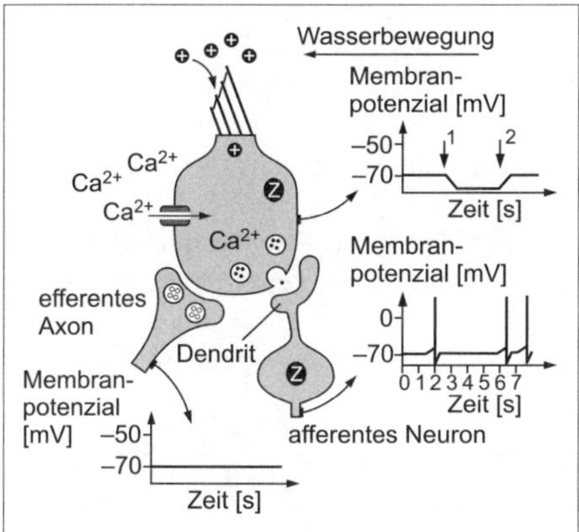

Abb. 3.4 mit Schwimmbewegung

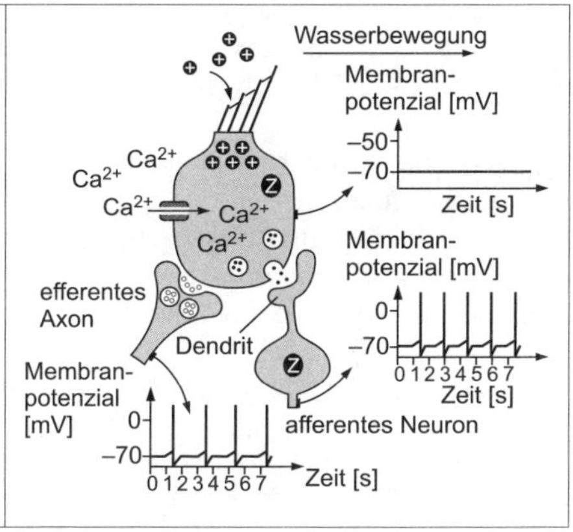

Z = Zellkern
1 = Beginn der Wasserströmung
2 = Ende der Wasserströmung
⊕ = Kationen

= Ca^{2+}-Kanal
= Transmitter der Haarsinneszelle
= Transmitter der efferenten Zelle

Medienzentrum, weitzel
FK Biologie, Landesabitur Hessen

Materialgrundlage:
Campbell, Neil A.: Biologie, München 2008, S. 1470
http://www.sinnesphysiologie.de/hvsinne/mechano/exphair.htm (abgerufen 27. 09. 2010)
http://www.sinnesphysiologie.de/hvsinne/mechano/tips.htm (abgerufen 21. 09. 2010)
http://www.sinnesphysiologie.de/proto02/sinntops/hoeren/preview/seitenlinie.html
Heldmaier, G., Neuweiler, G.: Vergleichende Tierphysiologie, Band 1, Berlin 2003, S. 138

Material 4

Elektrische Organe beim Zitteraal *Electrophorus electricus*
Zitteraale sind ca. 1,5 m lange Fische und leben im trüben Wasser des Amazonasbeckens. Der Zitteraal hat ein spezielles Sinnesorgan ausgebildet: Er besitzt **Elektrorezeptoren**, mit denen er wie ein Miniaturvoltmeter Änderungen im elektrischen Feld seiner Umgebung wahrnehmen kann. Ein elektrischer Impuls von außen kann die Rezeptormembran depolarisieren. Diese Depolarisation verursacht an afferenten Nerven Aktionspotenziale.
Elektroplax: Daneben kann der Zitteraal mit Hilfe eines besonderen elektrischen Organs elektrische Felder aktiv erzeugen. Dieses Organ ist der sogenannte **Elektroplax**, der fast die gesamte Körperlänge durchzieht. Der Elektroplax besteht aus umgewandelten Muskelzellen, den sogenannten Elektrocyten. Eine einzelne Elektrocyte (Abbildung 4.2) ist asymmetrisch gebaut: Die eine Seite ist glatt und nur hier treten viele Synapsenverbindungen mit einem efferenten Nerv vom Schrittmacherzentrum auf. Die andere Seite hat eine durch Membranausstülpungen vergrößerte Oberfläche, sie wird über viele Blutkapillaren mit Nährstoffen und Sauerstoff versorgt und hat keine Nervenverbindung, also auch keine Synapsen.
In einem Elektroplax sind bis zu 6 000 Elektrocyten zusammengefasst. Ihre Anordnung in einem Elektroplax ist vergleichbar mit der Anordnung von Batterien, die zu mehreren hintereinander geschaltet z. B eine Taschenlampe mit Elektrizität versorgen. Mit dem Elektroplax kann der Zitteraal verschieden starke elektrische Entladungen an die Umgebung abgeben: a) die „volle Ladung" aus allen Elektrocyten besitzt eine sehr hohe Spannung – bis zu 840 Volt, die zur Lähmung von anderen Tieren führen kann, sowie b) Entladungen aus wenigen Elektrocyten mit regelmäßigen, schwachen Impulsen.
Die dadurch erzeugten elektrischen Felder werden durch die Struktur und Form der Umgebung sowie durch andere, sich bewegende Lebewesen verändert. Die schwachen elektrischen Felder entsprechen in ihrer Stärke der Empfindlichkeit der Elektrorezeptoren. Die jeweilige Stärke der Entladung wird von einem sogenannten Schrittmacherzentrum im Gehirn des Zitteraals gesteuert.

Materialgrundlage:
http://www.sinnesphysiologie.de/hvsinne/esinn/akte1.htm (abgerufen 27. 09. 2010)
http://de.wikipedia.org/wiki/Elektrische_Orientierung (abgerufen 27. 09. 2010)
Wehner, R., Gehring, W.: Zoologie, Stuttgart 2007, S. 442

Abbildung 4.1
Elektroplax bei einem Zitteraal

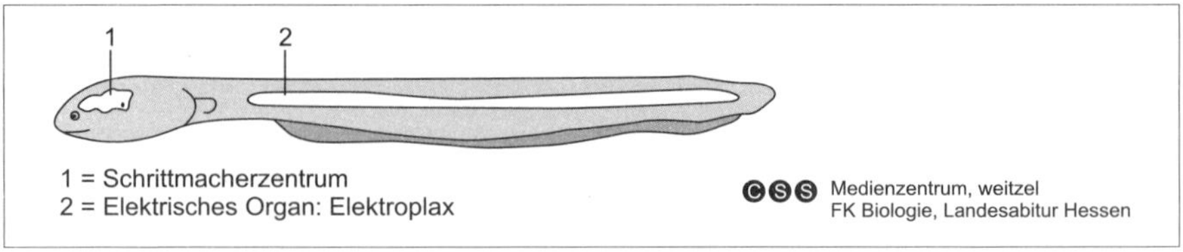

Abbildung 4.2
Elektrocyten

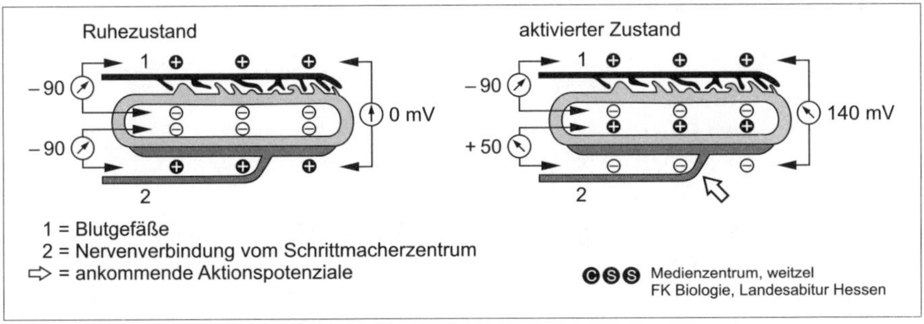

geändert nach:
http://tierpark.lauftext.de/fische/zitteraal/prinzip-der-leidener-flasche/ (abgerufen 20. 09. 2010)
http://www.sinnesphysiologie.de/gruvo03/elektro/plax.htm (abgerufen 19. 09. 2010)

Lösungsvorschläge

In der Aufgabe thematisierte Unterrichtsinhalte sind:

- *Bau und Funktion einer Nervenzelle, Ruhepotenzial, Aktionspotenzial*
- *Rezeptorzellen, Rezeptorpotenzial, afferente Nervenbahnen*
- *Spezialisierte Neuronen, spezialisierte Muskelzellen*
- *Regulation neuronaler Aktivität, Analyse von Diagrammen und Messdaten*
- *Parallelschaltung von elektrochemischen Elementen (Batterien)*

1 *Formulieren Sie die Ihnen aus dem Unterricht bekannten Definitionen und beschreiben Sie in Grundzügen die Entstehung eines Rezeptorpotenzials. Eine Skizze eines Neurons und der verschiedenen Potenzialformen kann Ihnen bei der Orientierung hilfreich sein.*

Ruhepotenzial: Das Ruhepotenzial bezeichnet die Potenzialdifferenz zwischen dem Innenraum und dem Außenraum einer Nervenzelle im Ruhezustand, hervorgerufen durch die spezifische Verteilung und Leitfähigkeit von Na^+-, K^+-, Cl^--Ionen und Eiweißanionen zu beiden Seiten der Membran. Der Zellinnenraum ist negativ gegenüber dem Zellaußenraum (ca. –70 mV).

Aktionspotenzial: Ein Aktionspotenzial ist die wenige Millisekunden andauernde Umpolung des Membranpotenzials von ca. –70 auf +30 mV, die durch die Öffnung spannungsabhängiger Na^+-Kanäle bedingt ist. Es wird am Axonhügel initiiert und leitet die Erregung über das Axon einer Nervenzelle fort.

Bei einer Rezeptorzelle verändert sich das Ruhepotenzial durch die Einwirkung eines adäquaten Reizes (optisch, mechanisch, chemisch) entweder direkt oder durch Second-messenger-Prozesse, indem spezifische Membranporen ihre Ionendurchlässigkeit ändern und sich dadurch das Ruhepotenzial an der Rezeptormembran graduell verändert. Es entsteht ein **Rezeptorpotenzial**.

2 *In den Materialien 1, 2 und 4 werden Ihnen wahrscheinlich unbekannte Gewebsstrukturen präsentiert, deren Bedeutung für die Organismen Sie in eigenen Worten beschreiben sollen. Beachten Sie, dass beim Zitteraal zwei „elektrische Organe" unterschiedlicher Funktion erwähnt werden und dass das Seitenlinienorgan des Krallenfrosches lediglich im Wasser funktional ist.*

Die beiden hier vorgestellten Organismen erhalten in lichtarmen Gewässern keine optischen Informationen. Für die Gewässererkundung (Strömungs- und Hinderniswahrnehmung), aber auch für intraspezifische Verhaltensweisen (Sozial- und Sexualverhalten) sowie Verhalten gegenüber Beute und Fressfeinden sind die Tiere jedoch auf Sinneseindrücke angewiesen. Beim **Krallenfrosch** erfüllt diese Funktion das passive Seitenlinienorgan, das die Wahrnehmung von Strömungsänderungen über mechanosensitive Haarzellen ermöglicht.
Beim **Zitteraal** sind es Elektrorezeptoren, die die inner- und zwischenartliche Orientierung z. B. beim Beutefang, beim Fluchtverhalten und bei der Fortpflanzung durch Wahrnehmung der Veränderungen im elektrischen Feld der näheren Umgebung ermöglichen. Der Zitteraal kann darüber hinaus mit dem sogenannten Elektroplax aktiv elektrische Impulse aussenden. Dazu gehören regelmäßige schwache elektrische Impulse, deren elektrische Felder unverändert oder durch die Struktur der Umgebung oder sich bewegende Lebewesen verändert durch die Elektrorezeptoren wieder rezipiert und ausgewertet werden. Kurzzeitige starke elektrische Impulse mit Spannungen von bis zu 840 Volt dienen dazu, Beutetiere und Fressfeinde in ihrer Aktivität zu beeinträchtigen oder zu lähmen.

3 *In dieser Aufgabe sollen Sie die in den Materialien 1 und 2 für den Krallenfrosch beschriebenen Wahrnehmungen von Strömungseinflüssen auf die neurobiologischen Grundprinzipien zurückführen. Beachten Sie dabei auch die Verknüpfung der mechanisch sensiblen Stereocilien aus Abb. 2.1. Cilien sind haarartige Zellfortsätze. Sie kennen diese Strukturen von Pantoffeltierchen (Wimpertierchen) oder Flimmerepithelien z. B. der Luftwege oder im Eileiter. Beachten Sie, dass die Cilien in aufsteigender Länge dargestellt sind, in Beziehung zum anströmenden Wasser stehen und gleichartig ausgelenkt werden.*

Grundlage für das Verständnis der Funktion des Seitenlinienorgans der Krallenfrösche sind die Haarsinneszellen als Mechanorezeptoren. Sie sind jeweils mit einem efferenten Axon, das Signale zu den Haarsinneszellen trägt, sowie einem afferenten Neuron verschaltet, das Informationen an ein Verarbeitungszentrum weiterleitet.
Die Haarsinneszelle ist eine Rezeptorzelle, in der durch die mechanische Auslenkung (Wasserströmung) der Cilien eine Abweichung vom Ruhepotenzial (3.1) eintritt. Über die Ausschüttung von Transmittern wird das Signal an das afferente Neuron übertragen und ist dort für den Aufbau jeweils spezifischer Aktionspoten-

zialfreqenzen verantwortlich. Abb. 3.1 dokumentiert das Ruhepotenzial bei geringem Einstrom positiver Ionen in die Haarsinneszelle. Im Ruhezustand sind die Proteinfäden zwischen den Cilien entspannt, die Durchlässigkeit für Kationen ist gering. Durch den konstanten Einstrom von Ca^{2+}-Ionen werden ständig geringe Mengen Transmitter aus den Vesikeln in den synaptischen Spalt freigesetzt. Die Transmittermoleküle docken an Rezeptoren der postsynaptischen Membran an und öffnen dort Na^{+}-Kanäle. Das postsynaptische Potenzial bewirkt am Axonhügel eine AP-Ruhefrequenz von 4 APs pro 6 Sekunden (0,66 /s = 0,66 Hz).
Die Abbn. 3.2. und 3.3 zeigen die Auswirkungen zweier gegensätzlicher Strömungen. Bei Wasseranstrom aus Richtung der kurzen Cilien (Abb. 3.2) knicken die Cilien so ab, dass die Proteinfäden gedehnt werden. Dadurch öffnen sich die Kationenkanäle weiter und Kationen strömen vermehrt ein. Infolgedessen ändert sich auch der Öffnungszustand der Ca^{2+}-Ionenkanäle und es strömen mehr Ca^{2+}-Ionen in die Zelle ein, sodass es zur Depolarisation kommt. Die resultierende erhöhte Transmitterausschüttung führt dabei zur Erhöhung der AP-Frequenz auf 6/3 s (2 Hz). Werden die Cilien in die andere Richtung abgeknickt (Abb. 3.3), so rücken die Proteinfäden enger zusammen und der Öffnungsgrad der Kationenkanäle sinkt (Abb. 3.3). Dadurch wird auch der Ca^{2+}-Ioneneinstrom reduziert, es kommt zur Hyperpolarisation der Zelle. Dadurch werden kaum Transmitter freigesetzt, sodass im afferenten Neuron keine APs gebildet werden.
Insgesamt werden die Signale von jeweils 60 Haarsinneszellen pro Cupula miteinander verrechnet.

4 *Denken Sie bei dieser Aufgabe an die grundlegende Eigenschaft von Nervenzellen, mehrere eingehende Signale miteinander zu verrechnen, also Potenzialänderungen (De- oder Hyperpolarisationen) zu bilanzieren.*

Obwohl bei der Schwimmbewegung des Frosches die Stereocilien so ausgelenkt werden, dass vermehrt Kationen in die Rezeptorzelle einströmen, kommt es in diesem Fall nicht zur Depolarisation der Haarsinneszelle. Das liegt daran, dass efferente Neuronen, die die Rezeptorzelle innervieren, bei Eigenbewegung des Frosches erregt werden und Aktionspotenziale generieren. An der Synapse zwischen efferentem Neuron und Haarsinneszelle wird infolgedessen ein Transmitter freigesetzt, der an der Membran der Rezeptorzelle andockt und beispielsweise über Second-messenger-Kaskaden die Öffnung der Ca^{2+}-Ionenkanäle und damit den Ca^{2+}-Einstrom in die Rezeptorzelle hemmt. Die Transmittermenge, die von der Rezeptorzelle ausgeschüttet wird, bleibt in der Größenordnung des Ruhezustandes. So sind die Aktivität der efferenten Zelle und die Auswirkung der Auslenkung der Stereocilien gegenläufig und gleichen einander aus. Für den Frosch ist die Wahrnehmung der Wasserbewegung zweckmäßig unterdrückt, wenn letztere auf seine Eigenbewegung zurückzuführen ist.

5 *In dieser Aufgabe geht es nur um den Elektroplax, d. h. nur um den zweiten Textabschnitt aus Material 4 sowie um die Abbn. 4.1 und 4.2. Diese Anordnung von Neuronen und Blutkapillaren auf gegenüberliegenden Seiten der Elektrocyte kennen Sie vermutlich nicht aus dem Unterricht. Beachten Sie bei Ihrer Beschreibung, dass eine solche lokale einseitige Depolarisation nur kurzzeitig aufrechterhalten werden kann. Nutzen Sie für Ihre Darstellung auch die Information über die Gesamtzahl der Elektrocyten aus dem Text (Material 4).*

Beim Elektroplax werden, gesteuert durch ein Schrittmacherzentrum, eine Vielzahl von Zellen (6 000) zusammen wirksam. Jede dieser Zellen, es sind modifizierte Muskelzellen, wirkt wie zwei parallel geschaltete elektrochemische Zellen (Abb. 4.2) mit jeweils eigenen Membranpotenzialen. Im Ruhezustand betragen beide Potenziale jeweils –90 mV, sodass über der Gesamtzelle keine Spannung (0 mV) anliegt.
Nur eine Seite dieser Zelle kann durch eintreffende Aktionspotenziale depolarisiert werden, die andere Seite verfügt nicht über Synapsen, sondern wird über Blutkapillaren mit Nährstoffen versorgt. Kommen über die Nervenverbindung vom Schrittmacherzentrum Aktionspotenziale an, wird die nervseitige Membran der Zelle auf ein Potenzial von 50 mV depolarisiert. Dadurch, dass an der kapillarseitigen Membran das Ruhepotenzial von –90 mV weiter besteht, ergibt sich zwischen den beiden Seiten der Zelle eine Potenzialdifferenz von 140 mV.
Diese Spannung kann nur kurzzeitig aufrechterhalten werden, da sich die Depolarisierung schnell auf alle Bereiche der Membran ausbreiten würde, falls keine Isolierung vorliegt. Die Ausbreitung der Ströme, die den Aufbau einer Spannung bewirken, unterliegt einer Abschwächung mit der Zeit und der Entfernung.

Indem viele dieser „elektrochemisch“ aktiven Zellen in Reihe geschaltet sind, können höhere Werte erreicht werden. Mehrere Tausend dieser elektrischen Platten sind seriell zu Säulen geordnet. Durch diese Serienschaltung summieren sich die Spannungsbeiträge der einzelnen Platten (jeweils 140 mV) zu hohen Spannungswerten, die 840 V erreichen können. Die Stromstärke wird dann durch die Anzahl parallel angeordneter Säulen bestimmt. Unklar bleibt, wie die einzelnen Zellen in Reihe leitend verbunden sind.

Abiturprüfung 2013 Leistungskurs Biologie (Hessen)
A: Genetik

Progerie – Zu jung, um alt zu sein BE

1 Beschreiben Sie die **wesentlichen** Vorgänge der Proteinbiosynthese bei Eukaryoten. 13

2 Ordnen Sie den Genausschnitten in Material 2 die Aminosäuresequenzen bei gesunden Menschen und Progerie-Patienten (vgl. Material 1) zu. Ermitteln Sie den Mutationstyp (Material 2 und 3). 8

3 Beschreiben Sie die Modifizierung von Prälamin A zu Lamin A und analysieren Sie die Ursachen für die Bildung von Progerin (Material 4). 14

4 Beschreiben Sie die Wirkung von Progerin auf zellulärer Ebene und formulieren Sie materialgestützt **eine** Hypothese für den vorzeitigen Alterungsprozess von Progerie-Patienten (Material 1 bis 5). 8

5 Entwickeln Sie **eine** begründete Hypothese zur Wirkung von Farnesyltransferase-Inhibitoren (FTI) auf zellulärer Ebene und begründen Sie den Einsatz weiterer Medikamente in der aktuellen Dreifach-Studie bei Progerie-Patienten (Material 1 bis 6). 7

50

Material 1

Hutchinson-Gilford-Progerie-Syndrom (HGPS)
Es sind fröhliche Kinder mit ganz normalen kindlichen Bedürfnissen und Wünschen, aber ihre Lebenszeit ist erschreckend kurz. Wie im Zeitraffer altern sie, ihr 15. Lebensjahr erreichen die meisten schon nicht mehr. Das Krankheitsbild wurde von dem Engländer Jonathan Hutchinson im Jahr 1886 zum ersten Mal beschrieben. Hastings Gilford gab im Jahr 1904 dieser Krankheit den Namen Progerie.
Progerie ist eine sehr seltene Erbkrankheit (1 von 10 000 000 Geburten). Die Erkrankung tritt weltweit ohne Bevorzugung von Geschlecht, Rasse oder Hautfarbe auf. Innerhalb des ersten Lebensjahrzehnts entwickelt sich das Vollbild der Progerie. Der Alterungsprozess verläuft bei Betroffenen etwa fünf- bis zehnmal schneller als bei anderen Menschen, sie leiden an Wachstumsstörungen, schneller Hautalterung, Haarausfall, Arteriosklerose (Arterienverkalkung), Arthrose (Gelenkverschleiß) und Osteoporose (Knochenschwund). Ursachen für den frühen Tod der Patienten im Alter von durchschnittlich 13 Jahren sind Herzinfarkt oder Schlaganfall als Folge einer den ganzen Körper betreffenden Arteriosklerose. Zudem sind die Zellkerne der Menschen mit HGPS zum großen Teil deformiert.

Obwohl die Krankheit extrem selten auftritt, haben Forscher die Ursache für die Progerie aufgedeckt: eine Mutation in einem Gen auf Chromosom 1, welches das Eiweiß Lamin A codiert. Kinder mit Progerie bilden ein anomales Lamin-A-Protein namens Progerin. Da Progerin bei der normalen Alterung ebenfalls, wenn auch in wesentlich abgeschwächter Form, aktiv ist, könnten sich – so die Spekulationen der Forscher – in Zukunft Ansätze zur Beeinflussung von normalen Alterungsvorgängen ergeben.

Material 2

Ausschnitt aus dem nicht codogenen Strang des Lamin-A-Gens

Gen-Ausschnitt aus Exon 11 beginnend mit Triplett Nr. 605
Bei einem gesunden Menschen:
5'... GCCCAGGTGGGC ... 3'

Entsprechender Ausschnitt bei einem Progerie-Patienten:
5'... GCCCAGGTGGGT ... 3'

www.umd.be/LMNA/W_LMNA/gene.shtml

Material 3

Die Code-Sonne der mRNA

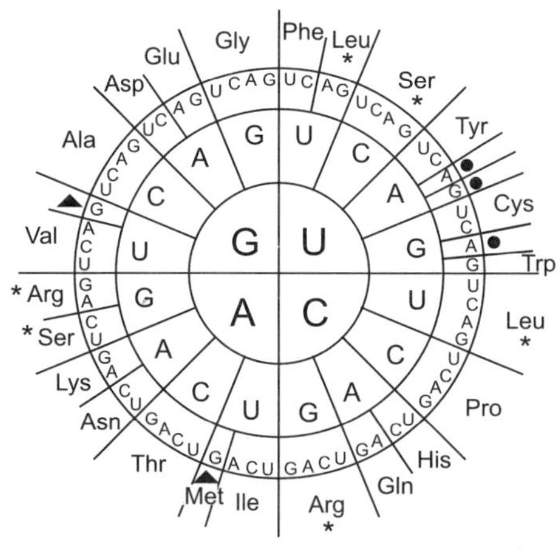

Abkürzungen der Aminosäuren:

Ala	Alanin
Arg	Arginin
Asn	Asparagin
Asp	Asparaginsäure
Cys	Cystein
Gln	Glutamin
Glu	Glutaminsäure
Gly	Glycin
His	Histidin
Ile	Isoleucin
Leu	Leucin
Lys	Lysin
Met	Methionin
Phe	Phenylalanin
Pro	Prolin
Ser	Serin
Thr	Threonin
Trp	Tryptophan
Tyr	Tyrosin
Val	Valin

▲ Starter-Codonen, die am Anfang der Translation stehend stets das Start-Methionin einbauen, in der Mitte des Messengers aber die in der Sonne angegebenen Aminosäuren

● Terminations-Codonen

* zweimal auftretende Aminosäure

Material 4

Lamine

Jeder Zellkern ist durch eine Kernhülle vom Zellplasma abgegrenzt. An der Innenseite der inneren Kernmembran ist das Chromatin an einem Proteinnetzwerk verankert, der Kernlamina. Diese bildet sich, indem spezielle Proteine, die Lamine, zu Filamenten (Fadenstrukturen) polymerisieren. Durch ihre Anheftung sowohl an die Kernhülle als auch an das Chromatin sorgt die Kernlamina dafür, dass der Zellkern seine Form bewahrt. Zudem spielen die Lamine eine wichtige Rolle bei der Aufrechterhaltung der Chromatinorganisation, der Transkription, der DNA-Replikation, der Differenzierung und der Genomstabilität. Im Lebenszyklus einer Zelle liegt die Kernhülle die meiste Zeit als stabile Struktur vor. Wenn sich die Zelle jedoch teilt, zerfällt die Kernhülle in kleine membranumhüllte Vesikel. Die Kernhülle bildet sich mithilfe der Vesikelinhalte neu aus, sobald die Verteilung der Chromosomen auf die Tochterzellen abgeschlossen ist.
Mit zunehmendem Alter beginnt die Kernlamina sich aufzulösen, wodurch im weiteren Verlauf die strukturelle Integrität des Zellkerns abnimmt.
Die Kernlamina besteht aus den Kernlaminen A und C. Lamin A wird vor allem in Haut, Knochen und Blutgefäßen exprimiert. Lamin A wird zunächst als Vorläuferprotein (Prälamin A) synthetisiert. Danach wird es aufwändig modifiziert, es resultiert das fertige Lamin-A-Protein, das sich im Gegensatz zu Progerin in die Zellkernlamina integriert.

Abbildung 4.1
Expression des Lamin-A-Gens

Das Lamin-Gen besteht aus 12 Exons. Dargestellt sind nur die für die Entstehung von Progerie relevanten Ausschnitte und Prozesse.

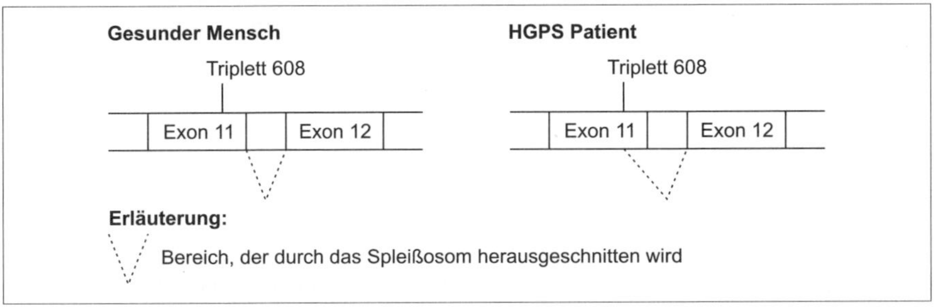

Abbildung 4.2
Modifizierung der Genprodukte (vereinfachte Darstellung)

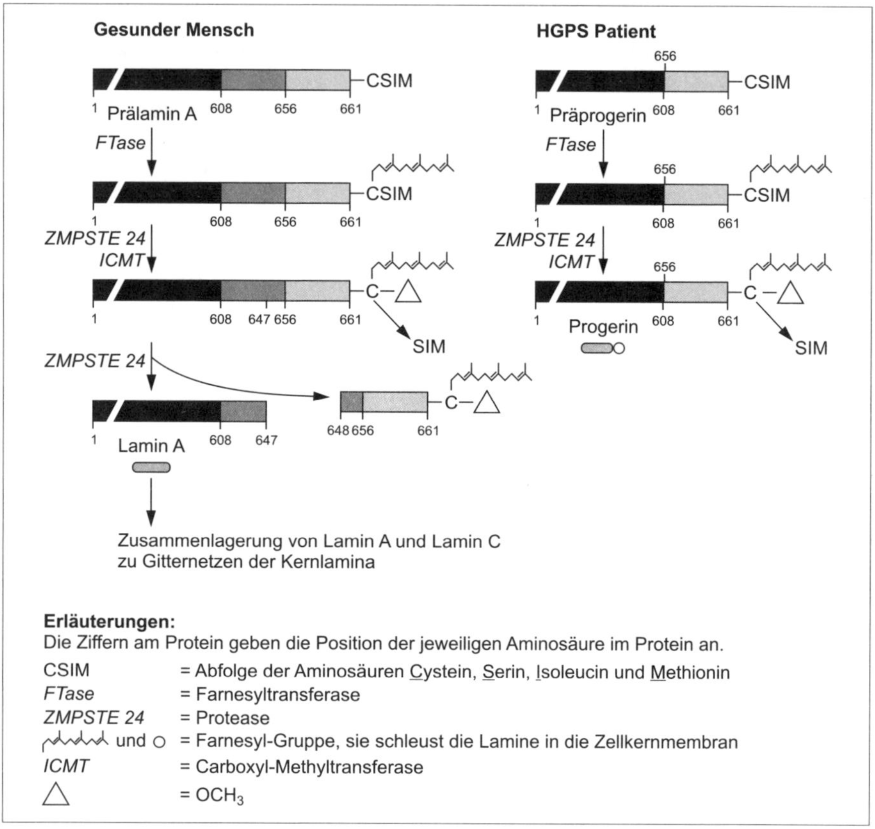

verändert nach: www.bioscience.org/2011/v3s/af/216/fulltext.php?bframe=figures.htm

Material 5

Zellkern aus der Zelle einer gesunden Person und eines Progerie-Patienten

Mit Farbstoff markierter Zellkern aus der Zelle einer gesunden Person (Abb. 5.1). Etwa 50 % der Zellkerne sind bei Progerie-Patienten in der Verfassung, wie in Abb. 5.2 abgebildet. Rechts davon jeweils eine schematische Darstellung.

Abbildung 5.1: Gesunde Person

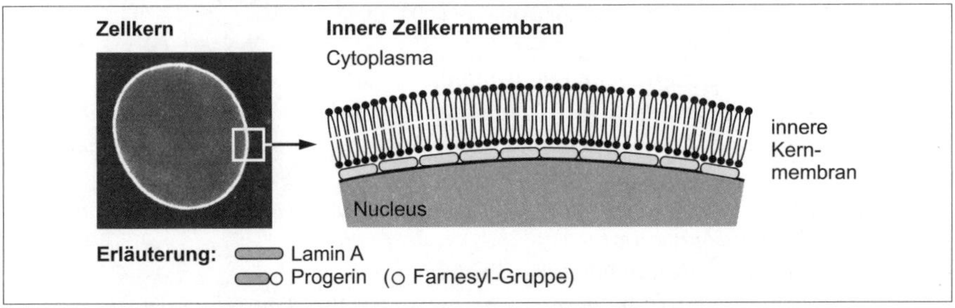

Abbildung 5.2: Progerie-Patient

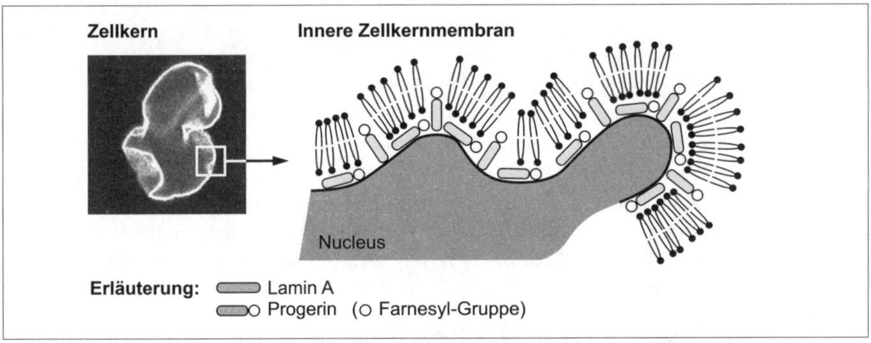

Quelle Zellkern-Fotos: Scaffidi P, Gordon L, Misteli T (2005) The Cell Nucleus and Aging: Tantalizing Clues and Hopeful Promises. PLoS Biol 3(11): e395. doi:10.1371/journal.pbio.0030395

Material 6

Therapie

In jahrelanger Grundlagenforschung an Lamin A haben Wissenschaftler sich damit beschäftigt, welche Medikation bei Progerie helfen könnte. In den letzten sechs Jahren hat sich die Forschung auf systematische Tests an Progerie-Zellen und an erkrankten Mäusen konzentriert. In der weltweit ersten klinischen Studie zu Progerie (Mai 2007 bis Dezember 2009) wurden den teilnehmenden Kindern über einen Zeitraum von zwei Jahren Farnesyltransferase-Inhibitoren (FTI) verabreicht.

In der aktuellen Dreifach-Studie zu Progerie werden zusätzlich die beiden Medikamente Pravastatin und Zoledronat verabreicht.

Pravastatin wird normalerweise zur Senkung von Cholesterinwerten und zur Prävention bei Herz-Kreislauf-Erkrankungen eingesetzt. Es ist handelsüblich und als Cholesterinsenker zugelassen.

Zoledronat wird gewöhnlich zur Behandlung von Osteoporose eingesetzt. Außerdem verhindert es Knochenfrakturen bei Menschen, die unter bestimmten Arten von Krebs leiden.

Lösungsvorschläge

In der Aufgabe thematisierte Unterrichtsinhalte sind:

- *Orte der Proteinbiosynthese und Ablauf der Proteinbiosynthese bei Eukaryoten*
- *Transkription und Translation im Detail, Splicing, Exons, Introns, genetischer Code*
- *Gendiagnose: Chromosomen- und Genmutationen und deren Auswirkungen*
- *Enzymaufbau und -funktion*
- *Struktur-Funktions-Beziehungen bei Proteinen*
- *Erstellen begründeter Hypothesen zu biologischen Problemstellungen*

1 *„Beschreiben" ist ein Operator aus dem Anforderungsbereich I. Es sollen lediglich die im Unterricht behandelten Vorgänge bei der Proteinbiosynthese der Eukaryoten reproduziert werden. Dabei sollten Sie sich auf das Wesentliche beschränken, das heißt nicht zu sehr ins Detail gehen, sondern eine schlüssige und richtige Kurzfassung der Prozesse darstellen. Fertigen Sie eventuell zunächst eine Sammlung der im Unterricht gelernten Fachbegriffe zu diesem Thema an (z. B. Translation, Splicing, Ribosom, tRNA) und ordnen Sie diese zum einen dem Geschehen im Zellkern und zum anderen den Vorgängen im Zellplasma zu.*
Fertigen Sie Ihren Text entsprechend in zwei Abschnitten unter Verwendung aller vorher aufgeschriebenen Fachbegriffe an. Denken Sie an die Besonderheiten im Ablauf der Proteinbiosynthese bei Eukaryoten.

Die Proteinbiosynthese ist in zwei Prozesse unterteilt: die Transkription und die Translation.

- **Transkription:** Die Transkription findet im Zellkern statt, wo die genetische Information in Form einer Triplett-Abfolge der Basen auf dem codogenen DNA-Strang vorliegt. Damit die Information abgelesen werden kann, wird der DNA-Doppelstrang zuerst enzymatisch entwunden und gespalten. Mithilfe der RNA-Polymerase lagern sich anschließend RNA-Nukleotide in 3'→5'-Richtung komplementär an den codogenen Strang an und werden miteinander verknüpft. Es entsteht eine prä-mRNA, welche neben den Exons (codierende Sequenzen) noch die Introns (nicht codierende Sequenzen) enthält. Im Prozess des Spleißens der prä-mRNA werden die Introns herausgeschnitten und die Exons miteinander verknüpft. An den Enden der mRNA erfolgt anschließend die Anlagerung einer Cap-Struktur (am 5'-Ende) und eines Poly-A-Schwanzes (am 3'-Ende; dessen Länge bestimmt die Lebensdauer der mRNA).
- **Translation:** Die reife mRNA wandert nun durch die Kernporen aus dem Zellkern ins Cytoplasma, wo sich der zweite Prozess der Proteinbiosynthese, die Translation, anschließt. Dabei heften sich die beiden Untereinheiten eines Ribosoms an die mRNA an, sobald ein Startcodon erkannt wird. Innerhalb des Ribosoms gibt es zwei Bindestellen, an die sich tRNA-Moleküle anlagern können.

Freie Aminosäuren werden mithilfe des Enzyms Aminoacyl-tRNA-Synthetase an die spezifischen tRNA-Moleküle gebunden, welche diese zum Ribosom transportieren. Zu Beginn der Translation lagert sich die erste tRNA an die Bindestelle A im Ribosom an. Sie trägt immer die Aminosäure Methionin entsprechend dem Anticodon der tRNA UAC. An die P-Bindestelle bindet nun die zweite zum Codon der mRNA passende tRNA. Die von den tRNA-Molekülen getragenen Aminosäuren werden durch das Enzym Peptidyl-Transferase verknüpft. Das Ribosom rückt anschließend an der mRNA um ein Triplett weiter. Die erste tRNA wird wieder abgespalten und die zweite tRNA befindet sich nun an der Bindestelle A. Die Bindestelle P kann von der nächsten mit einer Aminosäure beladenen tRNA besetzt werden usw. Auf diese Weise wird nach und nach eine Aminosäurekette synthetisiert.
Erreicht ein Stoppcodon auf der mRNA die Bindestelle, so kann dort keine passende tRNA binden und die fertige Aminosäurekette löst sich vom Ribosom. Gemäß seiner Primärstruktur bildet sich die Sekundär- und die Tertiärstruktur des synthetisierten Proteins aus.

2 *„Zuordnen" bedeutet hier, mithilfe von Material 3 (Code-Sonne) die Tripletts 605–608 des Lamin-A-Gens in Aminosäuren zu „übersetzen", einmal für einen gesunden Menschen und einmal für einen HGPS-Betroffenen. Im vorliegenden Fall ist es hilfreich, die Lösung in Form einer Tabelle darzustellen.*
Beachten Sie: In Material 2 ist die Basenabfolge auf dem ***nicht codogenen*** *Strang angegeben. Sie entspricht der Basenabfolge der mRNA, wenn man T (Thymin) durch U (Uracil) ersetzt.*

Triplett Nr.	605	606	607	608
mRNA (gesund)	GCC	CAG	GUG	GGC
AS-Abfolge (gesund)	Ala	Gln	Val	Gly
mRNA (mit HGPS)	GCC	CAG	GUG	GGU
AS-Abfolge (mit HGPS)	Ala	Gln	Val	Gly

Der Mutationstyp ist eine Punktmutation (Basenaustausch), die keine Rasterverschiebung nach sich zieht. Außerdem handelt es sich um eine stumme Mutation, das heißt, wegen der Redundanz des genetischen Codes wird von den Tripletts 608 trotz ihrer Unterschiedlichkeit die gleiche Aminosäure codiert. Das hypothetische Translationsprodukt kann das Vorliegen des HGPS-Syndroms demnach nicht erklären.

3 *Diese Aufgabe enthält zwei Arbeitsaufträge. Zunächst ist die Modifizierung des Genprodukts Prälamin A zu Lamin A, dem in Material 4 dargestellten Funktionsprotein in der Kernmembran, zu beschreiben. Dazu folgt man dem linken Strang der Abbildung 4.2. Den angegebenen Triplettnummern der Exons 11 und 12 aus der Abbildung 4.1 entsprechen hier die Nummern der von den Tripletts codierten Aminosäuren im Genprodukt. Die Abkürzungen an den senkrechten Reaktionspfeilen stehen für die Enzyme, die die jeweilige Reaktion katalysieren (vgl. Erläuterungen der grafischen Darstellung).*
Der zweite Arbeitsauftrag, die Analyse der Ursachen für die Bildung von Progerin statt Lamin A, bedarf zum einen der Erinnerung an das Ergebnis von Aufgabe 2 (eigentlich sollte eine stumme Mutation vorliegen!) und zum anderen der Sichtung aller wesentlichen Informationen im Material 4. Wichtig ist, zu erkennen, wo und zu welchem Zeitpunkt des Geschehens etwas anders läuft als normal.

Beschreibung:
Das Genprodukt des gesunden Menschen ist Prälamin A, welches dann enzymatisch umgebaut wird:

- **1. Schritt:** Eine Farnesylgruppe wird mittels Farnesyltransferase an die Aminosäure 662 (Cystein) gebunden. Die Farnesylgruppe schleust die Lamine in die Zellkernmembran.
- **2. Schritt:** Die Aminosäuren Serin, Isoleucin und Methionin werden durch die Protease ZMPSTE 24 abgespalten und mithilfe der Carboxyl-Methyltransferase durch eine OCH_3-Gruppe ersetzt.
- **3. Schritt:** Die Farnesylgruppe wird zusammen mit einem kurzen Stück des Proteins durch die Protease ZMPSTE 24 enzymatisch abgespalten.

Das Produkt, das Lamin A, ist ein aus 647 Aminosäuren bestehendes Protein.

Analyse der Ursachen der Bildung von Progerin:
Das primäre Genprodukt bei HGPS-Patienten, das Präprogerin, unterscheidet sich schon deutlich vom Prälamin A. Es ist um 47 Aminosäuren kürzer. Durch das veränderte Triplett 608 ist eine neue Spleißstelle entstanden, sodass beim Spleißen Teile des Exons 11 mit herausgeschnitten werden. Dem anhand der veränderten mRNA gebildeten Progerin fehlt die Erkennungssequenz (AS 647/648) zur Abspaltung des Proteinendes mit der Farnesylgruppe. Damit entsteht ein Produkt, das völlig andere Eigenschaften aufweist als Lamin A.

4 *Für die Beschreibung der Wirkung von Progerin auf zellulärer Ebene ist zunächst die vergleichende Betrachtung der Abbildungen 5.1 und 5.2 zum Text in Material 1 in Beziehung zu setzen. Gehen Sie von der in Material 4 beschriebenen Funktion der Kernlamina aus und klären Sie die Dysfunktion von Progerin.*

Die Lamine A und C bilden nach der Aufnahme in den Zellkern an der Innenseite der Kernmembran polymerisierte Fadenstrukturen, die dafür sorgen, dass der Zellkern seine Form bewahrt. Außerdem spielen die Lamine eine wichtige Rolle bei der Aufrechterhaltung der Genomstabilität im Zellzyklus.

Progerin wird zwar ebenfalls in den Zellkern aufgenommen, kann aufgrund der weiter anhaftenden Farnesylgruppe jedoch keine stabile Lamina bilden. Es kommt zur Deformierung der Zellkerne und zur Beeinträchtigung der Genomstabilität.

Hypothese für den vorzeitigen Alterungsprozess:
- Progerin führt zu einer instabilen Kernmembran, was genetische Fehlfunktionen und damit das frühe Absterben der Zellen verursacht.

Oder:
- Da Lamin A vorwiegend in Zellen der Haut, der Knochen, der Gefäßwände exprimiert wird, kommt es phänotypisch zur rapiden Alterung gerade dieser Gewebetypen.

5 *Zur Bildung der Hypothese hinsichtlich der Wirkung von medikamentösen Therapien sollten Sie sich das Material 6 aufmerksam durchlesen. Stellen Sie sich die Frage nach der Wirkung und dem Wirkort.*

Hypothese:
Farnesyltransferase-Inhibitoren verhindern, wenn sie denn in die Zellen aufgenommen werden, die Übertragung der Farnesylgruppe auf das Präprogerin. Damit kann sich kein Progerin bilden und in der inneren Kernmembran ansammeln. Die Deformation der Kernmembran sollte unterbleiben.

Möglicherweise sind die dann entstehenden, im Vergleich zu Lamin A etwas kürzeren Proteinketten ebenfalls zur Bildung einer Kernlamina und zur Stabilisierung der Kernmembran befähigt.

Begründung:
Die weiteren Medikamente Pravastatin und Zoledronat dienen der vorbeugenden Behandlung von Krankheitssymptomen der Arteriosklerose und der Osteoporose, wie sie bei HGPS-Patienten schon sehr früh auftreten.

Abiturprüfung 2013 Leistungskurs Biologie (Hessen)
B1: Ökologie

Nutzung tropischer Regenwälder

		BE
1	Geben Sie die Definitionen für Biotop und Biozönose an und nennen Sie jeweils charakteristische Ökofaktoren.	8
2	Beschreiben Sie in einer Tabelle vergleichend die in Material 2 dargestellten Kennzeichen der beiden Waldtypen und erklären Sie die unterschiedliche biologische Aktivität im tropischen Regenwald im Vergleich zu einem mitteleuropäischen Laubwald (Material 1und 2).	14
3	Vergleichen und erläutern Sie anhand von Material 3 die unterschiedliche Produktivität der beiden Waldtypen (Material 1 bis 4).	8
4	Erklären Sie die unterschiedliche Mineralstoffverteilung (Material 1 bis 4).	8
5	Begründen Sie die in Abbildung 5.1 dargestellte Entwicklung der Erträge und diskutieren Sie Chancen und Risiken der Nutzung tropischer Regenwälder durch Brandrodungswanderfeldbau (Material 1 bis 5).	12
		50

Material 1

Stoffkreislauf im tropischen Regenwald

Die tropischen Bereiche umfassen die artenreichsten Lebensräume der Erde. Die Regenwälder gehören zu den produktivsten Ökosystemen der Erde. Seit dem Tertiär haben sich die Umweltbedingungen in den Tropen nur wenig verändert, da sie nicht von Eiszeiten betroffen waren. Hohe Temperaturen, hohe Niederschlagsmengen und CO_2-haltiges Regenwasser (kohlensäurehaltig) sorgten dafür, dass das Ausgangsgestein bis zu einer Tiefe von 20 m verwitterte. Das kohlensäurehaltige Regenwasser wäscht Kalk, Phosphorsäure- und Kieselsäureverbindungen aus dem Boden in die Tiefe. Die Böden versauern und sind durch Eisen- und Aluminiumverbindungen rot gefärbt.

Das Wurzelwerk der Urwaldbäume ist flach, aber sehr dicht. 80 % der Wurzeln befinden sich in den obersten 30 cm des Bodens. Viele Bäume senden dünne Wurzeln über die Bodenoberfläche hinaus in die Streu; auch abgestorbene Baumstämme werden dicht eingesponnen.

Mykorrhiza-Pilze leben in Symbiose mit Bäumen: Ihre Hyphen (fadenförmige Zellen der Pilze) gelangen einerseits in abgestorbene Blätter und Hölzer und andererseits in die Wurzelhaare ihrer Wirtsbäume. Dem zerfallenen Gewebe entnehmen sie organische Stoffe. Aus den Wurzelhaaren entnehmen sie lösliche Kohlenhydrate und Vitamine und liefern dafür Mineralstoffe. Geringe Mineralstoffverluste werden vor allem durch die Luft ausgeglichen. So erhält beispielsweise das südamerikanische Amazonasbecken einen Teil seiner natürlichen Düngung durch Flugstaub aus der Sahara.

Material 2

Kennzeichen eines mitteleuropäischen Laubwaldes und eines immergrünen tropischen Regenwaldes

a) Mitteleuropäischer Laubwald

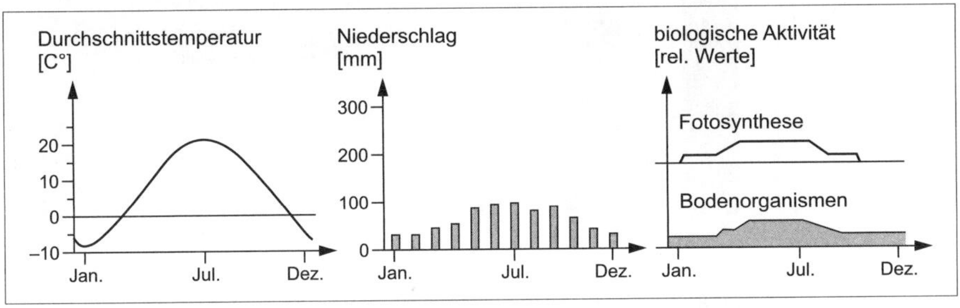

b) Immergrüner tropischer Regenwald

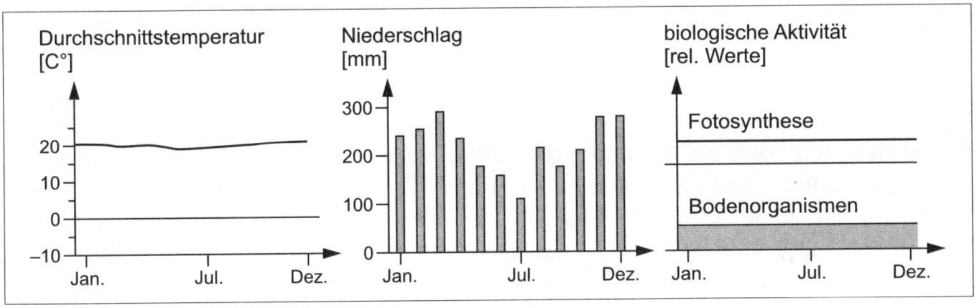

Material 3

Produktivität eines mitteleuropäischen Laubwaldes und eines immergrünen tropischen Regenwaldes

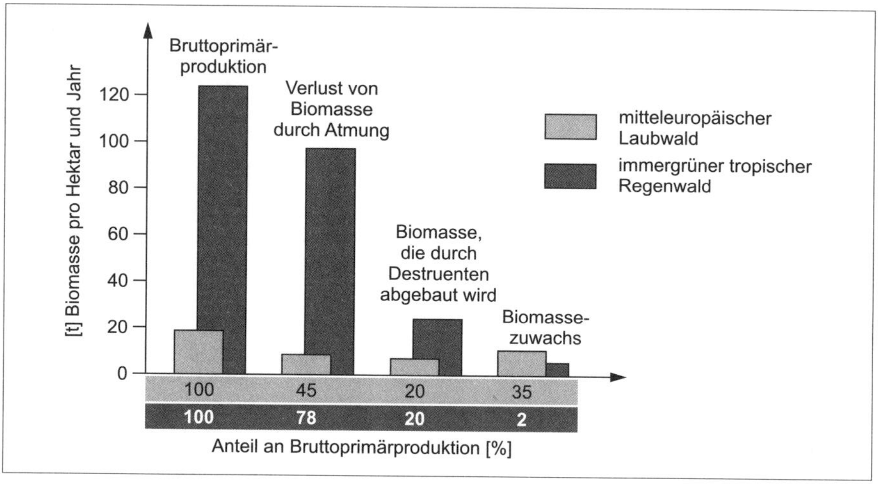

W. Schulenberg: Bioskop SII; R. Hausfeld (Hrsg); Westermann, Braunschweig 2010, S. 189

Material 4

Verteilung der Mineralstoffe im tropischen Regenwald

Die Mineralstoffe sind im Boden in der Humusschicht vorzugsweise an Ton-Humus-Komplexe angelagert, wodurch eine erleichterte Aufnahme über die Wurzelhaare gewährleistet ist. Der Mineralstoffgehalt des Bodens lässt sich am Vorrat des Bodens an Stickstoffverbindungen messen. In Mitteleuropa liegen 94 Prozent der Vorräte im Boden vor und nur sechs Prozent sind in der Biomasse enthalten.

Ganz anders in den Tropen: Hier sind mehr als die Hälfte, nämlich 58 Prozent, in den Pflanzen gespeichert, im Boden befinden sich nur 42 Prozent.

Abbildung 4.1
Bodenprofile im Vergleich (schematisch, nicht maßstabsgetreu)

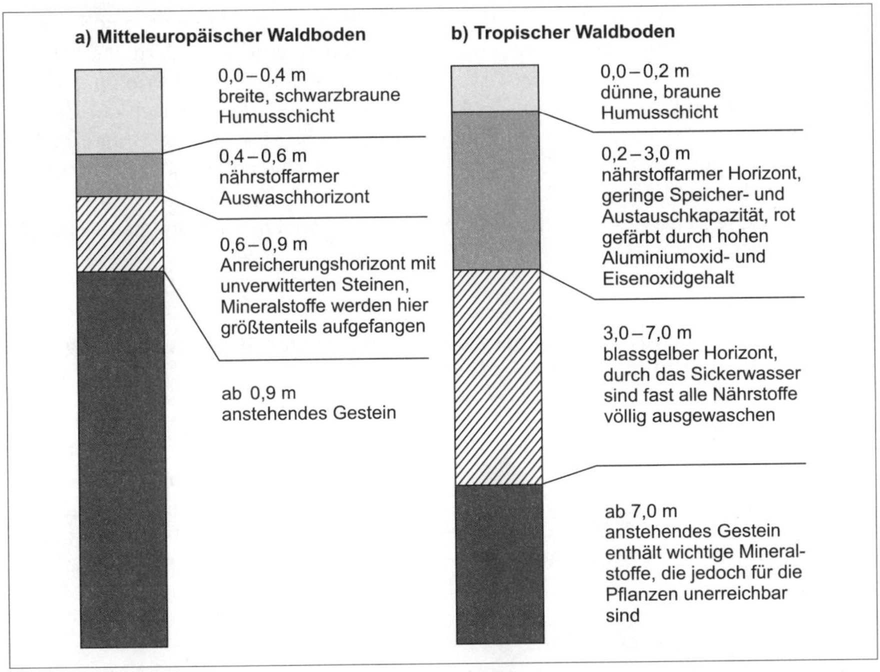

Erläuterungen:
Horizont: Er bezeichnet einen Bereich im Boden mit annähernd gleichen Eigenschaften, der sich von darüber oder darunter liegenden Bereichen unterscheidet.
Anstehendes Gestein: Ist ein Gestein im Wesentlichen noch im Verbund mit seinem Untergrund („gewachsener Fels“), so spricht man von anstehendem Gestein.

Material 5

Brandrodungswanderfeldbau
Häufigste Bewirtschaftungsform der Regenwaldregionen ist der Brandrodungswanderfeldbau. Seit Urzeiten roden die dort lebenden Menschen jeweils ein kleines Stück Urwald. Die gefällten Bäume werden getrocknet und anschließend verbrannt. Einige der bei der Verbrennung freigesetzten Stoffe werden gasförmig in die Atmosphäre abgegeben. Der größte Teil verbleibt als düngende Asche auf dem gerodeten Land. Unter verkohlten und zum Teil stehen gebliebenen Baumstämmen werden in Mischkultur zeitlich versetzt erst niedrigwüchsige, dann höhere fruchttragende Pflanzen auf kleinen Feldern angebaut. Licht, Wasser und Mineralstoffe können auf diese Weise

optimal genutzt werden. Es entsteht ein Mosaik aus Nutzpflanzen wie Maniok, Mais, Reis, Bohnen, Kürbis, Papaya, Zuckerrohr, Baumwolle, Pfeilrohr, die die Grundversorgung garantieren.
Nach zwei bis drei Anbaujahren lässt man das Feld etwa 20 Jahre lang brach liegen, bis sich über natürliche Sukzessionsprozesse ein artenärmerer Sekundärregenwald regeneriert. In dieser Zeit werden neue Waldstücke nach dem gleichen Prinzip genutzt. Als Sekundärwald beschreibt man die Art von Vegetation, die sich nach der Zerstörung des Primärwaldes durch menschliches Eingreifen (z. B. durch Brandrodung) oder Katastrophen ausbildet. Wird dieser Wald erneut abgeholzt und verbrannt, beginnt der Zyklus von vorne.
Die nachhaltige Form des Brandrodungsfeldbaus auf kleinen Flächen ernährt etwa 20 Menschen pro km^2.

Abbildung 5.1
Erträge in den feuchten Tropen bei zunehmender Dauer der Ackernutzung im System Brandrodungswanderfeldbau

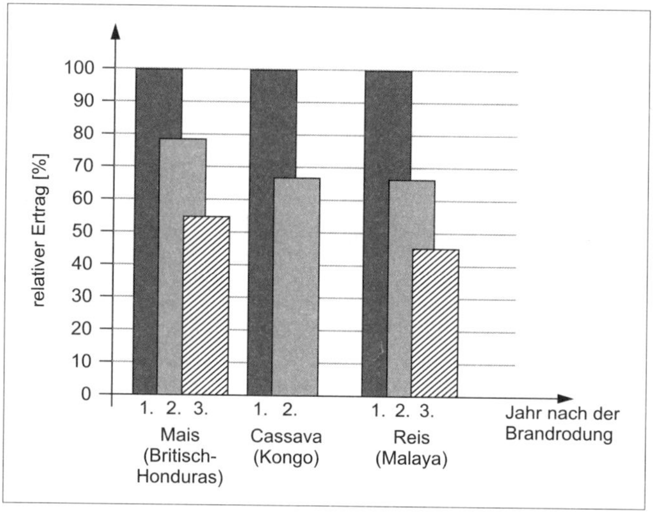

Cassava: engl. Bezeichnung für Maniok; drittwichtigste Knollenfrucht nach Kartoffel und Süßkartoffel

Lösungsvorschläge

In der Aufgabe thematisierte Unterrichtsinhalte sind:
- *Biotop, Biozönose, Ökosystem, abiotische Faktoren, biotische Faktoren*
- *Auswertung von Temperatur- und Niederschlagskurven, RGT-Regel*
- *Bruttoprimärproduktion, Nettoprimärproduktion, Fotosynthese, Atmung*
- *Produzenten, Konsumenten, Destruenten, Stoffkreisläufe*
- *Mineralstoffhaushalt in Wald-Ökosystemen*
- *Bewerten von Eingriffen in Ökosysteme*

1 *Hier sollen die aus dem Unterricht bekannten Definitionen für die Begriffe Biotop und Biozönose wiedergegeben werden. Trennen Sie die Bearbeitung konsequent in zwei Absätze zu den beiden ökologischen Begriffen. Ergänzen Sie anschließend Ihre Bearbeitung um die Faktoren, die charakteristisch für das Biotop bzw. die Biozönose sind.*

Biotop: Das Biotop ist der Lebensraum für die Biozönose. Man versteht darunter nicht nur den geographischen Raum, sondern die Gesamtheit aller abiotischen Umweltfaktoren, die ein Ökosystem kennzeichnen. Dazu zählen alle chemischen und physikalischen Faktoren, wie z. B. Temperatur, Umgebungsdruck und Wind sowie die Verfügbarkeit von Licht, Wasser und Mineralstoffen.

Biozönose: Die Biozönose ist die Lebensgemeinschaft von Organismen in einem Biotop und damit die Gesamtheit der biotischen Faktoren. Aus den Wechselwirkungen der Pflanzen, Tiere, Pilze und Bakterien ergeben sich die biotischen Umweltfaktoren. Beispiele für diese biotischen Faktoren sind z. B. intra- und interspezifische Konkurrenz um Nahrung und weitere Ressourcen des Lebensraums, Symbiosen und Parasitismus sowie Räuber-Beute-Beziehungen.

Biotop und Biozönose bilden zusammen ein Ökosystem.

2 *Hier werden Sie vor eine Anwendungsaufgabe gestellt. Auf der Grundlage Ihres im Unterricht erworbenen Wissens zu den mitteleuropäischen Laubwäldern bearbeiten Sie Informationsmaterial zum tropischen Regenwald. Zunächst sind die beiden Waldtypen anhand von Material 2 bezüglich ihrer Kennzeichen in einer Tabelle gegenüberzustellen.*
Fragen Sie sich als Nächstes, woran man die biologische Aktivität eines Waldes primär misst und welche Informationen Ihnen zur Verfügung stehen. Der Text in Material 1 enthält Informationen zur biologischen Aktivität im tropischen Regenwald. Ihre Erklärungen sollen jedoch die unterschiedliche biologische Aktivität in den beiden Waldtypen erfassen. Sie müssen also die Textinformationen und die vergleichende Betrachtung aus dem ersten Aufgabenteil zusammenführen und schlüssig darstellen können, warum die biologische Aktivität unterschiedlich ist. Der Operator „Erklären“ verlangt, dass Sie auf fachlicher Grundlage argumentieren, Daten auswerten und nutzen.

Vergleich der beiden Waldtypen:

	Mitteleuropäischer Laubwald	**Tropischer Regenwald**
Niederschläge	Fallen zwar das ganze Jahr über, aber deutlich größere Niederschlagsmengen im Sommerhalbjahr; Niederschlagswasser im Winterhalbjahr außerdem weniger verfügbar, da gefroren	Über das ganze Jahr verteilt; Minimum von Mai bis Juli; insgesamt die vielfache Menge Wasser im Vergleich zum mitteleuropäischen Laubwald
Temperatur	Ca. 8 Monate Durchschnittstemperaturen über 0 °C, ca. 4 Monate unter 0 °C, Temperaturmaximum im Juli	Ganzjährig im Durchschnitt bei etwa 20 °C
Fotosynthese-aktivität	In den Sommermonaten (Juni – August) hoch, im Frühjahr und im Herbst geringer, in den Wintermonaten gering bis 0	Das ganze Jahr über gleichmäßig hoch
Aktivität der Bodenorganismen	Im Frühjahr und im Sommer deutlich höher als im Herbst und im Winter	Das ganze Jahr über gleichmäßig hoch

Erklärung der unterschiedlichen biologischen Aktivität:
Die biologische Aktivität eines Waldes bemisst sich primär an der Stoffwechselaktivität der Primärproduzenten, also der Bäume und der übrigen Pflanzen. Ein zweites Kriterium für die biologische Aktivität ist der Abbau organischer Substanz durch die Bodenorganismen.

- Die Fotosyntheseaktivität ist licht- und temperaturabhängig und zusätzlich an die Verfügbarkeit flüssigen Wassers sowie an das Vorhandensein von Fotosyntheseorganen (grüne Blätter) geknüpft.
- Da fast alle Bodenorganismen wechselwarm sind, fällt deren Aktivität mit der Temperatur (RGT-Regel). Bei geringen Durchschnittstemperaturen fallen sie in Kältestarre.

Gleichmäßige, hohe Temperaturen, die konstante Verfügbarkeit von Wasser und Sonnenlicht (Sonne steht ganzjährig im Zenit, Tag-und-Nacht-Gleiche) sowie das Vorkommen von immergrünen Pflanzen sind ideale Voraussetzungen für die ganzjährig hohe biologische Aktivität des tropischen Regenwaldes.
Im Jahresverlauf stark schwankende und im Winter sehr niedrige Temperaturen, die geringe Verfügbarkeit von Wasser im Winter, fehlende Blätter von November bis März sowie die sehr unterschiedliche Intensität und Dauer der Sonneneinstrahlung erklären die im Vergleich dazu geringere biologische Aktivität des mitteleuropäischen Laubwaldes.

3 *Für den Vergleich der Produktivität der beiden Waldtypen eignet sich wieder eine Tabelle, in der die in Material 3 aufgeführten Kriterien und Massen gegenübergestellt werden können. Denken Sie dabei an die grundlegenden Stoffwechseltypen bei Pflanzen und Tieren. Beachten Sie die Einheit, in der die Produktivität gemessen wird. Was ist bei diesem Vergleich auffällig?*
Zur Erläuterung der Unterschiede brauchen Sie Ihre Ergebnisse aus Aufgabe 2.

Vergleich der Produktivität der beiden Waldtypen:

	Mitteleuropäischer Laubwald	Tropischer Regenwald
Bruttoprimär-produktion	ca. 20 t Biomasse/ha · Jahr	über 120 t Biomasse/ha · Jahr
Verluste durch Atmung	weniger als 10 t Biomasse/ha · Jahr	fast 100 t Biomasse/ha · Jahr
Biomasseabbau durch Destruenten	ca. 5 t Biomasse/ha · Jahr	über 20 t Biomasse/ha · Jahr
Biomassezuwachs	ca. 6 t Biomasse/ha · Jahr	ca. 2–3 t Biomasse/ha · Jahr

Erläuterung:
Da aufgrund der klimatischen Bedingungen ganzjährig Fotosynthese betrieben werden kann, ist die Bruttoprimärproduktion des tropischen Regenwaldes etwa sechsmal so hoch wie im mitteleuropäischen Laubwald. Die Bedingungen im Regenwald führen aber auch zu hohen Verlusten an Biomasse aufgrund von Atmungsprozessen und wegen der Abbauvorgänge der Destruenten. Der verbleibende Biomassezuwachs entspricht der Nettoprimärproduktion. Diese liegt im mitteleuropäischen Laubwald etwa doppelt so hoch wie im tropischen Regenwald, da im mitteleuropäischen Laubwald die Atmungsverluste und die Verluste durch Biomasseabbau deutlich geringer sind.

4 *Um eine Erklärung geben zu können, sind im Wesentlichen die Aussagen zur Mineralstoffverteilung aus den Materialien 1 und 4 von Bedeutung. Die Informationen aus den Materialien 2 und 3 werden als Hintergrundwissen benötigt.*
Achten Sie auf die nicht maßstabsgerechte Darstellung in der Abb. 4.1. Das Bodenprofil des tropischen Waldbodens müsste ansonsten wesentlich länger sein.

Der Mineralstoffgehalt des Bodens lässt sich laut Material 4 exemplarisch am Vorrat des Bodens an Stickstoffverbindungen messen. Im tropischen Regenwald ist er gering. Das Ausgangsgestein liegt im tropischen Regenwald so tief (ab 7 m), dass die Pflanzenwurzeln die dort enthaltenen Mineralien nicht erreichen können. Die hohen Temperaturen und die ständige Feuchtigkeit beschleunigen sowohl die Fotosynthese als auch die Zersetzungsprozesse im Boden. Bodenorganismen und Mykorrhiza-Pilze bauen abgestorbenes organisches Material schnell ab. Die in der Regel flach wurzelnden Bäume nehmen Mineralstoffe aus dem Zersetzungsprozess in der dünnen Humusschicht direkt mit den Wurzeln wieder

auf. Dabei helfen Mykorrhiza-Pilze, die dafür sorgen, dass die Mineralstoffe nicht im Boden versickern und ausgeschwemmt werden. Mit mehr als 58 % ist daher die Hälfte der Mineralstoffe in den Pflanzen gespeichert. Im Boden befinden sich nur 42 %.
Im mitteleuropäischen Laubwald findet sich das anstehende Gestein in nur 90 cm Tiefe. Mineralstoffe werden in 60–90 cm Tiefe im Anreicherungshorizont aufgefangen und sind dort für die Baumwurzeln erreichbar. Außerdem kommen im europäischen Winter die Abbauprozesse nahezu zum Stillstand. Abbauprozesse sind bei niedrigen Temperaturen gemäß der RGT-Regel nur in geringem Umfang möglich (und nur bei nicht gefrorenem Boden). Organisches Material sammelt sich somit an und bildet eine dickere Humusschicht. Daher sind hier 94 % der Mineralstoffe im Boden zu finden und nur 6 % in den Pflanzen.

5 *In dieser Aufgabe werden zwei Anforderungen gestellt:*
- *Interpretation der Abbildung 5.1 und Begründung der Entwicklung der dort dargestellten Ernteerträge nach Brandrodung des Regenwaldes. Für die Begründung sind Ihre Ausführungen zu den Aufgaben 1–4 und die Materialien 1–4 von Bedeutung. Überlegen Sie, was sich durch Brandrodung auf einer Fläche gegenüber dem Ausgangszustand verändert. Die wichtigste Frage ist die nach dem Verbleib der Mineralstoffe.*
- *Gegenüberstellung der Chancen und Risiken der Bewirtschaftungsform Brandrodungswanderfeldbau, die schon seit Urzeiten von den im Regenwald lebenden Volksgruppen angewendet wird.*

Zunächst ist festzustellen, dass die Ernteerträge an Nutzpflanzen in den dargestellten drei Jahren nach einer Brandrodung stark abnehmen. Das hat zwei Hauptgründe:
- Zum einen werden die nach der Brandrodung als Asche auf dem Boden liegenden Mineralstoffe durch die hohe Niederschlagsmenge schnell in tiefer gelegene Schichten geschwemmt und sind für die Pflanzen bald nicht mehr oder nur noch eingeschränkt verfügbar.
- Zum anderen enthält die mit der Ernte entnommene organische Substanz viele Mineralstoffe, die dem Boden nicht zurückgegeben werden (Austrag aus dem System).

Daraus folgt, dass die Bodenfruchtbarkeit abnimmt und der Ionenvorrat im Boden bald erschöpft ist. Die Wiederbewaldung sollte sich schwierig gestalten.

Diskussion der Chancen und Risiken:
Nachhaltiger Brandrodungswanderfeldbau ist nur möglich, wenn ausschließlich kleine Flächen abgebrannt und für einige Jahre landwirtschaftlich genutzt werden. So können sich aufgegebene Felder durch Einwanderung von Pflanzen, Tieren und damit auch Mineralstoffen aus dem Primärwald in einer längeren Ruhezeit zumindest zu einem Sekundärwald regenerieren. Dessen aufgebaute Biomasse kann dann wieder für eine Brandrodung zur Verfügung stehen. Diese Form der Nutzung ernährt ca. 20 Menschen pro km^2.

Das Risiko einer nicht mehr nachhaltigen Nutzung ist gegeben, wenn die Bevölkerungsdichte steigt. Dies führt zur Brandrodung größerer Flächen, die sich nicht mehr so schnell durch Einwanderung regenerieren können, oder zu kürzeren Brachzeiten der schon einmal genutzten Flächen. Damit wird die Artenvielfalt verringert und der CO_2-Speicher Holz wird reduziert, was wiederum den Treibhauseffekt verstärkt. Auch eine Zunahme der Bodenerosion kann die Folge sein. Eine Wiederbewaldung durch Pflanzung ist aufgrund des Nährstoffmangels kaum möglich.
Ein weiterer Aspekt ist der Rückgang der Artenvielfalt durch den Hitzetod beim Abbrennen der Flächen. Die entstehenden Sekundärwälder oder die wirtschaftlichen Nutzungsflächen haben eine spezifisch andere und geringere Artenvielfalt.

Zellatmung bei „warmen Pflanzen“

		BE
1	Geben Sie die Gesamtsummengleichung der Zellatmung sowie Ausgangsstoffe und Produkte der Teilabschnitte an.	10
2	Beschreiben Sie die Ergebnisse der Experimente an isolierten Mitochondrien und deuten Sie diese anhand der Vorgänge bei der normalen Endoxidation (Atmungskette) (Material 1 und 2).	16
3	Vergleichen Sie die Vorgänge bei der normalen Endoxidation in Mitochondrien mit den Vorgängen bei der alternativen Endoxidation pflanzlicher Mitochondrien und erklären Sie die hohe Wärmefreisetzung des Stinkkohls (Material 2, 3, 4 und 5).	16
4	Stellen Sie eine Kosten-Nutzen-Analyse für die besondere Form der Zellatmung des Stinkkohls an seinem natürlichen Standort auf (Material 3).	8
		50

Material 1

Experimente mit isolierten Mitochondrien

Isolierte Mitochondrien befinden sich in einem Medium, das Brenztraubensäure (Pyruvat) sowie ADP und Phosphat enthält. Bei Sauerstoffzufuhr und Sauerstoffmangel werden der ATP-Gehalt sowie der pH-Wert in der Mitochondrienmatrix und im Intermembranraum gemessen.

Abbildung 1.1
ATP-Gehalt und pH-Wert isolierter Mitochondrien in Abhängigkeit vom Sauerstoff-Angebot

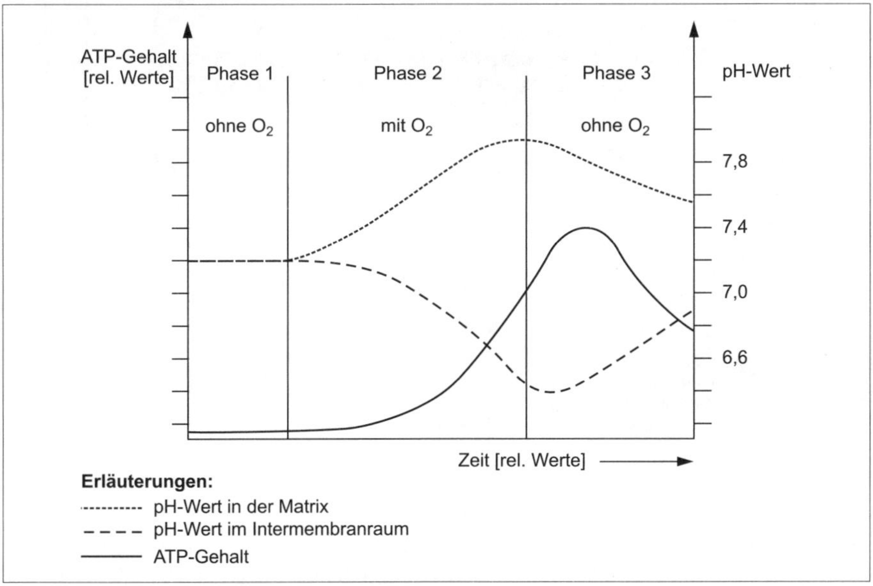

H. Bickel, G. Dürr: Natura, Oberstufe, Lehrerband Stoffwechsel; Klett Verlag, Stuttgart 1995, S. 64

Material 2

Schematische Übersicht über die Vorgänge und Orte der normalen Endoxidation (= Atmungskette)

Die schematische Abbildung 2.1 zeigt vereinfacht, wie die vier Enzymkomplexe (I bis IV) der Endoxidation (= Atmungskette) beim Elektronenfluss und Protonentransport zusammenwirken. Dargestellt sind außerdem die ATP-Synthase sowie die in der Membran angesiedelten Transporter T (= Adeninnukleotid-Translokase) und P (= Phosphat-Transporter).

Abbildung 2.1
Grobschema der normalen Endoxidation in Mitochondrien

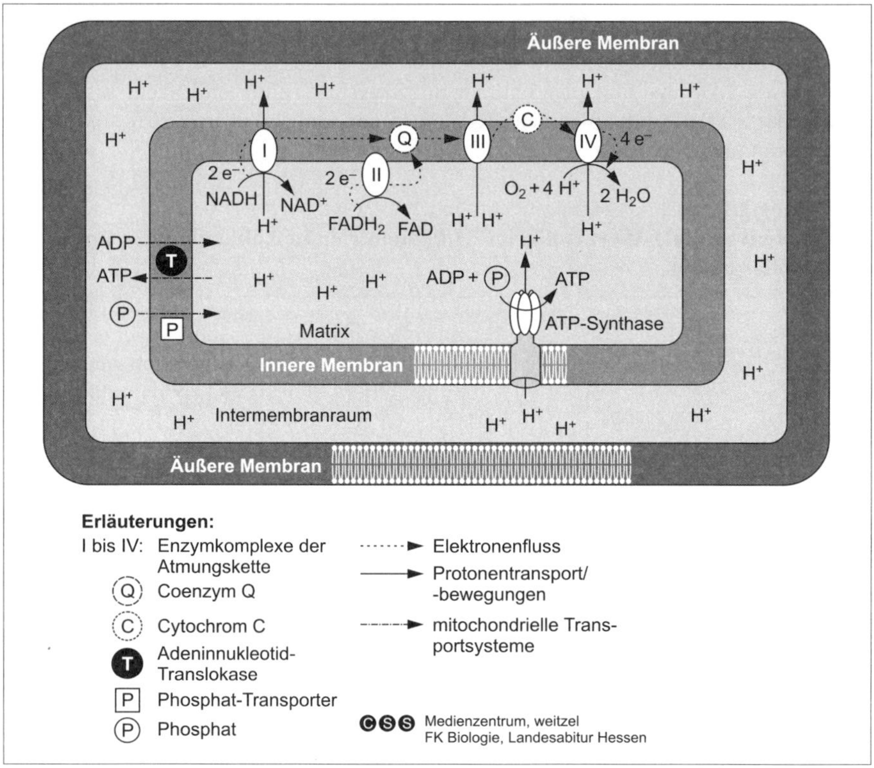

Komplex I: Wie die drei anderen Komplexe wird auch der Komplex I aus mehreren Proteinen gebildet. Seine wesentliche Aufgabe besteht darin, die Elektronen des NADH in die Atmungskette einzuschleusen. Zugleich pumpt er Protonen aus der Matrix in den Intermembranraum.

Komplex II: Bei Komplex II handelt es sich um einen peripheren Proteinkomplex, der die Elektronen des $FADH_2$ in die Atmungskette einschleust. Dieser Komplex hat keine Funktion als Protonenpumpe.

Komplex III: Komplex III ist an dem Elektronenfluss in der Atmungskette beteiligt und besitzt zudem die Fähigkeit, Protonen durch die innere Mitochondrienmembran in den Intermembranraum zu pumpen.

Komplex IV: Der Proteinkomplex IV ist an der Reaktion zur Bildung von Wasser beteiligt, kann aber zugleich wie die Komplexe I und III Protonen aus dem Matrixraum in den Intermembranraum pumpen.

Material 3

Der Stinkkohl

Zu den Beispielen „warmer Pflanzen" in Europa und Nordamerika gehören etliche Arten des Stinkkohls, wie z. B. *Symplocarpus foetidus* und *Lysichiton americanus*. Diese Mitglieder der Aronstabgewächse blühen im Januar und Februar, lange vor der Blühphase der meisten anderen Blütenpflanzen, und die in der Blütenknospe produzierte Wärme kann ihre Temperatur auf über 16 °C heben. Oft schmilzt die Blüte den umgebenden Schnee und überlebt viele Nächte mit Temperaturen, die beträchtlich unter dem Gefrierpunkt liegen. Die freigesetzte Wärme verflüchtigt in der Blüte Duftmoleküle, die der Pflanze ihren markanten Namen gaben. Der aasähnliche Geruch und die Wärme locken Fliegen an, die dem Stinkkohl als Bestäuber dienen.
Erst nach ihrer Hauptblütezeit bilden die Pflanzen im März und April ihre Blätter. Der Stinkkohl erzeugt seine hohe Blütentemperatur dadurch, dass er unter Verwendung der in seiner großen Wurzel gespeicherten Stärke eine Blütenknospe mit einem 5–10 cm langen Stärkekolben in der Mitte aufbaut (Abbildung 3.1). Dort wird die Stärke in Glucose umgewandelt und diese durch Zellatmung abgebaut. Dabei steigt die Atmungsaktivität stark an.

Abbildung 3.1
***Symplocarpus foetidus:* Blüten im Schnee**

Eine zentrale Rolle im Stoffwechsel des Stinkkohls spielt die „alternative Atmungskette" (= Endoxidation), die in den Mitochondrien von Pflanzen zusätzlich zur „normalen" Endoxidation, wie sie auch in tierischen Mitochondrien vorkommt, enthalten ist. Während bei der normalen Endoxidation nur ca. 65 % der in der Glukose gespeicherten Energie in Form von Wärme freigesetzt werden, sind es bei der alternativen Form ca. 95 %.
Synthese und Aktivität der Komponenten der alternativen Endoxidation werden in der Pflanze entsprechend den Außenbedingungen reguliert.

Foto: Sakaori; http://commons.wikimedia.org/wiki/File: Eastern_Skunk_Cabbage_Takemori_Koshu-City_B.JPG; lizenziert unter der Creative Commons Attribution ShareAlike 3.0-Lizenz

Material 4

Abbildung 4.1
Schematische Darstellung der alternativen Endoxidation pflanzlicher Mitochondrien

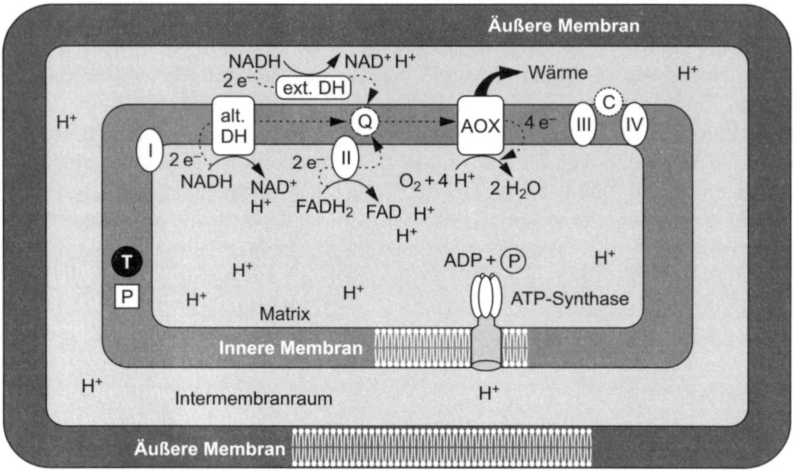

Erläuterungen: wie bei Abb. 2.1, zusätzlich:

ext. DH = externe NADH-Dehydrogenase
alt. DH = alternative NADH-Dehydrogenase
AOX = alternative Oxidase

Medienzentrum, weitzel
FK Biologie, Landesabitur Hessen

Material 5

Regulation der Zellatmung

Eine zentrale Rolle bei der Regulation der Zellatmung spielt das Enzym Phosphofructokinase, das in der Glykolyse die Reaktion von Fructose-6-phosphat zu Fructose-1,6-bisphosphat katalysiert. Seine Reaktionsgeschwindigkeit wird u. a. durch die Konzentrationen von ATP und ADP reguliert: Je geringer die ATP-Konzentration in der Zelle, desto höher ist die Aktivität der Phosphofructokinase.

Lösungsvorschläge

In der Aufgabe thematisierte Unterrichtsinhalte sind:
- *Summengleichung, Edukte und Produkte sowie Teilprozesse der Zellatmung, Glykolyse, Citratzyklus, Endoxidation*
- *Transport durch Membranen, Protonengradienten, Elektronentransport über Redoxsysteme*
- *Funktion der ATP-Synthase*
- *Alternative Endoxidation und Wärmeentwicklung bei Frühblühern*
- *Ökologische Kosten-Nutzen-Analyse*

1 *Neben der Gesamtsummengleichung der Zellatmung sollen Sie die Edukte und die Produkte der Teilabschnitte angeben. Rufen Sie sich in Erinnerung, welche Teilprozesse beim aeroben Abbau der Glucose zur Energiebereitstellung in der Zelle ablaufen. Überlegen Sie, in welchem der Teilprozesse die Reaktion mit dem Sauerstoff zum Tragen kommt.*

Die **Summengleichung** der Zellatmung lautet:

$$C_6H_{12}O_6 + 6\,O_2 + 6\,H_2O \longrightarrow 6\,CO_2 + 12\,H_2O$$

Ausgangsstoffe und **Produkte** der Teilprozesse der Zellatmung:
- Glykolyse:
  Ausgangsstoffe: Glucose, NAD^+, ADP+ P
  Produkte: Pyruvat, ATP, $NADH+H^+$
- Oxidative Decarboxylierung:
  Ausgangsstoffe: Pyruvat, Coenzym A (CoA-SH), NAD^+
  Produkte: CO_2, Acetyl-S-CoA, $NADH+H^+$
- Citratzyklus:
  Ausgangsstoffe: Acetyl-S-CoA, H_2O, NAD^+, FAD, ADP+ P
  Produkte: CO_2, $NADH+H^+$, $FADH_2$, ATP
- Endoxidation:
  Ausgangsstoffe: $NADH+H^+$, $FADH_2$, ADP + P, O_2
  Produkte: H_2O, NAD^+, FAD, ATP

2 *Die Aufgabenstellung enthält zwei Arbeitsaufträge: zum einen die Beschreibung der Experimente mit isolierten Mitochondrien (Material 1) und zum anderen die Deutung der experimentellen Ergebnisse mithilfe der bisherigen Erkenntnisse über die Endoxidation (Material 2). Trennen Sie unbedingt Beschreibung und Deutung klar voneinander und behandeln Sie die drei dargestellten Phasen des Experiments nacheinander. Verfolgen Sie bei der Betrachtung von Abbildung 2.1 den Weg der Elektronen und den Weg der Protonen bis zu Vereinigung mit dem Sauerstoff zu Wasser. Beachten Sie unbedingt das Konzentrationsgefälle an H^+-Ionen zwischen Matrix und Intermembranraum.*

Beschreibung der Phase 1:
Wird den Mitochondrien kein Sauerstoff zugeführt, sind die pH-Werte in der Matrix und im Intermembranraum gleich. Der ATP-Gehalt ist konstant gering, wobei hier nicht zwischen dem Gehalt in der Matrix und dem im Intermembranraum differenziert wird.

Vermutlich sind die Gehalte gleich, da die innere Membran für ATP durchlässig ist (Adeninnukleotid-Translokase).

Deutung der Situation anhand von Abb. 2.1:
Bei Sauerstoffmangel ist die Übertragung der aus $NADH+H^+$ und $FADH_2$ gewonnenen und in der inneren Membran transportierten Elektronen auf den Sauerstoff nicht möglich. Es wird kein Wasser gebildet. Der „Elektronen-Rückstau" bewirkt, dass $NADH+H^+$ und $FADH_2$ keine weiteren Elektronen auf die Enzymkomplexe I und II übertragen können. Ohne Elektronenfluss werden keine Protonen über die Komplexe I, III und IV in den Intermembranraum transportiert. Die Folge ist, dass kein H^+-Gradient zwischen Intermembranraum und Matrix aufgebaut wird. Daher sind die pH-Werte in der Matrix und im Intermembranraum gleich. Eine ATP-Produktion an der ATP-Synthase findet nicht statt, da der „Antrieb" über den Protonengradienten fehlt.

Beschreibung Phase 2:
Wird den isolierten Mitochondrien Sauerstoff zugeführt, steigt der pH-Wert in der Matrix an. Das bedeutet, dass die Matrix Protonen verliert. Im Gegenzug sinkt der pH-Wert im Intermembranraum, das heißt, die Konzentration an H^+-Ionen im Intermembranraum steigt. Mit zeitlicher Verzögerung steigt auch der ATP-Gehalt stark an.

Deutung der Situation anhand von Abb. 2.1:
Wird Sauerstoff zugegeben, kann die Endoxidation, das heißt die Übertragung von Elektronen auf O_2 und die Wasserbildung mit H^+, stattfinden. $NADH+H^+$ und $FADH_2$ können ihre Elektronen auf die Proteinkomplexe I und II übertragen. Dabei anfallende H^+-Ionen werden aktiv in den Intermembranraum transportiert. Der pH-Wert steigt in der Matrix und sinkt entsprechend im Intermembranraum. Der Protonengradient bewirkt einen Protonen-Einstrom in die Matrix über die ATP-Synthase. Dadurch wird ATP synthetisiert, weshalb der ATP-Gehalt ansteigt.

Beschreibung Phase 3:
Bei erneutem Sauerstoffmangel verringert sich die große pH-Differenz zwischen Intermembranraum und Matrix wieder. Nach einem kurzen weiteren Anstieg sinkt der ATP-Gehalt wieder ab.

Deutung der Situation anhand von Abb. 2.1:
Das System strebt der Situation in Phase 1 entgegen. Da der Elektronenfluss wieder gestoppt ist, kann der pH-Gradient nicht weiter aufrechterhalten werden. Der noch bestehende Gradient wird weiterhin zur ATP-Synthese an der ATP-Synthase genutzt, wodurch sich der kurzzeitige weitere Anstieg des ATP-Gehaltes er-

klärt. Mit zunehmendem Abbau des Protonengradienten wird die ATP-Produktion geringer und durch stetigen Transport des Energieträgers aus den Mitochondrien nimmt sein Gehalt stark ab.

3 *Vergleichen Sie die in den Abbildungen 2.1 und 4.1 dargestellten Abläufe direkt miteinander. Beachten Sie, dass $NADH + H^+$ in den Abbildungen verkürzt als NADH angegeben ist. Gehen Sie folgenden Fragen nach:*

- *Was haben beide Abläufe gemeinsam? Welche gemeinsamen Komponenten und Funktionen gibt es? Sind die Komponenten jeweils aktiv in den Ablauf der Atmungskette eingebunden?*
- *Was unterscheidet die normale Atmungskette von der alternativen?*

Zuletzt sollen Sie die hohe Wärmefreisetzung des Stinkkohls mithilfe der Materialien erläutern. Denken Sie daran, dass $NADH + H^+$ und $FADH_2$ Energie-Zwischenspeicher für die aus dem Abbau der Glucose gewonnenen Energie sind. Wofür wird der in ihnen enthaltene Energiebetrag bei der normalen Endoxidation verwendet?

Gemeinsamkeiten:
In beiden Abläufen werden Elektronen von $NADH + H^+$ und $FADH_2$ auf Enzymkomplexe in der inneren Mitochondrienmembran abgegeben und letztlich in der Matrix auf O_2 übertragen. Durch die Reaktion mit H^+ entsteht Wasser.
Gemeinsame aktive Komponenten sind der Enzymkomplex II und das Coenzym Q. Auch die Komplexe I, III, IV und das Cytochrom C sind in der Membran beider dargestellten Mitochondrien vorhanden (aber im Fall der alternativen Atmungskette inaktiv).

Unterschiede:
Bei der **normalen Atmungskette** (Abb. 2.1) werden Elektronen von $NADH + H^+$ und von $FADH_2$ an die Proteinkomplexe I und II abgegeben, dabei werden H^+-Ionen frei. Der Elektronentransport erfolgt von dort über das Coenzym Q, den Komplex III und das Cytochrom C zu Komplex IV. Hier werden die Elektronen auf den Sauerstoff übertragen. Die Energiebeträge, die bei der Übergabe von einem Redoxpartner auf den anderen frei werden, werden an den Komplexen I, III und IV dazu genutzt, H^+-Ionen gegen das Konzentrationsgefälle aus der Matrix in den Intermembranraum zu transportieren. Diese H^+-Ionen kehren durch das Enzym ATP-Synthase ihrem Konzentrationsgefälle folgend wieder in die Matrix zurück. Durch den Protonenrückfluss angetrieben, bilden ATP-Synthasen aus ADP und Phosphat ATP. Die ATP-Synthase wird durch Adeninnukleotid-Translokasen und Phosphat-Transporter in der inneren Membran mit ADP und Phosphat versorgt.
Bei der **alternativen Atmungskette** werden Elektronen aus $NADH + H^+$ innerhalb der inneren Membran über die externe NADH-Dehydrogenase und außerhalb der inneren Membran über die alternative NADH-Dehydrogenase an das Coenzym Q weitergegeben. Elektronen aus $FADH_2$ werden wie üblich über den Komplex II zum Coenzym Q geleitet. Alle Elektronen werden schließlich vom nächsten (und letzten) Redoxpartner, der alternativen Oxidase, aufgenommen und

auf den Sauerstoff zur Wasserbildung übertragen. Die Komplexe I, III und IV sind hier nicht beteiligt, was zur Folge hat, dass keine Protonen aus der Matrix in den Intermembranraum transportiert werden. Dadurch kann sich kein Protonengradient ausbilden. Aufgrund dessen ist die ATP-Synthase nicht aktiv und es wird kein ATP produziert. Auch ein Transport von ADP, P und ATP durch die innere Membran findet nicht statt.

Erklärung der hohen Wärmefreisetzung der Blüte des Stinkkohls:
Die Blüte des Stinkkohls enthält viel Stärke. In den Zellen des Blütenkolbens wird diese enzymatisch zu Glucosemolekülen gespalten, die dann in den Zellen veratmet werden. Dabei werden im Rahmen der alternativen Endoxidation 95 % der in der Glucose gespeicherten Energie als Wärme frei (Material 3). Das sind etwa 30 % mehr als bei der normalen Endoxidation.
Da bei der alternativen Endoxidation kein Protonengradient aufgebaut wird, kann von der ATP-Synthase kein ATP gebildet werden. Daher wird die ursprünglich in der Glucose und in $FADH_2$ und $NADH+H^+$ gespeicherte Energie an der alternativen Oxidase als Wärme freigesetzt. Da die ATP-Konzentration in den Zellen gering ist, steigt außerdem die Reaktionsgeschwindigkeit der Phosphofructokinase, die eine wichtige Rolle bei der Glykolyse spielt, stark an. Damit wird mehr Glucose pro Zeiteinheit abgebaut und somit die Wärmeproduktion zusätzlich erhöht. Da die Synthese der Komponenten für die alternative Endoxidation entsprechend der Außenbedingungen reguliert wird, kann man vermuten, dass die Außentemperatur und die Größe des Stärkespeichers eine Rolle spielen.

4 *Um eine Kosten-Nutzen-Analyse aufstellen zu können, muss Material 3 noch einmal herangezogen werden (Text: „Der Stinkkohl“).*

Nutzen der alternativen Endoxidation für die Pflanze:
- Durch die Temperaturerhöhung in der Knospe/Blüte wird auch das Umfeld erwärmt und evtl. noch aufliegender Schnee geschmolzen. Das Wachstum der Pflanze und die Blütenbildung sind dadurch sehr früh im Jahr möglich.
  Das zeitige Blühen und das frühe Wachstum bringen der Pflanze Vorteile bei der Konkurrenz um Licht, Mineralien, Wasser und Bestäuber (andere Pflanzen sind noch nicht zu Wachstum und Blütenbildung fähig, Bäume sind noch nicht belaubt).
- Durch die Temperaturerhöhung werden in der Blüte verstärkt Duftstoffe freigesetzt, die potenzielle Bestäuber anlocken. Das sichert die Befruchtung und damit die Vermehrung der Pflanze.

Kosten der alternativen Endoxidation für die Pflanze:
- Hoher Verbrauch der im Vorjahr gespeicherten Stärke bzw. Glucose, die nun nicht mehr für andere Zwecke (z. B. Vermehrung der Zellen) zur Verfügung steht.

Fazit: Der Stoffwechselsonderweg des Stinkkohls ist eine genetisch fixierte, im Verlauf der Evolution entstandene Anpassung der Pflanze. Der Einsatz der oben genannten Kosten hat sich für diese Art also offensichtlich gelohnt.

Abiturprüfung 2013 Leistungskurs Biologie (Hessen)
C: Verhaltensbiologie, Neurobiologie

Autoaggression BE

1 Fassen Sie **zwei** selbstgewählte Aggressionstheorien zusammen und geben Sie die Besonderheiten von Autoaggression an (Material 1). 10

2 Beschreiben und erläutern Sie die neuronale Verrechnung am dargestellten Abschnitt der Schmerzleitungsbahn (ohne Berücksichtigung der molekularbiologischen Vorgänge) und daraus resultierende Konsequenzen für die Fortleitung von Aktionspotenzialen (Material 2). 15

3 Beschreiben und erklären Sie anhand von Abbildung 3.2 die Beobachtungen an der Schmerzfaser einer Maus (Material 2 und 3). 17

4 Entwickeln Sie eine begründete Hypothese zu der physiologischen Wirkung von Naltrexon bei autoaggressiven Menschen und begründen Sie, warum die empfohlene Dosis bei 25 mg/kg liegt (Material 1 bis 3). 8

50

Material 1

Autoaggression: Ein Heer von Selbstverletzten

Autoaggressives Verhalten ist unter Teenagern weiter verbreitet als angenommen: so verletzt sich z. B. jedes zehnte Mädchen selbst.
Frühere Zahlen basierten überwiegend auf Fällen, die medizinisch behandelt wurden. Doch das ist nur ein Bruchteil. Eine große Umfrage unter britischen Teenagern zeigt nun, wie hoch die Dunkelziffer ist: Elf Prozent der befragten 15- und 16-jährigen Mädchen fügen sich absichtlich körperlichen Schaden zu, häufig ohne einen erkennbaren Auslöser. Unter den gleichaltrigen Jungen sind es drei Prozent.
Mit dem Schnitt ins eigene Fleisch bauen die Betroffenen einen unerträglichen inneren Druck ab. Gefühle von Wut und Verzweiflung entladen sich nicht in Aggressivität gegen andere oder Gegenstände, sondern richten sich gegen sich selbst.

Material 2

Körpereigene Drogen

Berichte über Menschen unter extremen Bedingungen (z. B. bei außergewöhnlichen körperlichen Anstrengungen wie bei einem Marathonlauf) oder die Tatsache, dass (Schwer-)Verletzte unmittelbar nach einem Unfall frei von Schmerzen sind, hatten schon seit langem den Verdacht erweckt, dass der menschliche Körper selbst in der Lage sein könnte, Substanzen zu erzeugen, die das Schmerzempfinden reduzieren. Diese Vermutung wurde verstärkt, als körpereigene Rezeptoren für Substanzen ge-

funden wurden, die ähnlich den Drogen Opium und Morphin gebaut sind. Diese Rezeptoren werden Opiatrezeptoren genannt.
Da es unwahrscheinlich ist, dass der Organismus zufällig spezielle Rezeptoren für Drogen besitzt, mit denen er von Natur aus gar nicht in Kontakt kommt, suchte man nach körpereigenen Substanzen, die von den Opiatrezeptoren gebunden werden. Die Suche war erfolgreich: 1975 gelang es Hughes und Kosterlitz in Aberdeen, aus dem Gehirn von Schweinen einen Stoff zu isolieren, der einige strukturelle Ähnlichkeiten mit Morphin aufwies und den sie Enkephalin nannten. Nachdem später noch andere dieser körpereigenen Substanzen entdeckt wurden, nannte man diese Gruppe von Neurotransmittern aufgrund ihrer mit dem Morphin vergleichbaren Wirkung endogene Morphine, abgekürzt Endorphine.

Abbildung 2.1
Endorphinwirkung

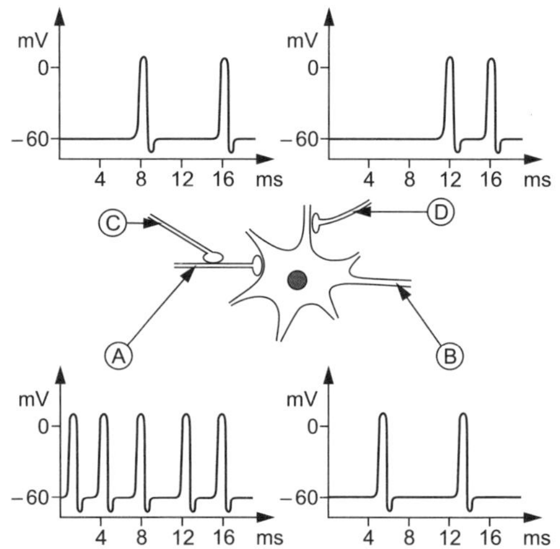

Erläuterungen:

Ⓐ, Ⓑ, Ⓒ und Ⓓ gehören zu vier verschiedenen Neuronen. Die Pfeile kennzeichnen die Orte, an denen die dargestellten Potenzialveränderungen gemessen wurden.
An den chemischen Synapsen A/B und D/B wirkt Acetylcholin als Transmitter, an Synapse C/A Endorphin.

Material 3

Medikamente gegen Autoaggression

Zahlreiche Wissenschaftler versuchen, autoaggressive Verhaltensweisen neurobiologisch zu erklären. So könnte selbstverletzendes Verhalten z. B. auf einer Störung des Endorphinstoffwechsels beruhen, sodass Patienten mit Medikamenten, die Opiatwirkungen beeinflussen, geholfen werden könnte. Dazu wurden entsprechende Untersuchungen mit den Präparaten Naloxon und Naltrexon durchgeführt. Beide Präparate wirken prinzipiell gleich.

Abbildung 3.1
Strukturformeln von Morphin, Naltrexon und Naloxon

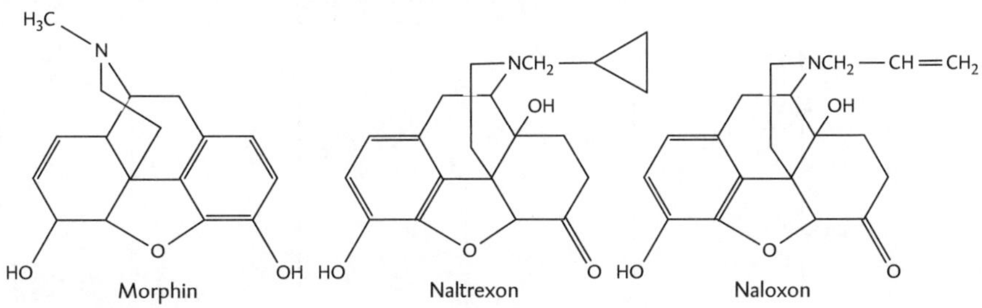

Erläuterung: ◁ cyclische Kohlenwasserstoffstruktur, die nicht Gegenstand der Aufgabe ist

Abbildung 3.2
Wirkung von Endorphin und Naloxon an einer (afferenten) Schmerzfaser der Maus

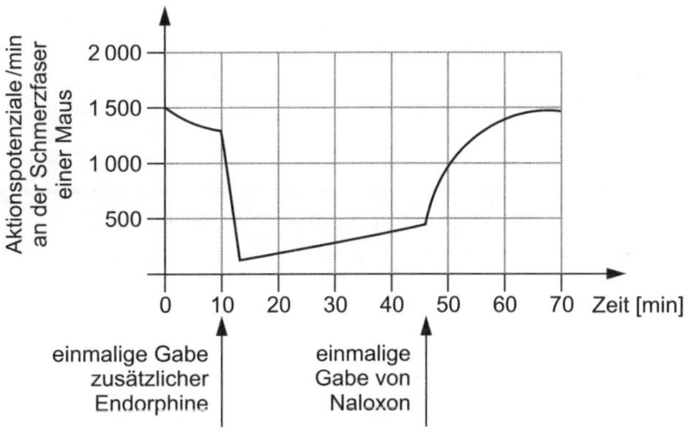

Abbildung 3.3
Autoaggressives Verhalten unter Einfluss von Naltrexon bei drei verschiedenen Patienten

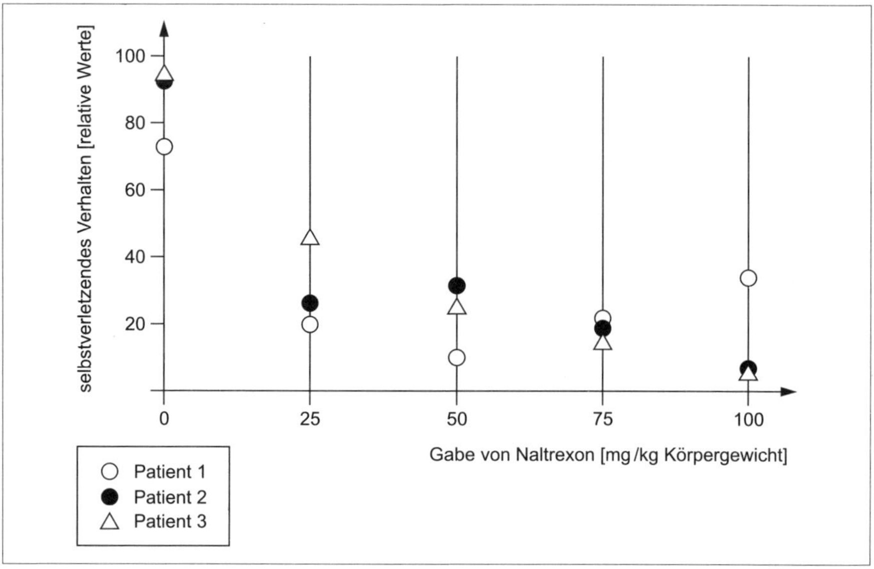

Lösungsvorschläge

In der Aufgabe thematisierte Unterrichtsinhalte sind:

- *Aggressionstheorien, Triebtheorie (Lorenz), Frustrations-Aggressions-Theorie (Dollard), Lerntheorie (Bandura)*
- *Verrechnung von Erregungen in verknüpften Neuronen, zeitliche Summation, räumliche Summation, erregende und hemmende chemische Synapsen*
- *Schmerzfasern, Endorphine, Antagonisten zu Endorphinen, kompetitive Hemmung*

1 *Beim ersten Teil von Aufgabe 1 handelt es sich um eine reine Reproduktionsaufgabe. Formulieren Sie eine Zusammenfassung zweier Ihnen aus dem Unterricht bekannter Aggressionstheorien.*
Im zweiten Teil der Aufgabe wird Ihnen eine neue Form der Aggression vorgestellt; entnehmen Sie Material 1 die Informationen, die die Besonderheit der Autoaggression ausmachen. Der Operator „Angeben" fordert keine Erläuterung, sondern lediglich eine Aufzählung.

- Nach der heute nur noch wissenschaftshistorisch zu nennenden **Triebtheorie** von Konrad Lorenz besitzen alle höheren Lebewesen einen Aggressionstrieb. Aggression ist laut dieser Theorie Teil des angeborenen Instinktverhaltens, welches durch innere Erregung angetrieben wird. Die Bereitschaft zu aggressiven Verhaltensweisen steigt mit der Zeit seit dem letzten Auftreten dieses Verhaltens. In der Regel wird das aggressive Verhalten durch Schlüsselreize ausgelöst. Bei hohem Erregungsstau kann die Aggression jedoch auch ohne äußere Ursache scheinbar spontan ablaufen.
- Nach der **Frustrations-Aggressions-Theorie** von John S. Dollard ist Aggression immer eine Reaktion auf eine vorangegangene Frustration und zielt auf die Verletzung eines Organismus ab. Frustration wird grundsätzlich als Störung einer zielgerichteten Handlung verstanden. Die Stärke der Bereitschaft zur Aggression hängt ab von …
  - der Stärke der gestörten Aktivität,
  - der Stärke der Störung,
  - der Anzahl der Frustrationen.

Oder:

- Nach der **sozial-kognitiven Lerntheorie** von Albert Bandura wird aggressives Handeln erlernt. Bandura betont besonders die Bedeutung des Lernens durch Beobachtung.
  Die Beobachtung des Erfolgs, der Duldung oder gar der Belohnung aggressiven Verhaltens in der Peergroup, den Medien, in der Familie und im (sub)kulturellen Umfeld führt zu eigenem aggressiven Verhalten der Heranwachsenden.

Die Besonderheiten von Autoaggression sind:
- Das aggressive Verhalten richtet sich gegen die eigene Person.
- Der Anteil der sich selbst verletzenden Personen ist bei jugendlichen Mädchen deutlich höher als bei Jungen derselben Altersklasse.
- Ein großer innerer Druck, der von Gefühlen wie Wut oder Verzweiflung geprägt ist, wird durch die Selbstverletzung abgebaut.

Der zeitliche Zusammenhang zwischen einer möglichen vorangegangenen Frustration oder einem Lernvorgang und der daraus resultierenden Aggression ist aus dem Material nicht ersichtlich.

2 *Neben einer Beschreibung der Abbildung 2.1 wird eine Erläuterung der dargestellten Situation gefordert (Verrechnung von ankommenden Erregungen in den Axonen dreier vorgeschalteter Neuronen in Neuron B und deren Ergebnis als AP-Folge im Axon von B). Achten Sie auf die Zeitleiste (x-Achse) und vergleichen Sie den Zeitpunkt der jeweiligen Erregungen. Verwenden Sie dazu am besten ein Lineal. Das zeitlich versetzte Auftreten von Aktionspotenzialen gibt Aufschluss über die Art der synaptischen Verknüpfung (erregend/hemmend). Am sinnvollsten beginnen Sie Ihre Darstellung mit der Wirkung der Erregung, die über das Axon von Neuron A ankommt. Die molekularen Abläufe an den Synapsen und die Ionenverteilung im Verlauf eines AP sind hier nicht zu betrachten.*

Beschreibung und Erläuterung der Verrechnung am dargestellten Abschnitt der Schmerzleitungsbahn und Konsequenzen für die Fortleitung:
- Das erste AP, das über das Axon von A ankommt und dort bei ca. 2 ms gemessen wird, kann in B kein AP auslösen. Erst ein zweites AP bei etwa 4 ms löst (zeitlich verzögert) in B ein AP bei ca. 5 ms aus. Es handelt sich hier um zeitliche Summation.
  Die Synapse A/B muss eine erregende Synapse sein, da sie im Neuron B ein EPSP auslöst. Bevor dieses unterschwellige EPSP abgeklungen ist, wird das nächste EPSP aufgebaut. Die Erregung ist nun überschwellig und löst ein AP im Axon von B aus.
- Das Neuron C muss präsynaptisch hemmend auf Axon A wirken, da zwischen 8 und 12 ms kein AP im Axon B ausgelöst wird (es entsteht eine Errregungslücke zwischen 8 und 12 ms), obgleich über Axon A weiter Aktionspotenziale einlaufen (bei ca. 8 ms).
- Bei der Synapse D/B muss es sich um eine erregende Synapse handeln, da sich die Erregungen von Axon A und Axon D bei 12 ms in B summieren und es trotz der Hemmung des Axons A durch die Signale des Axons C zu einer überschwelligen Erregung kommt (AP in Axon B bei ca. 13 ms).

Ursache für die hemmende bzw. erregende Wirkung der hier betrachteten Synapsen sind die in der Erläuterung der Abbildung 2.1 angegebenen unterschiedlichen Transmitter. Die Synapse C/A nutzt den Transmitter Endorphin und wirkt hemmend. Die Synapsen A/B und D/B nutzen den Transmitter Acetylcholin und wirken erregend.

3 *Die Beobachtungen an der Schmerzfaser einer Maus sind zu beschreiben und zu erklären.*
Dazu muss der Text von Material 2 zugrunde gelegt werden. Im Zusammenhang mit der Endorphinwirkung müssen Sie die Abbildung 3.2 beschreiben und eine Erkenntnis bzgl. der Wirkung der verwendeten Pharmaka formulieren. Aus der Abbildung 3.1 erhalten Sie Hinweise auf die Wirkung der verwendeten Pharmaka, indem Sie die Strukturformeln auf gleiche und unterschiedliche Strukturelemente untersuchen.

Beobachtung und Beschreibung:

- Durch die einmalige Gabe von Endorphinen sinkt die AP-Frequenz an der Schmerzfaser einer Maus von ca. 1 500 AP/min auf ca. 100 AP/min stark ab. Die Endorphine üben also eine hemmende Wirkung auf die nachgeschalteten Neuronen der Schmerzfaser aus.
- In den folgenden etwa 35 Minuten schwächt sich die Wirkung der einmaligen Gabe leicht ab, was auf die Abnahme der Konzentration des Wirkstoffs u. a. durch Verteilung zurückzuführen ist. Die AP-Frequenz liegt mit etwas weniger als 500 AP/min jedoch immer noch deutlich unter dem Wert vor der Endorphingabe.
- Durch Zugabe von Naloxon erhöht sich die AP-Frequenz innerhalb von 20 Minuten zunächst stark und nähert sich dann mit geringerer Geschwindigkeit dem ursprünglichen Niveau von ca. 1 500 AP/min an. Naloxon wirkt also antagonistisch zu Endorphin.

Die strukturelle Ähnlichkeit der Moleküle von Morphin und Naloxon lässt auf eine kompetitive Hemmung der Opiatrezeptoren durch Naloxon schließen. Naloxon besetzt dabei ligandenabhängige Endorphin-Ionenkanäle, ohne diese zu öffnen. Bei einem Überschuss an Naloxon wird also die Endorphinwirkung aufgehoben.

4 *Formulieren Sie eine begründete Hypothese zur physiologischen Wirkung von Naltrexon bei autoaggressiven Menschen. Beachten Sie dabei, dass Naltrexon grundsätzlich mit Morphin und Naloxon vergleichbare Molekülstrukturen hat. Das können Sie als Ursache für die gleiche Wirkung von Naloxon und Naltrexon annehmen.*

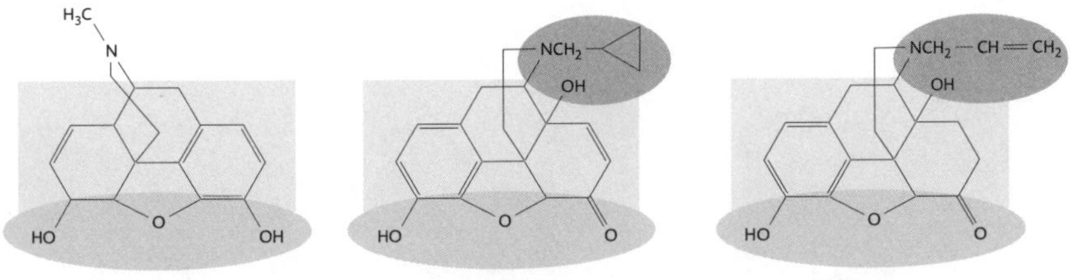

Morphin Naltrexon Naloxon

Erläutern Sie zunächst, welche Störungen im Endorphinstoffwechsel bei autoaggressiven Menschen zu erwarten sind und welche Rolle Naltrexon spielen könnte. Interpretieren Sie für den zweiten Teil der Aufgabenstellung Abbildung 3.3. mit Blick auf die Dosis der Medikation und die Wirkung im Verhältnis zur Dosis. Dafür ist es hilfreich, das Diagramm zu ergänzen, indem Sie die einzelnen Werte der Patienten mit Linien verbinden.

Begründete Hypothese zur Wirkung von Naltrexon:
Vermutlich werden in den afferenten Schmerzbahnen der autoaggressiven Menschen vermehrt Endorphine ausgeschüttet, die präsynaptisch die Erregungsleitung in den Schmerzbahnen hemmen (vgl. Synapse C/A in Abb. 2.1). Schmerzreize werden vermutlich gar nicht oder nur noch in geringem Umfang wahrgenommen. Da es sich bei Naltrexon wie bei Naloxon um einen Endorphin-Antagonisten handelt, hebt der Wirkstoff die Wirkung der Endorphine auf. Der Betroffene wird wieder schmerzempfindlicher.

Begründung einer Dosisempfehlung:
Die Abb. 3.3 zeigt an drei Patienten, dass die Gabe von Naltrexon selbstverletzendes Verhalten deutlich vermindert. Bei einer Dosis von ca. 25 mg/kg Körpergewicht ist bereits eine deutliche Reduzierung des autoaggressiven Verhaltens zu beobachten. Eine Steigerung der Dosis auf bis zu 100 mg/kg führt zu keiner weiteren wesentlichen Reduktion des selbstverletzenden Verhaltens (in manchen Fällen sogar wieder zu einem Anstieg). Da bei höherer Dosierung zusätzlich auch noch mit einer deutlichen Zunahme an Nebenwirkungen gerechnet werden muss, macht diese keinen Sinn. Eine Dosis von 25 mg/kg Körpergewicht erscheint ausreichend, um autoaggressives Verhalten bei vermutlich geringen Nebenwirkungen deutlich zu reduzieren.

Sicher durch das Abitur!

Klare Fakten, systematische Methoden, prägnante Beispiele, Übungs- sowie Abitur-Prüfungsaufgaben mit erklärenden Lösungen zur Selbstkontrolle.

Mathematik

Analysis mit Hinweisen zur CAS-Nutzung .... Best.-Nr. 540021
Analytische Geometrie .... Best.-Nr. 540038
Analytische Geometrie und lineare Algebra .... Best.-Nr. 54008
Stochastik .... Best.-Nr. 94009
Kompakt-Wissen Abitur Analysis .... Best.-Nr. 900151
Kompakt-Wissen Abitur Analytische Geometrie .... Best.-Nr. 900251
Kompakt-Wissen Abitur Wahrscheinlichkeitsrechnung und Statistik .... Best.-Nr. 900351
Klausuren Mathematik Oberstufe .... Best.-Nr. 900461
Stark in Klausuren Funktionen ableiten Oberstufe .... Best.-Nr. 940012

Biologie

Biologie 1 – Strukturelle und energetische Grundlagen des Lebens · Genetik und Gentechnik · Der Mensch als Umweltfaktor – Populationsdynamik und Biodiversität .... Best.-Nr. 947038
Biologie 2 – Evolution · Neuronale Informationsverarbeitung · Verhaltensbiologie .... Best.-Nr. 947048
Grundlagen, Arbeitstechniken und Methoden .... Best.-Nr. 94710
Abitur-Wissen Genetik .... Best.-Nr. 94703
Abitur-Wissen Neurobiologie .... Best.-Nr. 94705
Abitur-Wissen Verhaltensbiologie .... Best.-Nr. 94706
Abitur-Wissen Evolution .... Best.-Nr. 94707
Abitur-Wissen Ökologie .... Best.-Nr. 94708
Abitur-Wissen Zell- und Entwicklungsbiologie .... Best.-Nr. 94709
Kompakt-Wissen Abitur Biologie Zellen und Stoffwechsel Nerven · Sinne und Hormone · Ökologie .... Best.-Nr. 94712
Kompakt-Wissen Abitur Biologie Genetik und Entwicklung · Immunbiologie · Evolution · Verhalten .... Best.-Nr. 94713
Kompakt-Wissen Abitur Biologie Fachbegriffe der Biologie .... Best.-Nr. 94714
Klausuren Biologie Oberstufe .... Best.-Nr. 907011

Chemie

Chemie 1 – Aromatische Kohlenwasserstoffe, Farbstoffe, Kunststoffe, Biomoleküle, Reaktionskinetik .... Best.-Nr. 947418
Methodentraining Chemie .... Best.-Nr. 947308
Rechnen in der Chemie .... Best.-Nr. 84735
Abitur-Wissen Protonen und Elektronen .... Best.-Nr. 947301
Abitur-Wissen Stoffklassen organischer Verbindungen .... Best.-Nr. 947304
Abitur-Wissen Biomoleküle .... Best.-Nr. 947305
Abitur-Wissen Chemie am Menschen – Chemie im Menschen .... Best.-Nr. 947307
Kompakt-Wissen Abitur Chemie Organische Stoffklassen · Natur-, Kunst- und Farbstoffe .... Best.-Nr. 947309
Kompakt-Wissen Abitur Chemie – Anorganische Chemie · Energetik · Kinetik · Kernchemie .... Best.-Nr. 947310
Klausuren Chemie Oberstufe .... Best.-Nr. 107311

Physik

Physik 1 – Elektromagnetisches Feld und Relativitätstheorie .... Best.-Nr. 943028
Physik 2 – Aufbau der Materie .... Best.-Nr. 943038
Mechanik .... Best.-Nr. 94307
Abitur-Wissen Elektrodynamik .... Best.-Nr. 94331
Abitur-Wissen Aufbau der Materie .... Best.-Nr. 94332
Kompakt-Wissen Abitur Physik 1 – Mechanik, Thermodynamik, Relativitätstheorie .... Best.-Nr. 943012
Kompakt-Wissen Abitur Physik 2 – Elektrizitätslehre, Magnetismus, Elektrodynamik, Wellenoptik .... Best.-Nr. 943013
Kompakt-Wissen Abitur Physik 3 Atom-, Kern- und Teilchenphysik .... Best.-Nr. 943011
Klausuren Physik Oberstufe .... Best.-Nr. 103011

Deutsch

Gedichte analysieren und interpretieren .... Best.-Nr. 944091
Dramen analysieren und interpretieren .... Best.-Nr. 944092
Epische Texte analysieren und interpretieren .... Best.-Nr. 944093
Erörtern und Sachtexte analysieren .... Best.-Nr. 944094
Abitur-Wissen Prüfungswissen Oberstufe .... Best.-Nr. 94400
Abitur-Wissen Deutsche Literaturgeschichte .... Best.-Nr. 94405
Abitur-Wissen Textinterpretation Lyrik · Drama · Epik .... Best.-Nr. 944061
Abitur-Wissen Erörtern und Sachtexte analysieren .... Best.-Nr. 944064
Epochen der deutschen Literatur im Überblick .... Best.-Nr. 104401
Kompakt-Wissen Literaturgeschichte .... Best.-Nr. 944066
Kompakt-Wissen Rechtschreibung .... Best.-Nr. 944065
Klausuren Deutsch Oberstufe .... Best.-Nr. 104011

Deutsch – Prüfungstraining Literatur

Schiller: Die Jungfrau von Orleans .... Best.-Nr. 6454001
Kafka: Kurzprosa und „Die Verwandlung" .... Best.-Nr. 1045403
Kafka: Der Proceß .... Best.-Nr. 5454011

Alle so gekennzeichneten Titel sind auch als eBook über **www.stark-verlag.de** erhältlich.

(Bitte blättern Sie um)

Politik und Wirtschaft

Wirtschaft – Wirtschaftliches Handeln im Sektor Unternehmen · Wirtschaftliches Handeln im Sektor Ausland .... Best.-Nr. 84852
Wirtschaft – Wirtschaftliche Zielsetzungen in der Sozialen Marktwirtschaft · Wirtschaftliche Problemlagen · Wirtschaftspolitische Entscheidungsfelder .... Best.-Nr. 94852
Abitur-Wissen Demokratie .... Best.-Nr. 94803
Abitur-Wissen Sozialpolitik .... Best.-Nr. 94804
Abitur-Wissen Die Europäische Einigung .... Best.-Nr. 94805
Abitur-Wissen Politische Theorie .... Best.-Nr. 94806
Abitur-Wissen Internationale Beziehungen .... Best.-Nr. 94807
Abitur-Wissen Volkswirtschaft .... Best.-Nr. 94881
Abitur-Wissen Rechtslehre .... Best.-Nr. 94882
Kompakt-Wissen Abitur Volkswirtschaft .... Best.-Nr. 948501
Kompakt-Wissen Abitur Grundlagen der nationalen und internationalen Politik .... Best.-Nr. 948001
Kompakt-Wissen Abitur Grundbegriffe Politik ... Best.-Nr. 948002
Klausuren Politik Oberstufe .... Best.-Nr. 108011

Geschichte

Geschichte 1 – Industrialisierung und Soziale Frage, Nationalstaatsgedanke und Nationalismus, Kaiserreich, Imperialismus, Erster Weltkrieg, Weimarer Republik, Nationalsozialismus und Zweiter Weltkrieg ...... Best.-Nr. 84763
Geschichte 2 – Deutschland nach dem Zweiten Weltkrieg, die bipolare Welt nach 1945, der Umbruch in der DDR und die Wiedervereinigung, die europäische Einigung, Wendepunkte des 20. Jahrhunderts .... Best.-Nr. 84764
Grundlagen, Arbeitstechniken und Methoden – Geschichte .... Best.-Nr. 94789
Abitur-Wissen Die Antike .... Best.-Nr. 94783
Abitur-Wissen Das Mittelalter .... Best.-Nr. 94788
Abitur-Wissen Französische Revolution .... Best.-Nr. 947812
Abitur-Wissen Die Ära Bismarck: Entstehung und Entwicklung des deutschen Nationalstaats .... Best.-Nr. 94784
Abitur-Wissen Imperialismus und Erster Weltkrieg .... Best.-Nr. 94785
Abitur-Wissen Die Weimarer Republik .... Best.-Nr. 47815
Abitur-Wissen Nationalsozialismus und Zweiter Weltkrieg ...... Best.-Nr. 94786
Abitur Wissen Deutschland von 1945 bis zur Gegenwart .... Best.-Nr. 947811
Abitur Wissen USA .... Best.-Nr. 947813
Abitur Wissen Naher Osten .... Best.-Nr. 947814
Kompakt-Wissen Abitur Geschichte Oberstufe ... Best.-Nr. 947601
Klausuren Geschichte Oberstufe .... Best.-Nr. 107611

Landesabitur

Optimale Unterstützung für Schülerinnen und Schüler bei der selbstständigen Vorbereitung auf das **Landesabitur in Hessen:**

- Wertvolle **Hinweise** zum Ablauf des Landesabiturs.
- **Original-Prüfungsaufgaben und Übungsaufgaben im Stil des Abiturs** machen mit den Inhalten vertraut und geben Gelegenheit zum selbstständigen Üben unter Prüfungsbedingungen.
- Ausführliche, **schülergerechte Lösungen** sowie hilfreiche Tipps und Hinweise zum Lösen der Aufgaben.

Abiturprüfung Mathematik LK mit CD – Hessen Best.-Nr. 65000
Abiturprüfung Mathematik GK mit CD – Hessen Best.-Nr. 65100
Abiturprüfung Physik GK/LK – Hessen .... Best.-Nr. 65300
Abiturprüfung Deutsch LK – Hessen .... Best.-Nr. 65400
Abiturprüfung Deutsch GK – Hessen .... Best.-Nr. 65410
Abiturprüfung Englisch GK/LK – Hessen .... Best.-Nr. 65460
Abiturprüfung Französisch GK/LK – Hessen ..... Best.-Nr. 65500
Abiturprüfung Latein GK/LK – Hessen .... Best.-Nr. 65600
Abiturprüfung Biologie LK – Hessen .... Best.-Nr. 65700
Abiturprüfung Biologie GK – Hessen .... Best.-Nr. 65710
Abiturprüfung Chemie GK/LK – Hessen .... Best.-Nr. 65730
Abiturprüfung Geschichte GK/LK – Hessen ...... Best.-Nr. 65760
Abiturprüfung Politik und Wirtschaft GK/LK – Hessen .... Best.-Nr. 65800

Best.-Nr. E10485
Best.-Nr. E10484
Best.-Nr. E10479

Was kommt nach dem Abitur?

Die STARK Ratgeber helfen weiter!

Weitere STARK Fachbücher zur Studien- und Berufswahl finden Sie unter **www.berufundkarriere.de**

Alle so gekennzeichneten Titel sind auch als eBook über **www.stark-verlag.de** erhältlich.

Bestellungen bitte direkt an:

STARK Verlagsgesellschaft mbH & Co. KG · Postfach 1852 · 85318 Freising
Tel. 0180 3 179000* · Fax 0180 3 179001* · www.stark-verlag.de · info@stark-verlag.de
*9 Cent pro Min. aus dem deutschen Festnetz, Mobilfunk bis 42 Cent pro Min.
Aus dem Mobilfunknetz wählen Sie die Festnetznummer: 08167 9573-0

Lernen • Wissen • Zukunft
STARK

23_VM6